土木施工技术与工程监理

王明波　牛家安　王　峥　主编

吉林科学技术出版社

图书在版编目（CIP）数据

土木施工技术与工程监理 / 王明波，牛家安，王峥
主编 . —— 长春：吉林科学技术出版社，2024.3
ISBN 978-7-5744-1140-1

Ⅰ . ①土… Ⅱ . ①王… ②牛… ③王… Ⅲ . ①土木工
程—工程施工②土木工程—施工监理 Ⅳ . ① TU7

中国国家版本馆 CIP 数据核字 (2024) 第 063720 号

土木施工技术与工程监理

主　　编	王明波　牛家安　王　峥
出 版 人	宛　霞
责任编辑	王凌宇
封面设计	周书意
制　　版	周书意
幅面尺寸	185mm×260mm
开　　本	16
字　　数	362 千字
印　　张	19.5
印　　数	1~1500 册
版　　次	2024 年3月第1 版
印　　次	2024年10月第1次印刷

出　　版	吉林科学技术出版社
发　　行	吉林科学技术出版社
地　　址	长春市福祉大路5788 号出版大厦A 座
邮　　编	130118
发行部电话/传真	0431–81629529 81629530 81629531
	81629532 81629533 81629534
储运部电话	0431–86059116
编辑部电话	0431–81629510
印　　刷	廊坊市印艺阁数字科技有限公司

书　　号	ISBN 978-7-5744-1140-1
定　　价	84.00元

编委会

前　言

土木工程是人类赖以生存的重要物质基础，其在为人类文明发展做出巨大贡献的同时，也在大量消耗资源和能源，可持续的土木工程结构是实现人类社会可持续发展的重要途径之一。随着我国具有国际水平的超级工程结构的建建筑不断增多，施工控制及施工力学将不断走向成熟，并将不断应用到工程的建设之中为工程建设服务。

土木工程在施工中，往往根据每一个小项目的特点和施工性质单独施工，所以为了确保工程顺利施工，必须科学组织、精心安排各项施工工序。土木工程施工具有流动性、固定性、协作性和综合性及多样性等特点。进行土木工程施工的时候可能会涉及工程、建筑、水利等学科，具有很强的综合性。

在我国的工程建设过程中，建设工程监理在提高工程质量、缩短建设工期、保障工程施工安全和降低工程造价等方面发挥了重要的作用，取得了显著的经济效益和社会效益。随着工程建设的发展，我国监理行业发展很快，工程监理行业已形成了规模，建立了工程监理制度和法规体系，培养了一批水平较高的监理人才，积累了丰富的工程监理经验。

本书围绕"土木施工技术与工程监理"这一主题，以土方工程为切入点，由浅入深地阐述基础工程、土木工程建设监理程序和基本方法、施工阶段的监理，并系统分析了建筑垃圾资源化处置与建筑垃圾再生骨料，诠释了建筑垃圾的其他再生利用的方式等内容，以期为读者理解并践行土木施工技术与工程监理提供了有价值的参考和借鉴。本书内容翔实、条理清晰、逻辑合理，兼具理论性与实践性，适用于从事相关工作与研究的专业人员。

限于作者的学识及专业水平和实践经验，书中仍难免有疏漏和不妥之处，恳请广大读者指正。

目　录

第一章 土方工程

第一节 土方工程概述

一、概述

在土木工程施工中，常见的土方工程内容包括场地平整、基坑（槽）开挖、地坪填土，路基填筑及基坑回填等，以及排水、降水、坑壁支撑等准备工作和辅助工程。土方工程具有施工面积和工程量大，劳动繁重，大多为露天作业，施工条件复杂，施工易受地区气候条件影响等特点。例如，某中心大厦深基坑土方开挖面积为 $2.5 \times 10^4 m^2$，开挖深度达 25 m，土方开挖总量达 $4.2 \times 10^5 m^3$，实际工期达到 210 d。

土方工程施工过程受气候、水文、地质、地下障碍等因素的影响较大，不可确定因素也较多，有时施工条件也极为复杂。因此，为了减轻劳动强度，提高劳动生产效率，确保土方工程顺利施工的同时加快施工进度，降低工程成本，在组织施工时，应根据工程特点和周边环境，详细分析和核对各项技术资料（如地形图、工程地质条件，水文地质勘查资料、地下管道、电缆和地下构筑物资料及土方工程施工图等），根据现场踏勘和现有的施工条件，拟定经济合理的施工方案，并且应尽可能采用新技术和机械化施工，为后续工作做好准备。

二、土的工程分类

土的种类繁多，分类方法各异。地基土按《建筑地基基础设计规范》可划分为岩石、碎石土、沙土、粉土、黏性土和特殊土等，它们与土方边坡稳定和土壁支护有密切关系。按施工时开挖的难易程度，土可分为八类。这种分类是在施工中选择合适的机械与开挖方法的依据，也是确定土木工程劳动定额的依据。前四类为一般土，后四类为岩石。土的开挖难易程度直接影响土方工程的施工方案、施工机械、劳动量消耗和土方工程劳动定额。

第二节　场地平整

　　场地平整一般是在基坑（槽）管沟开挖之前进行的施工过程，满足将自然地面改造成人们生产、生活所要求的平面。例如，大型工程场地平整前，应首先确定建筑场地的设计标高，然后计算挖、填方的工程量，进行土方平衡调配，并力求使场地内土方挖填平衡且土方量最小，因此，必须针对具体情况拟定科学合理的土方施工方案，土方量的计算要尽量准确。

　　场地设计标高是进行场地平整和土方量计算的依据，一般由设计单位确定。合理确定场地的设计标高，对于减少土方总量，节约土方运输费用，加快建设进度等都具有重要的经济意义。因此，必须结合现场的实际情况选择最优方案。在场地设计标高确定时，有时还要考虑市政排水、道路和城市规划等因素，设计文件中明确规定了场地平整后的设计标高，施工单位只能依照设计文件施工。若无文件规定，则可通过计算来确定设计标高。确定场地设计标高一般应考虑以下因素：

　　（1）满足生产工艺和运输的要求；

　　（2）尽量利用地形，减少挖方、填方的数量；

　　（3）场地内挖方、填方平衡（面积大，地形复杂时例外），土方运输总费用最少；

　　（4）有一定的表面泄水坡度（≥2%），满足排水要求；

　　（5）考虑最高洪水位的要求。

　　场地设计标高的确定一般有两种方法：挖、填土方量平衡法和最佳设计平面法。挖、填土方量平衡法计算简便，对场地设计标高无特殊要求，适用于小型场地平整，精度能满足施工要求，但此法不能保证总土方量最小。最佳设计平面法应用最小二乘法的原理，求得最佳设计平面，使场地内方格网各角点施工高度的平方和为最小，这样既能保证挖，填土方量的平衡，又能保证土方工程量最小，实现场地设计平面最优化。

一、挖、填土方量平衡法

　　（1）划分场地方格网。将场地划分为边长为 α 的方格网，并将方格网角点的原地形标高标在图上，原地形场地标高用实测法或利用原地形图的等高线进行内插可以得到。

　　（2）泄水坡度调整。设计标高的调整主要是泄水坡度的调整，挖填平衡的场地由于实际场地具有排水的要求，场地表面往往需有一定的泄水坡度。因此，应根据泄水要求计算出实际施工时所采用的设计标高。

二、最佳设计平面法

按挖、填土方量平衡法得到的设计平面，能使场地内挖、填土方量平衡，但不能保证总土方量最小。应用最小二乘法的原理，可求得满足上述条件的最佳设计平面。

当地形比较复杂时，一般需设计成多平面场地，此时可根据工艺要求和地形特点，预先把场地划分成几个平面，分别计算出最佳设计单平面的各个参数，然后适当修正各设计单平面交界处的标高，使场地各单平面之间的变化平缓且连续。因此，确定单平面的最佳设计平面是竖向规划设计的基础。

第三节　基坑工程

一、土方边坡稳定与基坑（槽）支护

（一）土方边坡

1.边坡稳定

在开挖基坑、沟槽或填筑路堤时，为了防止土壁坍塌，保持土壁稳定，保证安全施工，其边沿应考虑放坡。当场地受限制不能放坡或为了减少土方工程量而不放坡时，可设置土壁支护结构，以确保施工安全。

边坡坡度取决于不同工程的挖填高度、土的性质及地下水位、坡顶荷载及气候条件等因素，既要保证土体稳定和施工安全，又要节省土方。

当土质湿度正常、结构均匀，水文地质条件良好（不发生坍塌、移动、松散或不均匀下沉），且地下水位低于基坑（槽）或管沟底面标高，其开挖深度不超过规定时，基坑坑壁可做成直立壁，不加支撑不放坡。

但在山坡整体稳定的情况下，如地质条件良好，土质较均匀，使用时间在一年以上，高度在10 m以内的临时性挖方边坡应按规定施工。

2.边坡稳定的防护措施

在基坑、沟槽开挖及场地平整的施工过程中，土方边坡的稳定主要是依靠土体的内摩擦力和黏结力（内聚力）来保持的。一旦土体在外力作用下失去平衡，土壁就会坍塌。土壁坍塌不仅会妨碍土方工程的施工，还会危及附近的建筑物、道路、地下管线等的安全，甚至会导致人员伤亡，造成严重的后果。

造成基坑塌方的主要原因有：①边坡过陡，使土体的稳定性不足导致塌方，尤其是在土质差，开挖深度大的基坑中；②雨水、地下水渗入土中泡软土体，从而增加土的自重同时降低土的抗剪强度，这是造成塌方的常见原因；③基坑上口边缘附近大量堆土或停放机具、材料，或由于行车等动荷载，土体中的剪应力超过土体的抗剪强度；④土壁支撑强度破坏失效或刚度不足导致塌方。

为了保证土体稳定，施工安全，针对上述塌方原因，可采取以下措施：

（1）放足边坡。边坡的留设应符合规范的要求，其坡度的大小则应根据土壤的性质、水文地质条件、施工方法、开挖深度、工期的长短等因素确定。

（2）避免或减少地面荷载。为了保证边坡和直立壁的稳定性，在挖方边坡上侧堆土方或材料，以及有施工机械行驶时，应与挖方边缘保持一定距离。当土质条件良好时，堆土或材料应距离挖方边缘0.8 m以上，高度不宜超过1.5 m。在软土地区开挖时，挖出的土方应随挖随运走，不得堆在边坡顶上，坡顶亦不得堆放材料，更不得有动载，以免因地面上加荷而引起边坡塌方事故。

在土方施工中，要预估各种可能出现的情况，除保证边坡坡度大小和边坡上边缘的荷载符合规定外，在施工中还必须做好地面水的排除工作，并防止雨水、地表水、施工与生活用水等浸入开挖场地或冲刷土方边坡，基坑内的降水工作应持续到土方回填完毕。在雨季施工时，更应注意检查边坡的稳定性，必要时可考虑适当放缓边坡坡度或设置土壁支撑（护）结构，以防塌方。当土方工程挖方较深时，施工单位还应采取措施，防止基坑底部土的隆起并避免危害周边环境。

（二）基坑（槽）支护

开挖基坑（槽）或管沟时，如果地质和场地周围条件允许，采用放坡开挖是比较经济的。但在建筑物密集地区施工，有时没有足够的场地按规定的放坡宽度开挖，或有防止地下水渗入基坑（槽）要求不能放坡开挖，或深基坑（槽）放坡开挖所增加的土方量过大，此时就需要用基坑（槽）支护结构来支撑，以保证施工的顺利和安全，并减少对相邻已有建筑物等的不利影响。

根据基坑（槽）支护结构周边的环境条件，基坑工程分为3级，基坑支护结构设计应根据工程情况选用相应的安全等级。当重要工程或支护结构作为主体结构的一部分，或开挖深度大于10 m，或与邻近建筑物、重要设施的距离在开挖深度以内的基坑，以及开挖影响范围内有历史文物、近代优秀建筑、重要管线等需严加保护的基坑属于一级基坑；基坑开挖深度小于7 m，且周围环境无特别要求的基坑属于三级基坑；除一级和三级外的基坑属于二级基坑。当基坑周围已有的建筑、设施（如地铁、隧道、城市生命线工程等）有特殊要求时，尚应符合这些要求。

在需设置土壁支护结构时，应根据工程特点、开挖深度、地质条件、地下水位、施工方法、相邻建筑物情况等进行选择和设计。基坑（槽）土方工程必须确保支护结构安全可靠和经济合理，并确保施工安全。当设计有指标时，以设计要求为依据。

1.基槽支护

市政工程施工时，常需在地下铺设管沟（槽）。开挖较窄的沟槽，多用横撑式土壁支撑。横撑式土壁支撑根据挡土板的不同，分为水平挡土板式和垂直挡土板式两类。水平挡土板的布置又分为间断式和连续式两种。间断式水平挡土板适用于湿度小的黏性土，且挖土深度小于3 m；连续式水平挡土板适用于松散、湿度大的土，挖土深度可达5 m。对松散和湿度很高的土可用垂直挡土板式支撑，其挖土深度不限。

土方工程施工时，基槽每边的宽度应比基础宽15～20 m，以便设置支撑加固结构。挖土时，土壁要求平直，挖好一层支一层支撑。挡土板要紧贴土面，并用小木桩或横撑木顶住挡板。支撑所承受的荷载为土压力。土压力的分布不仅与土的性质、土坡高度有关，还与支撑的形式及变形有关。由于沟槽的支护多为随挖、随铺、随撑，支撑构件的刚度不同，撑紧的程度又难以一致，故作用在支撑上的土压力不能按库仑或朗肯土压力理论计算。

实际应用中，对较宽的沟槽不宜采用横撑式支撑，此时的土壁支护可采用类似基坑的支护方法。

2.基坑支护

当需设计基坑支护结构时，应根据工程特点、开挖深度、地质条件、地下水位、施工方法、周围环境保护情况等进行选择和设置。基坑支护结构必须牢固可靠，经济合理，确保地下结构的施工安全。再者，应尽可能降低造价，便于施工。常用的基坑支护结构有重力式水泥土墙、板桩支护结构、土钉墙等形式。

（1）重力式水泥土墙。重力式水泥土墙是一种重力式支护结构，属于刚性支护。常用深层水泥搅拌桩组成的格栅形坝体作为支护墙体，依靠其自重维持土体的平衡。

深层水泥搅拌桩（或水泥土墙）支护结构是近年来发展起来的一种重力式支护结构。深层搅拌桩是加固饱和软黏土地基的一种方法，它利用水泥、石灰等作为固化剂，通过深层搅拌机械就地将软土和固化剂（浆液）强制搅拌，利用固化剂和软土间所产生的物理–化学反应，使软土硬化成具有整体性、水稳定性和一定强度的水泥柱状地基。

施工时将桩体相互搭接（通常搭接宽度为150～200 mm），形成具有一定强度和整体结构性的深层搅拌水泥土挡墙，简称水泥土墙。水泥土利用其自重挡土，可用作支护结构，在侧向土压力和水压力的作用下维持整体稳定性，同时由于桩体相互搭接形成连续整体，可兼作止水结构。施工时振动小、噪声低，对周围环境影响小，施工速度快，成本低。它适用于4~6 m深的基坑，最深可达7~8 m。

拌桩一般适用于加固各种成因的饱和软黏土，如流塑、软塑、可塑的黏性土，粉质黏土（包括淤泥和淤泥质土），松散或稍密的粉土，沙性土，而对于有机含量高，酸碱度（pH）较低的黏性土的加固效果较差。另外，由于深层搅拌桩在施工时，搅拌头对土体的强制搅拌力是由动力头（电动机）产生扭矩，再通过搅拌轴的转动传递至搅拌头的，因此其搅拌力是有限的，例如，土质过硬或遇地下障碍物卡住搅拌头，电动机的工作电流将增大超过额定值，电机有可能被烧坏。因此，深层搅拌桩不适用于含有大量砖瓦的填土，厚度较大的碎石类土，硬塑及硬塑以上的黏性土和中密及中密以上的沙性土。当土层中夹有条石、木桩、城砖、古墓、洞穴等障碍物时，也不适用于深层搅拌桩。

根据目前的深层搅拌桩施工工艺，当用于深基坑支护结构中时，深层搅拌桩在平面上列成壁式、格栅式和实体式三种形式。其中，壁式（单排或双排）主要用于组合支构中的止水帷幕中，格栅式和实体式一般用作挡土兼止水支护结构（水泥土墙）。

1）水泥土墙的施工工艺。

搅拌桩成桩工艺可采用"一次喷浆、二次搅拌"或"二次喷浆、三次搅拌"工艺，主要依据水泥掺入比及土质情况而定。

①就位。

就位时调整搅拌机机架的垂直度，搅拌机运转正常后，放松起重机钢丝绳，使搅拌机沿导向架切土搅拌下沉，下沉速度控制在0.8 m/min左右，如遇硬黏土等下沉太慢，用输浆系统适当补给清水以利钻入。搅拌机预搅下沉到一定设计深度后，开启灰浆泵，此后边喷浆，边旋转，边提升深层搅拌机，直至设计桩顶标高。注意保持喷浆速度与提升速度协调及水泥浆沿桩长均匀分布，并使其提升至桩顶后集料斗中的水泥浆正好排空。提升速度一般应控制在0.5 m/min。深层搅拌单桩的施工应采用搅拌头上下各两次的搅拌工艺，即沉钻复搅。

②预搅下沉。

启动搅拌机电机，放松起重机钢丝绳，使搅拌机在自重和转动力矩作用下沿导向架边搅拌切土边下沉，下沉速度可由电动机的电流监测表和起重卷扬机的转速控制，工作电流不应大于70 A。搅拌机预搅下沉时，不宜冲水，当遇到较硬土层下沉太慢时，方可适量冲水，但应考虑冲水成桩对桩身强度的影响。

③制备水泥浆。

待深层搅拌机下沉到设计深度后，开始按设计配合比拌制水泥浆，压浆前将拌好的水泥浆通过滤网倒入集料斗中。

④喷浆搅拌提升。

深层搅拌机下沉到设计深度后，开启灰浆泵，将水泥浆压入地基中，并且边喷浆、边旋转搅拌头，同时严格按照设计确定的提升速度提升深层搅拌机。

⑤重复搅拌下沉和喷浆提升。

重复步骤②和④，当深层搅拌机第二次提升至设计桩顶标高时，应正好将设计用量的水泥浆全部注入地基土中，如未能全部注入，应增加一次附加搅拌，其深度视所余水泥浆数量而定。

⑥清洗管路。

每天加固完毕，隔一定时间（视气温情况及注浆间隔时间而定），应清洗贮料罐、砂浆泵、深层搅拌机及相应管道中的残余水泥浆，以保证注浆顺利，不堵管，以备再用。清洗时用灰浆泵向管路中压入清水进行。

2）水泥土墙的技术要求。

①水泥土墙支护的置换率、宽度与插入深度的确定。水泥土墙截面多采用连续式和格栅形，当采用格栅形时，水泥土的置换率（水泥土面积A与水泥挡土结构面积A的比值）对于淤泥不宜小于0.8，淤泥质土不宜小于0.7，一般黏土及沙土不宜小于0.6，格栅长宽比不宜大于2。墙体宽度b和插入深度h。应根据基坑深度、土质情况及其物理力学性能、周围环境、地面荷载程度等计算确定。在软土地区，当基坑开挖深度$h \leqslant 5$ m时，可按经验取$b=（0.6 \sim 0.8）h$，$h=（0.8 \sim 1.2）h$。

②水泥掺入比。深层搅拌水泥土墙在施工前，应进行成桩工艺及水泥掺入量或水泥浆的配合比试验，以确定相应的水泥掺入比或水泥浆水灰比，浆喷深层搅拌的水泥掺入量宜为被加固土密度的15% ~ 18%；粉喷深层搅拌的水泥掺入量宜为被加固土密度的13% ~ 16%。为提高水泥土墙的刚性，亦可在水泥土搅拌桩内插入H形钢，使之成为既能受力又能抗渗的支护结构围护墙，可用于较深（8 ~ 10 m）的基坑支护，水泥掺入比为被加固土密度的20%，亦称加筋或劲性水泥土搅拌桩法。H形钢应在桩顶搅拌或旋喷完成后靠自重下插至设计标高，插入长度和出露长度等均应按计算和构造要求确定。采用高压喷射注浆桩，在施工前应通过试喷试验，确定不同土层旋喷固结体的最小直径、高压喷射施工技术参数等，高压喷射水泥水灰比宜为1.0 ~ 1.5。

③施工方法。水泥土墙应采取切割搭接法施工，即在前桩水泥土尚未固化时，进行后序搭接桩施工，相邻桩的搭接长度不宜小于200 mm。相邻桩喷浆工艺的施工时间间隔不宜大于10 h。施工开始和结束的头尾搭接处，应采取加强措施，消除搭接勾缝。

（2）板桩支护结构。板桩支护结构由两大系统组成：挡墙系统和支撑（或拉锚）系统。当基坑较浅、挡墙具有一定刚度时，可采用悬臂式支护结构，悬臂式板桩支护结构则不设支撑（或拉锚）。板桩支护结构按支撑系统的不同可分为悬臂式支护结构、内撑式支护结构和坑外锚拉式支护结构。悬臂式一般仅在桩顶设置一道连梁；内撑式分为坑内斜撑、单层水平内撑和多层水平内撑。

挡墙系统常用的材料有槽钢、钢板桩、钢筋混凝土板桩、灌注桩及地下连续墙等。当基坑深度较大，悬臂的挡墙在强度和变形方面不能满足要求时，需要设置支撑系统。支撑系统一般采用大型钢管、H形钢或格构式钢支撑，也可采用现浇钢筋混凝土支撑。根据基坑开挖的深度及挡墙系统的截面性能可设置一道或多道支点，形成错撑支护结构，拉锚的材料一般用钢筋、钢索、型钢或土锚杆，支撑或拉锚与挡墙系统通过围檩、冠梁等连接成整体。

1）板桩支护结构的破坏原因。板桩支护结构的破坏形式包括强度破坏和稳定性破坏，总结工程事故的发生原因，主要有以下几个方面：

①拉锚破坏或支撑压曲。

拉锚破坏或支撑压曲过多地增加了地面荷载引起的附加荷载，或土压力过大，计算有误引起拉杆断裂，或锚固部分失效，腰梁（围檩）被破坏，或内部支撑断面过小导致受压失稳。为此需计算拉锚承受的拉力或支撑荷载，正确选择其截面或锚固体。

②支护墙底部走动。

若支护墙底部入土深度不够，或由于挖土超深、水的冲刷等都可能产生这种破坏。为此需正确计算支护结构的入土深度。

③支护墙的平面变形过大或弯曲破坏。

支护墙的截面过小、对土压力估算不准确、墙后无意地增加大量地面荷载或挖土超深等都可能引起这种破坏。为此需正确计算其承受的最大弯矩值，以此验算支护墙的截面。

2）板桩支护结构的支护形式：

钢板桩支护。钢板桩是由带锁口或钳口的热轧型钢制成的，把这种钢板桩互相连接起来打入地下，就形成了连续钢板桩墙，既能挡土亦能挡水。钢板桩断面的形式很多，常用的钢板桩有Z字形钢板桩、波浪形钢板桩（通常称为"拉森"板桩）、平板桩、组合截面钢板桩几类。钢板桩适用于地基软弱，地下水位较高、水量丰富的深基坑支护结构，但在砂砾及密实沙土中施工困难。

平板桩容易打入地下，挡水和承受轴向力的能力较好，但长轴方向抗弯能力较小；波浪形钢板桩挡水和抗弯性能都较好，其长度一般有12 m、18 m、20 m三种，并可根据需要焊接成所需长度。钢板桩在基础施工完毕后还可拔出重复使用。为了适应地下结构施工中因基坑开挖深度的增加或对钢板桩刚度有更高的要求，国外出现了大截面模量的组合式钢板桩。

钢板桩支护根据有无锚定或支撑结构，分为无锚钢板桩和有锚钢板桩两类。无锚钢板桩即为悬臂钢板桩，依靠入土部分的土压力来维持钢板桩的稳定。它对于土的性质、荷载大小等较为敏感，一般悬臂长度不超过5 m，有些钢板桩是在板桩上部用拉锚或顶撑加以固定，以提高板桩的支护能力。根据拉锚或顶撑层数不同，又分为单锚（撑）钢板桩和多锚（撑）钢板桩。实际工程中悬臂钢板桩与单锚（撑）钢板桩应用较多。

（3）土钉墙。土钉墙是近些年发展起来的一种新型挡土结构，现已在全国范围内被广泛采用。它是在基坑开挖的坡面上，采用机械钻孔，孔内设置一定长度的钢筋或型钢，然后注浆，在坡面上安装钢筋网并喷射混凝土，使土体、钢筋与喷射混凝土面板结合为一体，从而起到挡土作用。土钉与土体的相互作用还能改变土坡的变形与形态的破坏，显著提高土坡的整体稳定性。

1）土钉墙的构造要求。

土钉墙由土钉和面层组成。土钉墙的高度由基坑开挖深度决定，土钉墙墙面坡度不宜大于1：0.1，水平夹角一般为70°～80°；土钉一般采用直径为16～32 mm的Ⅱ级以上的螺纹钢筋，水平夹角一般为5°～20°，长度为开挖深度的0.5～1.2倍。

土钉间距：水平间距与垂直间距之积不大于6 m²；在非饱和土中宜为1.2～1.5 m；在坚硬黏土中宜为2 m；在软土中宜为1m。土钉孔径宜为70 mm～120 mm，注浆强度不低于10 MPa。

土钉必须和面层有效地连接成整体，钢筋混凝土面层应深入基坑底部不小于0.2m，并应设置承压板（钢垫板）或加强钢筋等构造措施。混凝土面层强度等级不应低于C20，厚度为80～200 mm，钢筋网宜采用直径为6～10 mm的Ⅰ级钢筋，间距为150～300 mm。

2）土钉支护的特点与适用范围。

土钉支护工料少，速度快；设备简单，操作方便；操作场地小且对环境干扰小；土钉与土体形成的复合土体可提高边坡的整体性、稳定性及承受荷载的能力；对相邻建筑影响较小。适用于淤泥、淤泥质土、杂填土、黏土、粉质黏土、粉土、非松散性沙土等土质，且地下水位较低，开挖深度在15m以内的基坑。土钉与土体形成复合土体，提高了边坡整体稳定和承受坡顶荷载能力，增强了土体破坏的延性，利于安全施工。土钉支护位移小，约为20mm，对相邻建筑物影响小。

3）土钉支护施工。

施工工艺：定位→转机就位→成孔→插钢筋→注浆→喷射混凝土。

①成孔。采用螺旋钻机、冲击钻机等机械成孔，钻孔直径为70～120 mm。成孔时必须按设计图纸的纵向、横向尺寸及水平夹角的规定进行钻孔施工。

②插钢筋。将直径为16～32 mm的Ⅱ级以上螺纹钢筋插入钻孔的土层中，钢筋应平直，必须除锈、除油，与水平面的夹角控制在5°～20°。

③注浆。注浆采用水泥浆或水泥砂浆，水灰比为0.38～0.5，水泥砂浆配合比为1：0.8或1：1.5。利用注浆泵注浆，注浆管插入距孔底150～250 mm处，孔口设置止浆塞，以保

证注浆饱满。

④喷射混凝土。喷射注浆用的混凝土应满足如下技术性能指标：混凝土的强度等级不低于C20，其水泥强度等级宜用32.5级，水泥与沙石的质量比为1∶4～1∶4.5，沙率为45%～55%，水灰比为0.4～0.45，粗骨料碎石或卵石粒径不宜大于15 mm。混凝土的喷射分两次进行。第一次喷射后铺设钢筋网，并使钢筋网与土钉牢固连接。之后，再喷射第二层混凝土，并要求表面平整、湿润、具有光泽、无干斑或滑移流淌现象。喷射混凝土面层厚度为80～200 mm，钢筋与坡面的间隙应大于20 mm。喷射完成终凝2h后进行洒水养护3～7 d。

应该注意的是，土钉墙是随工作面开挖而分层、分段施工的，上层土钉砂浆及喷射混凝土面层达到设计强度的70%后，方可开挖下层土方，进行下层土钉施工。每层的最大开挖高度取决于该土体可以直立而不坍塌的能力，一般与土钉竖向间距相同，便于土钉施工。纵向分段开挖长度取决于施工流程的相互衔接，一般为10 m左右。

3.基坑支护结构的计算

支护结构的计算主要分为两部分，即围护结构计算和撑锚结构计算。围护结构计算主要是确定挡墙、桩的入土深度、截面尺寸、间距和配筋。撑锚结构计算主要是确定撑锚结构的受力状况和构造措施，需验算的内容有边坡的整体抗滑移稳定性、基坑（槽）、底部土体隆起、回弹和抗管涌稳定性。支护结构的计算方法有平面计算法和空间计算法，无论哪种方法均需利用专用程序进行。目前，我国的计算已发展为空间计算法。

下面主要介绍水泥土墙的设计计算，水泥土重力式支护结构的设计主要包括整体稳定、抗倾覆稳定、抗滑移稳定、位移等，有时还应验算抗渗、墙体应力、地基强度等。

二、基坑降水

基坑开挖过程中，当地下水位高于基坑底时，由于土的含水层被切断，地下水会不断渗入基坑内，因此在雨季施工时，地面雨水也会不断流入基坑，为了保证施工的正常进行，防止出现流砂、边坡失稳和地基承载能力下降等现象，必须在基坑或沟槽开挖前或开挖时做好降水、排水措施，使地基土在开挖及基础施工时保持干燥。基坑或沟槽的降水方法可分为集水井降水法和井点降水法。

当基坑开挖到达地下水位以下而土质是细砂或粉砂，又采用明排水法时，基坑底下面的土会呈流动状态而随地下水涌入基坑，这种现象称为流砂。此时，土体完全丧失承载能力，边挖边冒，造成施工条件恶化，基坑难以达到设计深度。严重时会造成边坡塌方及附近建筑物、构筑物下沉、倾斜、倒塌等。因此，在施工前必须对场地的工程地质和水文地质资料进行详细调查研究，采取有效措施防止流砂产生。

流砂的产生主要与动水压力的大小和方向有关。当动水压力方向向上且足够大时，土颗粒被带出而形成流砂，而当动水压力方向向下时，如出现土颗粒的流动，其方向向下，则土体稳定。因此，在基坑开挖中，防止流砂产生的途径：一是减小或平衡动水压力；二是改变动水压力的方向，使动水压力的方向向下，或是截断地下水流；三是改善土质。其具体措施如下所述：

（1）在枯水期施工。因为枯水期地下水位低，基坑内外水位差小，动水压力小，此时施工不易发生流砂。

（2）打板桩。方法是将板桩打入基坑底下面一定深度，以增加地下水的渗流路程，从而减少水力坡度，降低动水压力，防止流砂发生。目前所用的板桩有钢板桩、钢筋混凝土板桩、木板桩等。

（3）设置止水帷幕。方法是将连续的止水支护结构（如地下连续墙、连续板桩、深层搅拌桩等）打入基坑底面以下一定深度，形成封闭的止水帷幕，从而使地下水只能从支护结构下端渗入基坑，减少地下水的渗入路径，并减小水力坡度，从而减小动水压力，防止流砂现象发生。此法在深基坑支护中常被采用。

（4）井点降水法。采用井点降水方法，使地下水位降低到基坑底面以下，地下水的渗流向下，则动水压力的方向也向下，从而水不能渗入基坑内，可有效地防止流砂现象发生。

此外，当基底出现局部或轻微流砂现象时，可抛入大石块、土（或砂）袋把流砂压住，以平衡动水压力，此法适用于治理局部或轻微的流砂。在含有大量地下水的土层或沼泽地区施工时，还可以采用土壤冻结法、烧结法等，截止地下水流入基坑内，以防止流砂的产生。

（一）集水井降水法

集水井降水法也称明排水法，属于重力降水，它是采用截、疏抽的方法来进行排水，在基坑开挖过程中沿基坑底四周或中央开挖排水沟，并设置一定数量的集水井，使得基坑内的水在重力作用下经排水沟流入集水井内，然后用水泵抽走。雨季施工时，应在基坑周围或地面水的上游，开挖截水沟或修筑土堤，以防地面水流入基坑内。如果开挖深度较大，地下水渗流严重，则应该逐层开挖，逐层设置集水井。

集水井应设置在基础范围以外，地下水走向的上游，以防止基坑底的土颗粒随水流失而使土结构遭受破坏。集水井的间距主要根据地下水量的大小、渗透系数、基坑平面形状及水泵的抽水能力等确定，一般每隔20~40 m设置一个。集水井的直径或宽度一般为0.6~0.8 m，其深度随着挖土深度的增加而增加，并保持低于挖土水平面0.7~1.0 m。坑壁可用竹、木料等简易加固。当基坑挖至设计标高后，集水坑底应低于基坑底面1.0~2.0 m，并铺设碎石滤水层（厚0.3 m）或下部砾石（厚0.1 m）、上部粗砂（厚0.1 m）的双层滤水层，以免因抽水时间过长而将泥沙抽出，并防止坑底土被扰动。

用集水井降水时，所采用的抽水泵主要有离心泵、潜水泵、软轴泵等，其主要性能包括流量、扬程和功率等。选择水泵时，水泵的流量和扬程应满足基坑涌水量和基坑内降水深度的要求，昼夜随时抽排，直至基坑土回填为止。

集水井降水法施工方法简单，排水方便，经济，对周围影响小，工程中采用的比较广泛，它适用于水流较大的粗粒土层的排水、降水，因为当基坑涌水量较大、水位差较大或土质为细砂或粉砂时，有可能产生流砂现象。如果不采取相应的措施，施工就难以进行。

（二）井点降水法

井点降水法即人工降低地下水位法，就是在基坑开挖前，预先在基坑周围或基坑内设置一定数量的滤水管（井），利用抽水设备从中抽水，使地下水位降低至基坑底面以下并稳定后才开挖与施工。同时，在开挖过程中仍不断抽水，使地下水位稳定于基坑底面以下，所挖的土始终保持干燥，改善了挖土条件，还可以防止基坑底隆起和加速基坑地基固结，提高施工质量。但要注意的是，在降低地下水位的过程中，基坑附近的地基土体会产生一定的沉降。

人工降低地下水位的方法有轻型井点、喷射井点、电渗井点、管井井点及深井井点等，每种方法的选用依据是土的渗透系数、降水深度、工程特点、降水设备条件及经济条件等。实际工程中轻型井点和管井井点应用较广，其中以轻型井点的理论最为完善。但目前很多深基坑降水都采用管井井点的方法，它的设计是以经验为主，理论计算为辅，我国目前尚无这种井的规程。

轻型井点是沿基坑四周或一侧每隔一定距离埋入井点管（下端为滤管），在地面上用集水总管将各井点管连接起来，并在一定位置设置抽水设备，利用真空泵和离心泵的真空吸力作用，使地下水经滤管进入井点管，然后经井点管排出，将地下水位线降至基坑底面以下。

（1）井点系统。轻型井点设备由管路系统和抽水设备组成。管路系统包括滤管、井点管、弯联管及总管。滤管为进水设备，它位于井点管的下部，通常采用长为 1.0 ~ 1.5 m，直径为 38 mm 或 50 mm 的无缝钢管，管壁上钻有呈星棋状排列的滤孔，滤孔直径为 12 ~ 19 mm，滤孔面积为滤管表面积的 20% ~ 25%，钢管外面包以两层孔径不同的滤网，内层为铜丝网或尼龙材质的细滤网，外层为粗滤网。为使水流畅通，管壁与滤网之间用塑料管绕成螺旋形隔开，外面再绕一层粗铁丝保护，滤管下端为一铸铁塞头。滤管上端与井点管连接，其构造是否合理，对抽水效果影响很大。

井点管是长为 5 ~ 7 m，直径为 38 mm 或 50 mm 的无缝钢管，可为整根或由分节组成。井点管的上端用弯联管与总管相连。

集水总管是直径为100～127 mm的无缝钢管，每段长为4m，其上装有与井点管连接的短接头，间距有0.8 m、1.2 m、1.6 m、2.0 m、2.41 m（2.0 m用得较少）几种。

（2）抽水设备。常用的抽水设备有真空泵抽水设备与射流泵抽水设备两类。真空泵抽水设备由真空泵、离心泵和水气分离器（又称集水箱）等组成。其工作原理是：开动真空泵，将水气分离器内部的空气抽出一部分，在真空度吸力作用下，地下水经滤管井点管吸上，进入集水总管，再经过滤室过滤泥沙石进入水气分离器。水气分离器内有一浮筒，沿中间导杆升降，当箱内的水使浮筒上升时，即可开动离心水泵将水排出，浮筒则可关闭阀门，避免水被吸入真空泵。副水气分离器也是为了避免将空气中的水分吸入真空泵。为对真空泵进行冷却，特设一冷却循环水泵。

真空泵的负荷能力与其型号、性能和地质条件有关。一般情况下，一台真空泵能负担的集水总管长度为100～200 m。常用的真空泵主要有W5、W6型，采用W5型真空泵时，负荷长度应不大于100 m；采用W6型真空泵时，负荷长度应不大于200 m。

（3）轻型井点的布置。轻型井点的布置应根据基坑平面形状、大小和深度、土质、土的渗透系数、地下含水层的厚度、地下水位的高低与流向、降水深度要求等而定。井点布置是否恰当，对降水效果、施工速度影响很大。

1）平面布置。

当基坑（槽）宽度小于6 m，降水深度不超过5 m时，可采用单排线状井点，井点管应布置在地下水的上游一侧，其两端的延伸长度一般不小于坑（槽）宽度。如沟槽宽度大于6 m，或土质不良，则采用双排井点。当基坑面积较大时，应采用环状井点。施工过程中，可留出一段（地下水下游方向）不封闭或布置成U形，便于挖土机械和运输车辆进出基坑。井点管与基坑壁的距离一般为0.7～1.0 m，以防局部发生漏气。井点管间距应根据现场土质条件、降水深度、工程性质等按计算或经验确定，一般为0.8～1.6 m，不超过2.0 m，在总管拐弯处或靠近河流处，井点管应适当加密，以保证降水效果。

2）高程布置。

轻型井点的降水深度从理论上讲可达10.3 m，但由于管路系统的水头损失，其实际降水深度一般不大于6 m。

3）轻型井点的计算。

轻型井点系统的设计计算，必须建立在占有可靠资料的基础上，如施工现场地形图、水文地质资料、基坑工程资料等。轻型井点的计算主要包括基坑涌水量计算、井点管数量及水井间距的确定。

4）轻型井点施工。

轻型井点施工的工艺流程为：施工准备→井点管排放→井点系统埋设→弯联管将井点管与总管连接→安装抽水设备→试运行→正式抽水→井点系统拆除。

准备工作包括井点设备、施工机具、动力、水源及必要材料（如砂滤料）的准备，开挖排水沟，附近建筑物的标高观测及防止附近建筑物沉降措施的实施。另外，为了检查降水效果，必须选择有代表性的地点设置水位观测孔。

井点管的埋设是关键性工作，可以利用冲水管冲孔，或钻孔后将井点管沉入，也可以用带套管的水冲法及振动水冲法下沉埋设。

冲孔时，孔洞必须保持垂直，冲孔直径一般为300 mm，孔径上下要一致，井点管四周要有一定厚度的砂滤层，砂滤层宜选用粗砂，以免堵塞管的网眼，冲孔深度要比滤管深0.5 m左右。

井孔冲成后，随即拔出冲管，插入井点管，并在井点管与孔壁之间迅速填灌粗砂滤层，以防孔壁塌土。砂滤层的填灌质量是保证轻型井点顺利工作的关键，一般应选用洁净粗砂，厚度一般为60~100 mm，填至滤管顶上1.0~1.5 m，以保证水流畅通。井点填砂后，井点管上口距地面1.0 m范围内须用黏土封口，以防漏气。

井点管埋设完毕应接通总管。总管设在井点管外侧50 cm处，铺前先挖沟槽，并将槽底整平，将配好的管子逐根放入沟内，在端头法兰穿上螺栓，垫上橡胶密封圈，然后拧紧法兰螺栓，总管端部用法兰封牢。一组井点管部件连接完毕后，与抽水设备连通，进行试抽水，检查有无漏气、淤塞情况，出水是否正常，如压力表读数在0.15 MPa~0.20MPa，真空度在93.3 kPa以上，即可投入正常使用。

井点系统全部安装完毕后，即可接通总管和抽水设备进行试抽，检查有无漏水、漏气现象，出水是否正常。井点管使用时，应保证连续不断抽水，若时抽时停，则滤网易于堵塞，也容易抽出土粒，使水浑浊；若中途停抽，则地下水回升，也会引起边坡塌方等事故。正常的出水规律是"先大后小，先浑后清"。

采用井点系统降水，一般抽水3~5 d后水位降落，漏斗基本趋于稳定。基础和地下构筑物完成并回填土后，方可拆除井点系统。拔出井点管可借助倒链或杠杆式起重机，所留孔洞用砂或土堵塞。采用轻型井点降水时，还应对附近建筑物进行沉降观测，必要时应采取防护措施。

井点系统的拆除必须是在地下建（构）筑物完工并进行土方回填后进行，陆续关闭和逐根拔出井点管，井点管拆除一般多借助倒链、起重机等。拔管后所形成的孔洞用土或砂填塞，对地基有防渗要求时，地面以下2 m应用黏土填实。

需要注意的是，井点使用后，中途不得停泵，且应保持降低地下水位在基底0.5 m以下，防止因停止抽水使地下水位上升，造成淹泡基坑事故。

5）其他降水方式。

①管井井点。

当土壤的渗透系数大（如20~200 m/d）、地下水丰富、轻型井点不易解决时，可采用管井井点的方法进行降水。管井井点是每隔一定距离设置一个管井，每个管井单独用一台水泵不断地抽水，以降低地下水位。管井井点的设备主要是由管井、吸水管、水泵组成。管井可用钢管管井和混凝土管管井等。钢管管井的井身采用直径为150～250 mm的钢管，其过滤部分采用钢筋焊接骨架外缠镀锌铁丝并包滤网（孔眼为1～2 m），长度为2～3 m。混凝土管管井的内径为400 mm，分实管与过滤管两种，过滤管的空隙率为20%～25%，吸水管可采用直径为50～100 m的钢管或胶管。

②喷射井点。

当基坑（槽）开挖较深而地下水位较高、降水深度超过6 m时，采用一级轻型井点已不能满足要求，必须采用二级或多级轻型井点才能收到预期效果，但这会增加设备数量和基坑（槽）的开挖土方量，延长工期，往往不够经济。此时宜采用喷射井点，该方法降水深度可达8～20 m，在$K=3～50$ m/d的沙土中最有效，在$K=0.1～3$ m/d的粉砂、淤泥质土中效果也很显著。喷射井点的设备由喷射井管、高压水泵及进水，排水管路组成。喷射井管由内管和外管组成，在内管下端装有喷射扬水器与滤管相连，当高压水经内外管之间的环形空间由喷嘴喷出时，地下水即被吸入而压出地面。

③电渗井点。

当土壤渗透系数小于0.1 m/d，采用轻型井点、喷射井点进行基坑（槽）降水效果很差时，宜改用电渗井点降水。电渗井点是以井点管作阴极，沿基坑（槽）外围布置，并采用套管冲枪成孔埋设；以插入的钢筋或钢管作阳极，埋在井点管内侧。当通以直流电后，土颗粒即自负极向正极移动，水则自正极向负极移动而被集中排出。土颗粒的移动称电泳现象，水的移动称电渗现象，故称电渗井点。这种方法因耗电较多，所以只有在特殊情况下才使用。

电渗井点适用于黏土、粉质黏土、淤泥等土质中的降水，它是轻型井点或喷射井点的辅助方法。

6）降水对环境的影响和防治措施。

①降水对周边环境的影响。

井点管埋设完成开始降水时，井内水位下降，同时随水流会带出部分细微土粒，再加上降水后土体的含水量降低，使土壤产生固结，因而会引起周围地面的沉降。这是由于：一方面，基坑降水后土中孔隙水压力会发生转移、消散，打破了原有的力学平衡，使得土体中有效应力增加，在建筑物自重不变的情况下就产生了沉降变形；另一方面，基坑降水后形成的降水漏斗使得水力梯度增加，由此产生的渗透力将作为体积力作用在土体上，引起变形。总之，两者的共同作用导致了基坑周围土体的沉降。因此，在建筑物密集地区进行降水施工，或因长时间降水引起过大的地面沉降，会带来较严重的后果，在软土地区就曾发生过不少事故。

②防治措施。

为防治或减少降水对周围环境的影响，避免产生过大的地面沉降，可采取下列一些技术措施。

采用回灌技术。回灌井点是防止井点降水损害周围建筑物的一种经济、简便、有效的方法，它能将井点降水对周围建筑物的影响降低到最小。降水对周围环境的影响是土壤内地下水流失造成的。回灌技术即在降水井点和要保护的建（构）筑物之间布置一排井点，在降水井内抽水的同时，通过回灌井点向土层内灌入一定量的水（降水井点抽出的水），形成一道止水帷幕，从而阻止或减少回灌井点外侧被保护的建（构）筑物的地下水流失，使地下水位基本保持不变，这样就会减少或避免因降水引起地面沉降。回灌井点可采用一般真空井点降水的设备和技术，仅增加回灌水箱、闸阀和水表等少量设备，一般施工单位皆易掌握。为确保基坑施工的安全和回灌的效果，回灌井点与降水井点之间应保持一定的距离，一般不宜小于6 m，降水与回灌应同步进行。

回灌井点的间距应根据降水井点的间距和被保护建（构）筑物的平面位置确定。回灌井点宜进入稳定降水曲面下1 m，且位于渗透性较好的土层中。回灌井点滤管的长度应大于降水井点滤管的长度。回灌水量可通过水位观测孔中的水位变化进行控制和调节，回灌水位不宜超过原水位标高。回灌水箱的高度可根据灌入水量决定，回灌水宜用清水。实际施工时，应协调控制降水井点与回灌井点。许多工程实例证明，用回灌井点回灌水能产生与降水井点相反的地下水降落漏斗，能有效地阻止被保护建（构）筑物的地下水流失，防止产生有害的地面沉降。回灌水量要适当，过小无效，过大会从边坡或钢板桩缝隙流入基坑。

使降水速度减缓。在砂质粉土中的降水影响范围可达80 m以上，降水曲线较平缓，为此可将井点管加长，减缓降水速度，防止产生过大的沉降；也可在井点系统降水过程中，调小离心泵阀，减缓抽水速度。还可在邻近被保护建（构）筑物一侧，将井点管间距加大，需要时甚至暂停抽水。为防止在抽水过程中将细微土粒带出，可根据土的粒径选择滤网。另外，确保井点管周围砂滤层的厚度和施工质量，也能有效防止降水引起的地面沉降。在基坑内部降水，掌握好滤管的埋设深度，如支护结构有可靠的隔水性能，一方面能疏干土壤、降低地下水位，便于挖土施工，另一方面又不使降水影响基坑外面，造成基坑周围产生沉降。上海等地在深基坑工程降水中，采用该方案取得了较好效果。

设置止水帷幕。在建筑物和地下管线密集的区域进行降水时，对在地面沉降方面有严格要求的场地进行基坑开挖，应尽可能采取止水帷幕；或当施工场地周边有湖、河流等贮水体时，应在降水区域和原有建筑物之间的土层中设置一道固体抗渗屏幕（止水帷幕），并进行坑内降水。通过这一方法一方面可以疏干坑内地下水，便于顺利开挖施工；另一方面可以防止由于抽水造成坑内地下水与贮水体穿通，引起大量的涌水，甚至抽水带出土粒，产生流砂现象。止水帷幕可结合挡土支护结构设置或单独设置，常用的有深层搅拌法、压密注浆法、密排灌注桩法、冻结法等。

采用变形观测技术。基坑降水时，为了保证在建筑物安全和正常的情况下，运用变形观测的数据来控制和调节基坑土开挖及降水的部位、数量与速度，可采用回弹与沉降相抵消的方法来控制建筑物的变形，使周边环境不受损害。变形观测在施工中起着领头和指挥的特殊作用，我们称其为"主动型"的观测。它不仅配合工程地质和施工人员完成了降水任务，而且确保了基坑周围建筑物的安全，同时进一步提高了精密工程测量在工程建设中的地位与作用。

三、基坑土方机械施工

土方机械化开挖应根据工程结构形式、工程规模、开挖深度、地质条件、气候条件、地下水情况、土方量、运距、周围环境、施工工期和地面荷载等有关资料，确定土方开挖方案并合理选择挖土机械，以充分发挥机械效率，节省机械费用，加速工程进度。基坑（槽）及管沟开挖方案的内容主要包括：确定支护结构的龄期，选择挖土机械，确定开挖时间、分层开挖深度及开挖顺序、坡道位置和车辆进出场道路，合理安排施工进度和劳动组织，制定监测方案、质量和安全措施，以及制定土方开挖对周围建筑物和构筑物需采取的保护措施等。土方开挖常采用的挖土机械有推土机、铲运机、挖掘机、装载机等。

（一）主要挖土机械及其施工

一般情况下，开挖深度较小的大面积基坑，宜采用推土机或装载机推土、装土，用自卸汽车运土；对长度和宽度均较大的大面积土方一次开挖，可用铲运机进行铲土、运土、卸土、填筑作业；对面积较深的基坑（槽）多使用0.5 m³或1.0 m³斗容量的液压正铲挖掘机，上层土方也可用铲运机或推土机进行作业；如操作面狭窄，且有地下水，土体湿度大，可采用液压反铲挖掘机挖土，自卸汽车运土；在地下水中挖土使用拉铲，效率较高；当地下水位较深，采取不排水的方案时，可分层用不同机械开挖，先用正铲挖掘机挖地下水位以上土方，再用拉铲或反铲挖地下水位以下的土方，用自卸汽车将土方运出。在土木工程施工中，尤以推土机、铲运机和挖掘机应用最广、最具代表性。现将这几种类型机械的性能、适用范围及施工方法介绍给大家。

1.推土机施工

推土机由动力机械和工作部件两部分组成，其动力机械是拖拉机，工作部件是安装在动力机械前面的推土铲。推土机的行走方式有轮胎式和履带式两种，按铲刀操纵方式的不同，可分为索式（自重切土）和液压式（强制切土）两种。索式推土机的铲刀借助本身自重切入土中，在硬土中切土深度较小；液压式推土机采用油压操纵，能使铲刀强制切入土中，其切入深度较大。同时，液压式推土机的铲刀还可以调整角度，具有较大的灵活性，是目前常用的一种推土机。

推土机的特点是构造简单，操纵灵活，运转方便，所需工作面较小，功率较大，行驶速度快，易于转移，能爬30°的缓坡。推土机适用范围：挖土深度不大的场地平整，铲除腐殖土并运送到附近的弃土区；开挖深度不大于1.5 m的基坑；回填基坑和沟槽；堆筑高度在1.5 m以内的路基、堤坝；平整其他机械卸置的土堆；推送松散的硬土、岩石和冻土；配合铲运机进行助铲；配合挖土机施工，为挖土机清理余土和创造工作面。此外，将铲刀卸下后，推土机还能牵引其他无动力的土方施工机械，如拖式铲运机、松土机、羊足碾等。推土机的经济运距宜在100 m以内，当推运距离为40～60 m时，工作效能最高。

推土机的生产率主要取决于推土板推移土的体积及切土、推土、回程等工作的循环时间。切土时应根据土质情况，尽量采用最大切土深度在最短距离内完成，以便缩短低速行进的时间，然后直接将土推运到预定地点。推土机在作业时，上下坡坡度应小于35°，横坡应小于10°。

为了提高推土机的生产率，可采取下坡推土法、槽形推土法、并列推土法及分批集中、一次推送法等，还可在推土板两侧附加侧板，以增加推土体积，当两台以上推土机在同一区域作业时，两机前后距离不得小于8 m，平行时左右距离不得小于1.5 m。

（1）下坡推土法。推土机顺地面坡势沿下坡方向推土，借助机械往下的重力作用，可增大铲刀的切土深度和运土数量，提高推土机的推土能力和缩短推土时间，一般可提高生产率30％～40％。但推土坡度应在15°以内，以免后退时爬坡困难。下坡推土法也可与其他推土法结合使用。

（2）槽形推土法。当运距较远、挖土层较厚时，利用已推过的土槽再次推土，可以减少铲刀两侧土的散失，也可以增加10％～30％的推运土量。槽的深度在1 m左右为宜，土堆宽约50 cm。当推出多条槽后，再将土堆推入槽中运出。在土层较硬的情况下，可在铲刀前面装置活动松土齿，当推土机倒退回程时，即可将土翻松。这样可减少切土阻力，从而提高切土运行速度。

（3）并列推土法。对于大面积的施工区，可用2～3台推土机并列推土。推土时两铲刀相距15～30 cm；倒车时，分别按先后次序退回。这样可以减少土的散失，增大推土量。一般情况下，采用两机并列推土可增加15％～30％的推土量，采用3机并列推土可增加30％～40％的推土量。但平均运距不宜超过75 m，亦不宜小于20 m；且推土机数量不宜超过3台，否则倒车不便，行驶不一致，反而影响生产率的提高。

（4）分批集中、一次推送法。若运距较远而土质又比较硬，且切土的深度不大，可采用多次铲土，先堆积在一处，然后集中推送到卸土区，使铲刀前保持满载，这样可以有效地提高推土的效率。

2.铲运机施工

铲运机是一种能完成铲土、装土、运土和分层填土，局部碾实综合作业，利用铲斗铲削土壤，并将碎土装入铲斗进行运送的机械。铲运机对所行驶道路要求较低，操纵灵活，生产率较高。铲运机可在一至三类土中直接挖、运土，常用于坡度在20°以内的大面积土方挖、填、平整和压实，大型基坑、沟槽的开挖，路基和堤坝的填筑，宜于开挖含水量不超过27%的松土和普通土，但不适于砾石层、冻土地带及沼泽地区使用。在坚硬土开挖时，要用推土机助铲或用松土机配合先将土翻松0.2~0.4 m，以减少机械磨损，提高生产率。

在土方工程中，铲运机的铲斗容量分为小型、中型、大型和特大型：小型铲斗容量一般小于5 m³；中型的一般为5~15 m³；大型的一般为15~30 m³；特大型的可以达到30 m³以上。铲运机按行走机构可分为拖式铲运机和自行式铲运机两种，按铲斗操纵方式又可分为钢索式铲运机和液压式铲运机两种。自行式铲运机适用于运距为800~3500 m的大型土方工程施工，以运距在800~1500 m时生产效率最高；拖式铲运机适用于运距为80~800 m的土方工程施工，而运距在200~350 m时生产效率最高。如果采用双联铲运或挂大斗铲运，其运距可增加到1000 m。

运距越长，生产率越低。因此，应根据填、挖方区的分布情况和地形条件规划铲运机的开行路线，力求符合经济运距的要求。工程实践中，为了提高生产率，铲运机的开行路线一般有环形路线和"8"字形路线两种形式，施工时应尽量减少转弯次数和空驶距离，以提高工作效率。采用环形路线可进行多次铲土和卸土，从而减少了铲运机的转弯次数，相应提高了工作效率。而在地形起伏较大、施工地段狭长的情况下宜采用"8"字形路线。采用"8"字形路线时，铲运机在上下坡时是斜向行驶的，所以要求坡度平缓；一个循环中两次转弯方向不同，故机械磨损均匀；一个循环完成两次铲土和卸土，减少了转弯次数及空车行驶距离，可缩短运行时间，提高生产率。

当沿沟边或填方边坡作业时，轮胎离路肩不得小于0.7 m。铲运机的施工方法一般有下坡铲土法（坡度5°~7°为宜）、跨铲法和助铲法（推土机在后面助推）等。

需要注意的是，铲运机应避免在转弯时铲土，因为这样会使铲刀受力不均易引起翻车事故。因此，为了充分发挥铲运机的效能，保证能在直线段上铲土并装满土斗，要求铲土区应有足够的最小铲土长度。

3.挖掘机施工

挖掘机是土方工程中最常用的一种施工机械，按其行走方式不同可分为履带式和轮胎式两类，其传动方式有机械传动和液压传动两种。挖掘机利用土斗直接挖土，因此也称为单斗挖土机。根据施工要求，挖掘机的工作装置可以更换。按土斗装置的不同，挖掘机可分为正铲挖掘机、反铲挖掘机、拉铲挖掘机和抓铲挖掘机等，使用较多的是前三种。其中，拉铲或反铲挖掘机在作业时，其履带或轮胎到工作面边缘的安全距离不应小于1.0 m。

（1）正铲挖掘机

正铲挖掘机应用较广，适用于开挖停机面以上的土方，且需要与汽车配合完成整个挖掘运土工作。正铲挖掘机的挖掘力大，生产率高，适用于开挖含水量较小的一类土和经爆破的岩石及冻土，既可用于大型基坑工程，又可用于场地平整施工。

正铲挖掘机的挖土特点是"前进向上，强制切土"，其生产率主要取决于每斗的挖土量和每斗作业的循环时间。为了提高生产率，除了工作面高度必须满足装满土斗的要求（不小于3倍土斗高度），还要考虑挖土方式及与运土机械的配合问题，尽量减少回转角度，缩短每个循环的延续时间。正铲挖土机的开挖方式根据其开挖路线和运输工具的相对位置不同，有以下两种：

①正向挖土，侧向卸土，即挖掘机向前进方向挖土，运输车辆停在其侧面卸土（可停在停机面上或高于停机面）。此法应用较广，因挖土机卸土时回转角小，运输方便，故其生产率高。

②正向挖土，后方卸土，即挖掘机向前进方向挖土，运输车辆停在其后面装土。此法挖土工作面较大，但挖土机卸土时需旋转角度较大，运输车辆要倒车开入，运输不方便，生产率较低，故一般很少采用。一般仅当基坑较窄且深度较大时采用。

挖掘机在停机点所能开挖的土方面称为工作面，一般称"掌子"。工作面的大小和形状主要取决于挖掘机的工作性能、挖土方式及运输方式等因素。根据工作面的大小和基坑的断面，可布置挖掘机的开行通道。例如，当基坑开挖的深度小而面积大时，只需布置一层通道即可；当基坑深度较大时，可布置成多层通道。挖掘机采用的是正向开挖、侧向卸土的方式（高侧或平侧），每斗作业循环时间短，生产率较高。

（2）反铲挖掘机

反铲挖掘机是开挖停机面以下6.5 m深度以内的土方（挖深与工作装置有关），不需设置进出口通道，也可分层开挖，但当地下水位较高时，需配合基坑内的降水工作进行开挖，以保证停机面的干燥，不致使机械沉陷。其适用于开挖小型基坑、基槽和管沟，尤其适用于开挖独立柱基及有地下水的土或泥泞土。反铲挖掘机的挖土特点是"后退向下、强制切土"。其挖掘力比正铲挖掘机小，能开挖停机面以下的一至三类土，挖土时可用汽车配合运土，也可弃土于坑（槽）附近。

反铲挖掘机的开挖方式可以采用沟端开挖和沟侧开挖。沟端开挖是指挖掘机在基槽一端挖土，后退挖土，向沟一侧弃土或装汽车运走。其优点是挖土方便，挖的深度和宽度较大。沟侧开挖是指挖土机在沟槽一侧挖土，因为挖掘机的移动方向与挖土方向垂直，且沿沟边开挖，所以稳定性较差，可将土弃于距沟较远的地方。

（3）拉铲挖掘机

拉铲挖掘机的工作装置简单，可直接由起重机改装，其特点为铲斗悬挂在钢丝绳下无刚性的斗柄上。由于拉铲支杆较长，铲斗在自重作用下落至地面时，借助自身的机械能可使斗齿切入土中，故开挖的深度和宽度均较大。

（4）抓铲挖掘机

抓铲挖掘机一般由正、反铲液压挖掘机更换工作装置，或由履带式起重机改装而成，可用于挖掘独立柱基的基坑、沉井及其他挖方工程，特别适宜于进行水中挖土。

抓铲挖掘机的挖土特点是"直上直下，自重切土"。其挖掘力较小，只能开挖一至二类土，抓铲挖土时，通常立于基坑一侧进行，对较宽的基坑则在两侧或四侧抓土，并可在任意高度上卸土。抓挖淤泥时，抓斗易被淤泥"吸住"，应避免起吊用力过猛，以防翻车。

（二）土方机械的选择

选择土方机械时，应根据现场的地形条件、土质、水文地质条件、土方量、工期要求、土方机械供应条件等因素，合理选择定量的土方机械，应注意充分发挥机械性能，进行技术、经济比较后确定机械种类与数量，以保证施工质量，加快进度，降低成本。

例如，在地形起伏较大的丘陵地带，当挖土高度在3m以上，运输距离超过2000 m，土方工程量较大且较集中时，一般应选用正铲挖土机挖土，自卸汽车配合运土，并在弃土区配备推土机平整土堆。也可采用推土机预先把土推成一堆，再用装载机把土装到自卸汽车上运走。开挖基坑时根据下述原则选择机械：当基坑深度在1~2 m，而基坑长度又不太长时，采用推土机；对深度在2 m以内的线状基坑，宜用铲运机开挖；当基坑较大，工程量集中时，如基坑底干燥且较密实，可选用正铲挖土机挖土；当地下水位较高，又不采用降水措施，或土质松软，可能造成正铲挖掘机和铲运机陷车时，采用反铲、拉铲或抓铲挖掘机配合自卸汽车较为合适。移挖作填及基坑和管沟的回填土，当运距在100 m以内时，可采用推土机施工。上述各种机械的适用范围都是相对的，选用机械时应结合具体情况，并考虑工程成本，选择效率高、费用低的机械进行施工。

（三）机械开挖基坑的施工要点

（1）土方开挖应绘制土方开挖图，确定开挖路线、顺序、范围、基底标高、边坡坡度、排水沟、集水井位置及挖出的土方堆放地点等。绘制土方开挖图应尽可能使机械多挖，减少机械超挖和人工挖方。

（2）大面积基础群基坑底标高不一，机械开挖顺序一般采取先整片挖至一平均标高，然后再挖个别较深部位。当一次开挖深度超过挖掘机的最大挖掘高度（5 m以上）

时，宜分2~3层开挖，并修筑坡度为10％~15％的坡道，以便挖土及运输车辆进出。

（3）基坑边角部位、机械开挖不到之处，应用少量人工配合清坡，将松土清至机械作业半径范围内，再用机械掏取运走。大基坑宜另配一台推土机清土、送土、运土。

（4）挖掘机、运土汽车进出基坑的运输道路，应尽量利用一侧或两侧相邻的基础（以后需开挖的）部位，使它互相贯通作为车道，或利用提前挖除土方后的地下设施部位作为相邻的几个基坑开挖地下运输通道，以减少挖土量。

（5）机械开挖施工时，应保护井点、支撑等不受碰撞或损坏，同时应对平面控制桩，水准点、基坑平面位置、水平标高、边坡坡度等定期进行复测检查。

（6）机械开挖应由深而浅，基底及边坡应预留一层150~300 mm厚的土层，用人工清底、修坡、找平，以保证基底标高和边坡坡度正确，避免超挖和土层遭受扰动。

（7）当基坑土方开挖可能影响邻近建筑物管线安全使用时，必须有可靠的保护措施。

（8）雨季开挖的土方，工作面不宜过大，应逐段分期完成。如为软土地基，进入基坑行走需铺垫钢板或铺路基垫道。坑面、坑底的排水系统应保持良好状态，防止雨水浸入基坑。冬季开挖的基坑，如挖完土隔一段时间施工，地基土上面须预留适当厚度的松土，以防地基土遭受冻结。

（9）当基坑开挖局部遇露头岩石时，应先采用局部爆破方法，将基岩松动，爆破成碎块，其块度应小于铲斗宽的2/3，再用挖掘机挖出，可避免破坏邻近基础和地基。

（四）基坑开挖的安全措施

（1）基坑边缘堆置土方和建筑材料，一般应距基坑上部边缘不小于2 m，堆置高度不应超过1.5 m。在垂直的坑壁边，此安全距离还应加大。软土地区不宜在基坑边堆置弃土。基坑开挖时，两人的操作间距应大于3 m，每人的工作面应大于6 m²。多台机械开挖时，挖掘机间距应大于10 m。在挖掘机工作范围内，不许进行其他作业，严禁先挖坡脚或逆坡挖土。

（2）基坑周围地面应进行防水、排水处理，严防雨水等地面水侵入基坑周边土体。雨季施工时，基坑（槽）应分段开挖，挖好一段浇筑一段垫层，并在基槽两侧围以土堤或挖排水沟，经常检查边坡和支撑情况，以防止坑壁受水浸泡造成塌方。

（3）基坑开挖应严格按规定放坡，操作时应随时注意土壁的变动情况，如发现有裂缝或部分坍塌现象，应及时进行支撑或放坡，并注意支撑的稳固和土壁的变化，尤其是在土质差、开挖深度大的坑（槽）中。

（4）深基坑上下应先挖好阶梯或开斜坡道，并采取防滑措施，禁止踩踏支撑上下，坑四周应设安全栏杆。

（5）基坑（槽）、管沟的直立壁和边坡，在开挖过程中和敞露期间应防止塌陷，必要时应采用边坡保护方法。

四、基坑土方开挖

在基坑土方开挖之前，要详细了解施工区域的地形和周围环境，土层种类及其特性，地下设施情况，支护结构的施工质量，施工场地条件、基坑平面形状和开挖深度，土方运输的出口，政府及有关部门关于土方外运的要求和规定（有的大城市规定只有夜间才允许土方外运）；要优化选择挖土机械和运输设备；要确定堆土场地或弃土处；要确定挖土方案和施工组织；要对支护结构、地下水位及周围环境进行必要的监测和保护，合理确定开挖的顺序、方法，如出现异常情况应及时处理，待恢复正常后继续施工。

另外，在深基坑开挖过程中，随着土的挖除，下层土有可能发生回弹，尤其在基坑挖至设计标高后，如搁置时间过久，回弹则更为明显，这将加大建筑物的后期沉降。因此，对深基坑开挖后的土体回弹，应格外注意，需采取一定措施，如在基底设置桩基、深层土质加固及加快主体结构施工等。

基坑开挖方法主要包括直接分层开挖、有内支撑支护的基坑开挖、盆式开挖、岛式开挖、深基坑逐层挖土及多层接力挖土等，可根据基坑面积大小、开挖深度、支护结构形式，周围环境条件等因素选用。

（一）直接分层开挖

直接分层开挖包括放坡开挖和无内支撑的基坑开挖。

（1）放坡开挖适用于基坑四周空旷，有足够放坡场地，且周边没有建筑物、其他设施和地下管线的情况，在软弱地基条件下，基坑开挖深度不宜过大，一般控制在6～7 m，坚硬土体不受此限制。

放坡开挖施工方便，挖掘机作业时不受障碍，工作效率高，可根据设计要求分层开挖或一次挖至坑底；基坑开挖后主体结构施工作业空间大，施工工期短。

放坡开挖是最经济的挖土方案。当基坑开挖深度不大（软土地区开挖深度不超过4 m，地下水位低、土质较好地区开挖深度亦可较大），周围环境又允许，经验算能确保土坡的稳定性时，均可采用放坡开挖。开挖深度较大的基坑当采用放坡挖土时，宜设置多级平台分层开挖，每级平台的宽度不宜小于1.5 m。

对土质较差且施工工期较长的基坑，对边坡宜采用钢丝网水泥喷浆或用高分子聚合材料覆盖等措施进行护坡。坑顶不宜堆土或堆载（材料或设备），若有不可避免的附加荷载，在进行边坡稳定性验算时，应计入附加荷载的影响。

在地下水位较高的软土地区，应在降水达到要求后再进行土方开挖，宜采用分层开挖的方式进行开挖。分层挖土厚度不宜超过2.5 m。挖土时要注意保护工程桩，防止碰撞或因挖土过快、高差过大使工程桩受侧压力影响而倾斜。如有地下水，放坡开挖应采取有效措施降低坑内水位和排除地表水，严防地表水或坑内排出的水倒流回渗入基坑。

基坑采用机械挖土，坑底应保留200～300 mm厚的基土，用人工清理整平，防止坑底土扰动。待挖至设计标高后，应清除浮土，经验槽合格后，及时进行垫层施工。

（2）无内支撑基坑是指基坑开挖深度范围内部设置内部支撑的基坑，包括采用放坡开挖的基坑，采用水泥土墙、土钉支护、土层锚杆支护、钢板桩拉锚支护、板桩悬臂支护的基坑。在无内支撑的基坑中，土方开挖应遵循"土方分层开挖，垫层随挖随浇"的原则。无内支撑支护的基坑土壁施工可垂直向下开挖，因此不需要在基坑周边留出很大的场地，便于在基坑边较狭小、土质又较差的条件下施工，等地下工程施工完毕以后，基坑土方回填工作量将减小。

（二）有内支撑支护的基坑开挖

有内支撑支护的基坑是指在基坑开挖深度范围内设置一道或多道内部临时支撑，以及水平结构代替内部临时支撑的基坑。在有内支撑支护的基坑中，应遵循"先撑后挖，限时支撑，分层开挖，严禁超挖"的原则，垫层也应该随挖随浇。确定有内支撑的基坑开挖方法和顺序的原则是应尽量减少基坑无支撑支护的暴露时间。应先开挖周边环境要求较低的一侧土方，再开挖环境要求较高一侧的土方。在基坑开挖深度较深、土质较差的工程中，支护结构需在基坑内设置支撑。有内支撑支护的基坑土方开挖比较困难，主要考虑其土方分层开挖与支撑施工相协调。

（三）盆式开挖

盆式开挖适合基坑面积大，支撑或拉锚作业困难且无法放坡的基坑。盆式开挖是先挖去基坑中心的土，预留周边一定范围的土坡来保证支护结构的稳定，此时的土坡相当于"土支撑"；随后与施工中央区域内的基础底板及地下室结构，形成"中心岛"。

具体开挖过程是先开挖基坑中央部分，形成盆式，此时可利用留位的土坡在地下室结构达到一定强度后开挖留坡部位的土方，并按"随挖随撑，先撑后挖"的原则，在支护结构与"中心岛"之间设置支撑，再施工边缘部位的地下室结构。

盆式开挖的基坑，盆边宽度不应小于8.0 m。当盆边与盆底高相差不大于4.0 m时，可采用一级边坡；当盆边与盆底高相差大于4.0 m时，可采用二级边坡，但盆边和盆底高相差一般不大于7.0 m。一级边坡应验算边坡的稳定性，二级边坡应同时验算各级边坡的稳定性和整体边坡的稳定性。

盆式开挖方法的优点是支撑用量小、费用低，盆式部位土方开挖方便，周边的土坡对围护墙的有支撑作用，时间效应小，有利于减少围护墙的变形，这在基坑面积很大的情况下尤显优越性，因此在大面积基坑施工中非常适用。其缺点是大量的土方不能直接外运，需集中提升后装车外运。

盆式挖土周边留置的土坡的宽度、高度和坡度均应通过稳定性验算确定，如留得过小，对围护墙支撑作用不明显，失去了盆式挖土的意义；如坡度太陡，边坡不稳定，在挖土过程中可能失稳滑动，不仅失去对围护墙的支撑作用，影响施工，而且不利于工程桩的质量。盆式挖土需设法提高土方上运的速度，这对提高基坑开挖的速度有很大影响。

（四）岛式开挖

挖土过程中，先开挖基坑周边的土方，在基坑中部形成类似岛状的土体，再开挖基坑中部的土方，这种挖土方式称为岛式开挖。岛式开挖可以在较短的时间内完成基坑周边土方开挖和支撑系统的施工，这种开挖方式可有效防止坑底土体隆起，有利于支护结构的稳定。

岛式开挖适用于支撑系统沿基坑周边布置且中部留有较大空间的基坑。中部岛状土体高度不大于4.0 m时，可采用一级边坡；中部岛状土体高度大于4.0 m时，可采用二级边坡，但岛状土体高度一般不大于9.0 m。一级边坡应验算边坡的稳定性，二级边坡应同时验算各级边坡的稳定性和整体边坡的稳定性。

（五）深基坑逐层挖土

开挖深度超过挖掘机最大挖掘高度（5 m以上）时，宜分2～3层开挖，并修筑10％～15％的坡道，以便挖掘机及运输车辆进出。有些边角部位机械挖掘不到，应用少量人工配合清理，将松土清至机械作业半径范围以内，再用机械掏取运走，人工清土所占比例一般为1.5％～4％，控制好比例为1.5％～2％，修坡以厘米作限制误差。大基坑宜另配备一台推土机清土、送土、运土。对某些面积不大而深度较大的基坑，一般也宜尽量利用挖掘机开挖，不开或少开坡道，采用机械接力挖土、运土和人工与机械合理配合挖土，最后采用搭设枕木垛的办法，使挖掘机开出基坑。

（六）多层接力挖土

对面积、深度均较大的基坑，通常采用分层挖土的施工方法，使用大型土方机械在坑下作业。如为软土地基，土方机械进入基坑行走有困难，需要铺垫钢板或铺路基箱垫道，将使费用增大，工效较低。遇此情况可采用"反铲接力挖土法"，它是利用两台或三台反铲挖掘机分别在基坑的不同标高处同时挖土，一台在地表，两台在基坑不同标高的台阶上，边挖土边向上传递，到上层由地表挖掘机掏土装车，用自卸汽车运至弃土地点。基坑上层可用大型挖掘机，中、下层可用液压中、小型挖掘机，以便挖土、装车均衡作业；如遇机械开挖不到之处，再配以人工开挖修坡、找平。对于标高深浅不一的小基坑，需边清理坑底，边放坡挖土，挖土按设计的开行路线，边挖边往后退，直到全部基坑挖好才能退出。用此法开挖基坑，可一次挖到设计标高，一次成形，一般两层挖土可到-10 m，三层挖土可到-15 m左右，可避免载重自卸汽车开进基坑装土、运土作业，工作条件好，运输效率高，并可降低费用。最后，用搭枕木垛的方法使挖掘机开出基坑或牵引拉出；如坡度过陡，也可用吊车吊运出坑。

无论用何种机械开挖土方，都需要配备少量人工以挖除机械难以开挖到的边角部位土方和修整边坡，并及时清理予以运出。

机械开挖土方的运输：当挖土高度在3 m以上，运距超过0.5 km，场地空地较少时，一般宜采用自卸汽车装土，运到弃土场堆放，或部分就近空地堆放，留作以后回填之用。为了使土堆高及整平场地，可另配一台或两台推土机和一台压路机。雨天挖土时应用路基箱作机械操作和车辆行驶区域加固地基之用，路基箱用一台12 t汽车吊运铺设。

每一段基坑开挖根据工作场地的大小、深度、土方量等因素，按工期要求，配备相应的机械，采用两班或三班作业。

第四节　土方的填筑与压实

一、土料选择与填筑要求

（一）土料选择

土壤是由矿物颗粒、水溶液、气体组成的三相体系，具有弹性、塑性和黏滞性。土的特性是具有分散性，颗粒之间没有紧密的连接，水溶液易浸入。因此，分散土在外力作用下或在自然条件下遇到浸水和冻融都会产生变形，为使填土满足强度及水稳性两方面的要求，就必须合理设计填方边坡，正确选择土料和填筑方法。填方土料应符合设计要求，保证填方的强度和稳定性，当无设计要求时，土料选择应符合以下规定：

（1）级配良好的沙土或碎石土；碎石类土、沙土和爆破石渣（粒径不大于每层铺土厚的2/3）可用于表层下的填料。

（2）性能稳定的工业废料。

（3）以砾石、卵石或块石作填料时，分层夯实时的最大粒径不宜大于400 mm；分层压实时的最大粒径不宜大于200 mm。

（4）含水量符合压实要求的黏性土，可作各层填料；以粉质土、粉土作填料时，其含水量宜为最优含水量，可采用击实试验确定。

（5）挖高填低或开山填沟的土料和石料，应符合设计要求。

（6）不得使用淤泥、耕土、冻土、膨胀性土及有机质含量大于5％的土；含有大量有机物的土壤、石膏或水溶性硫酸盐含量大于2％的土壤，冻结或液化状态的泥炭、黏土或粉状沙质黏土等，一般不作填土之用。

填土土料含水量的大小直接影响夯实（碾压）质量，在夯实（碾压）前应先试验，以得到符合密实度要求的最优含水量和最少夯实（或碾压）遍数。含水量过小，夯压（碾压）不实；含水量过大，则易成橡皮土。黏性土料施工含水量与最优含水量之差可控制在-4％～+2％范围（使用振动碾时，可控制在-6％～+2%范围）。

（二）填筑要求

回填之前应清除填方区的积水和杂物，如遇软土、淤泥，必须进行换土回填。在回填时，应防止地面水流入，并预留一定的下沉高度。

填土应严格控制含水量，使土料的含水量接近土的最佳含水量，施工前要对土的含水量进行检验。土方的回填应分层进行，并尽量采用同类土填筑。如采用不同土填筑，应将透水性较大的土层置于透水性较小的土层之下，不能将各种土混杂在一起使用，以免填方内形成水囊。碎石类土或爆破石碴作填料时，其最大粒径不得超过每层铺土厚度的2/3，使用振动碾时，不得超过每层铺土厚度的3/4。

铺填时，大块料不应集中，且不得填在分段接头或填方与山坡连接处。当填方位于倾斜的山坡上时，应将斜坡挖成阶梯状，以防填土横向移动。回填基坑和管沟时，应从四周或两侧均匀地分层进行，以防基础和管道在土压力作用下产生偏移或变形。

二、填土及压实方法

（一）填土方法

基坑土方回填一般采用人工填土和机械填土等方式。回填土方应符合设计要求，土料中不得含有杂物，土方的含水量也应符合相关要求，回填之前要排除坑内积水。

人工填土用手推车运土，让工作人员用铁锹、耙、锄等工具进行回填。填土应从场地最低的部分开始，由一端向另一端自下而上分层铺填。每层虚铺厚度应为用人工木夯夯实时不大于20 cm，用打夯机械夯实时不大于25 cm。深浅坑（槽）相连时，应先填深坑

（槽），相平后与浅坑全面分层填夯。如采取分段填筑，交接处应填成阶梯形。墙基及管道回填应在两侧用细土同时均匀回填、夯实，防止墙基及管道中心线位移。夯填土用60～80 kg的木夯或铁、石夯，由4～8人拉绳，两人扶夯，举高不小于0.5 m，一夯压半夯，按次序进行。较大面积的人工回填用打夯机夯实。两机平行时其间距不得小于3 m，在同一夯打路线上，前后间距不得小于10 m。人工填土一般适用于回填工作量较小，或机械填土无法实施的区域。

机械填土适用于回填工作量大且场地条件允许的基坑回填，机械回填采用分层回填的方法，回填压实后再进行上一层土方的回填压实。机械填土可用挖掘机、压路机、推土机、铲运机或土方运输车辆进行回填。用土车辆先将土方运至需要回填的基坑边，用推土机推开、推平，然后用压实机或夯实机进行压实作业。

（1）推土机填土。填土应由下至上分层铺填，每层虚铺厚度不宜大于30 cm。大坡度堆填土不得"居高临下"，不分层次，一次堆填。推土机运土回填可采用分堆集中、一次运送法，分段距离为10～15 m，以减少运土漏失量。土方推至填方部位时，应提起一次铲刀，成堆卸土，并向前行驶0.5～1.0 m，利用推土机后退时将土刮平。利用推土机来回行驶进行碾轧，履带应重叠宽度的一半。填土程序宜采用纵向铺填顺序，从挖土区段至填土区段，以40～60 m距离为宜。

（2）铲运机填土。铲运机铺填土区段长度不宜小于20 m，宽度不宜小于8 m。铺土应分层进行，每次铺土厚度不大于50 cm，每层铺上后，利用空车返回时将地表面刮平。填土时一般尽量采取横向或纵向分层卸土，以利行驶时初步压实。

（3）汽车填土。自卸汽车为成堆卸土，须配以推土机推土、摊平。每层的铺土厚度不大于50 cm。填土可利用汽车行驶进行部分压实工作，行车路线须均匀分布于填土层上。汽车不能在虚土上行驶，卸土推平和压实工作须分段交叉进行。

（二）压实方法

压实方法可以分为人工夯实法和机械压实法。

1.人工夯实法

人工打夯前应将填土初步整平，打夯要按一定方向进行，一夯压半夯，夯夯相接，行行相连，两遍纵横交叉，分层夯打。在夯实基槽及地坪时，行夯路线应由四边开始，然后夯向中间。用柴油打夯机等小型机具夯实时，一般填土厚度不宜大于25 cm，打夯之前对填土应初步平整，打夯机依次夯打，均匀分布，不留间隙。基坑（槽）回填应在相对两侧或四周同时进行回填与夯实。回填管沟时，应用人工先在管子周围填土夯实，并从管道两边同时进行，直至管顶0.5 m以上。在不损坏管道的情况下，方可采用机械填土回填夯实。

2.机械压实法

机械压实法一般有碾压法、夯实法、振动压实法。对于小面积的填土工程，宜采用夯实机具压实法；对于大面积填土工程，多采用碾压法和利用运土机械压实法。

（1）碾压法。碾压法是通过碾压机的自重压力，使之达到所需的密实度，此法多用于大面积填土工程，如场地平整、路基、堤坝等工程。用碾压法压实填土时，铺土应均匀一致，碾压遍数要一样，碾压方向应从填土区的两边逐渐压向中心，每次碾压应有15～20cm的重叠；碾压机械的开行速度不宜过快，否则会影响压实效果。

平碾即压路机，是一种以内燃机为动力的自行式压路机，按重量等级分为轻型（3～5 t）、中型（6～10 t）和重型（12～15 t）三种，适用于压实砂类土和黏性土，使用范围较广。轻型平碾压实土层的厚度不大，但若土层上部变得较密实，当用轻型平碾初碾后，再用重型平碾碾压松土，就会取得较好的效果。如直接用重型平碾碾压松土，则由于强烈的起伏现象，其碾压效果较差。

羊足碾只适用于压实黏性土，一般无动力而靠拖拉机牵引，有单筒、双筒两种。根据碾压要求，羊足碾可分为空筒、装砂、注水三种。羊足碾虽然与土的接触面积小，但对单位面积土的压力比较大，土的压实效果好。

气胎碾又称轮胎压路机，它的前后轮分别密排着4个和5个轮胎，既是行驶轮，又是碾压轮。由于轮胎弹性大，在压实过程中，土与轮胎都会发生变形，而随着几遍碾压后铺土密实度的提高，沉陷量逐渐减少，因而轮胎与土的接触面积逐渐缩小，但接触应力逐渐增大，最后使土料得到压实。由于气胎碾在工作时是弹性体，故其压力均匀，填土质量较好。

（2）夯实法。夯实机是利用夯锤本身的重量、夯实机的冲击运动或振动，对被压实土体实施动压力来压实土体，以提高土体的密实度、强度和承载力。其作用力为瞬时冲击动力，有脉冲特性，夯实主要用于小面积填土，可以夯实黏性土或非黏性土。

夯实的优点为可以夯实较厚的土层。夯实机械主要有蛙式打夯机、夯锤和内燃夯实机等。蛙式打夯机是常用的小型夯实机械，轻便灵活，适用于小型土方工程的夯实工作，多用于夯打灰土和回填土。夯锤是借助起重机悬挂重锤进行夯土的机械，其重量大于1.5t，落距2.5～4.5m，重锤夯的夯实厚度可达1～1.5m，强力夯可对深层土壤进行夯实，适用于夯实沙性土、湿陷性黄土、杂填土及含有石块的土。

（3）振动压实法。振动压实法是将振动压实机放在土层的表面，借助振动设备使压实机振动，土壤颗粒即发生相对位移达到紧密状态。此法用于振实非黏性土壤效果较好。近年来，人们又将碾压法和振动压实法结合起来而设计和制造了振动平碾、振动凸块碾等新型压实机械。振动平碾适用于填料为爆破碎石渣、碎石类土、杂填土或轻亚黏土的大型填方；振动凸块碾则适用于亚黏土或黏土的大型填方。当压实爆破石渣或碎石类土时，可选用重8~15 t的振动平碾，铺土厚度为0.6~1.5 m，先静压，后碾压，碾压遍数由现场试验确定，一般为6~8遍。如使用振动碾进行碾压，可使土受振动和碾压两种作用，碾压效率高。

三、影响填土压实质量的因素

影响填土压实质量的因素有很多，其中主要有压实机械所做的功（简称压实功）、土的含水量及每层铺土厚度与压实遍数。这三个因素相互影响。为了保证压实质量，提高压实机械的生产效率，应根据土质选用合适的压实机械在施工现场进行压实试验，以确定达到规定密实度所需的压实遍数、铺土厚度及最优含水率。

（一）压实功

填土压实后的密度与压实机械对填土所施加的功有一定的关系。压实后土的重度与所耗的功的关系并不呈线性关系，若土的含水量一定，在开始压实时，土的干密度急剧增加，当接近土的最大密度时，压实功虽然增加许多，但土的重度则几乎没有变化。在实际施工中，对松土不宜用重型碾压机械直接滚压，否则土层会有强烈的起伏现象，导致压实效果不好，如果先用轻碾压实，再用重碾压实，就会取得较好的压实效果。

（二）含水量

在同一压实功条件下，填土的含水量对压实质量有直接影响。用同样的压实方法，压实不同含水量的同类土，所得的密实度各不相同。对于较为干燥的土料，由于土颗粒间的摩阻力较大，因而不易压实。当含水量超过一定限度时，土颗粒之间的孔隙因有水填充而呈饱和状态，压实机械所施加的外力有一部分为水所承受，也不能得到较好的压实效果。只有当土填料含水量适当时，水起了润滑作用，土颗粒之间的摩阻力减少，压实效果最好。为了保证黏性土填料在压实过程中具有最优含水量，当填料的含水量偏高时，应予以翻松晾干，也可以掺入同类干土或吸水性土料；当含水量偏低（土过干）时，应预先洒水润湿，增加压实遍数或使用大功率压实机械等措施。

四、压实机械的选择

压实机械主要有平碾压路机、小型打夯机、平板式振动器及其他机具。

（1）平碾压路机又称光碾压路机，具有操作方便、转移灵活、碾压速度较快等优点，但碾轮与土的接触面积大，单位压力较小，碾压上层密实度大于下层。静作用压路机适用于薄层填土或表面压实、平整场地、修筑堤坝及道路工程；振动平碾适用于填料为爆破石渣、碎石类土、杂填土或粉土的大型填方工程。

（2）小型打夯机有冲击式和振动式之分，由于体积小，重量轻，构造简单，机动灵活、实用，操纵、维修方便，夯击能量大，夯实工效较高，在建筑工程上的使用范围很广。但劳动强度较大，常用的有蛙式打夯机、柴油打夯机、电动立夯机等，适用于黏性较低的土（沙土、粉土、粉质黏土）基坑（槽）、管沟及各种零星分散，边角部位的填方的夯实，以及配合压路机对边缘或边角碾压不到之处的夯实。

（3）平板式振动器为现场常备机具，体形小，轻便、实用，操作简单，但振实深度有限，适合于小面积黏性土薄层回填土的振实、较大面积沙土的回填振实，以及薄层砂卵石、碎石垫层的振实。

（4）其他机具对密实度要求不高的大面积填方在缺乏碾压机械时，可采用推土机、拖拉机或铲运机结合行驶通过，推（运）土、平土来压实。对已回填松散的特厚土层，可根据回填厚度和设计对密实度的要求采用重锤或强夯等机具来夯实。

五、填土压实质量检查

填土压实后必须达到规定要求的密实度。压实质量以压实系λc作为检查标准，土的控制干密度与最大干密度之比称为压实系数λc。

土的最大干密度一般在实验室用击实试验确定。标准击实试验方法分轻型标准和重型标准两种，两者的落锤重量、击实次数不同，即试件承受的单位压实功不同。压实度相同时，采用重型标准的击实要求比轻型标准的高，道路工程中一般要求土基压实采用重型标准，确有困难的可采用轻型标准。土的最大干密度乘以规范规定的压实系数，即可算出填土控制干密度pd的值。在填土施工时，若土的实际干密度大于或等于$p\alpha$，则符合质量要求。

土的实际干密度可用"环刀法"测定。其取样组数为：基坑回填每层按20-50 m^{23}取样一组（每个基坑不小于一组）；基槽或管沟回填每层按长度20～50 m取样一组；室内填土每层按100-500 m^2取样一组；场地平整填土每层按400～900 m^2取样一组。取样部位在每层压实后的下半部。取样后先称出土的湿密度并测定含水量，然后计算其干密度。

第五节 土方施工异常情况处理措施与方法

在土方工程施工中，由于施工操作不当和违反操作规程而引起的质量事故，其危害程度很大，如造成建筑物（或构筑物）的沉陷、开裂、位移、倾斜，甚至倒塌。因此，必须特别重视土方工程施工，按设计和施工质量验收规范要求认真施工，以确保土方工程质量。

一、场地积水

场地积水是指在建筑场地平整过程中或平整完成后，场地范围内高低不平，局部或大面积出现积水的情况。

（一）原因

（1）场地平整填土面积较大或较深时，未分层回填压（夯）实，将会导致土的密实度不均匀或不够，遇水则会产生不均匀下沉而造成积水。

（2）场地周围未做排水沟，或场地未做成一定的排水坡度，或存在反向排水坡。

（3）测量错误，使场地高低不平。

（二）防治

（1）平整前，应对整个场地的排水坡、排水沟、截水沟和下水道进行有组织的排水系统设计。施工时，应遵循先地下后地上的原则做好排水设施，使整个场地排水通畅。排水坡度的设置应按设计要求进行；当设计无要求时，对地形平坦的场地，纵横方向应做成不小于0.2%的坡度，以利泄水。在场地周围或场地内设置排水沟（截水沟），其截面，流速和坡度等应符合有关规定。

（2）场地内的填土应认真分层回填碾压（夯）实，使其密实度不低于设计要求。当设计无要求时，一般也应分层回填、分层压（夯）实，使相对密实度不低于85%，以免松填。填土压（夯）实的方法应根据土的类别和工程条件合理选用。

（3）做好测量的复核工作，防止出现标高误差。

（三）处理

已积水的场地应立即疏通排水和采用截水设施，将水排除。场地未做排水坡度或坡度过小，应重新修坡；对局部低洼处，应填土找平、碾压（夯）实至符合要求，避免再次积水。

二、填方出现沉陷现象

沉陷现象是指基坑（槽）回填时，填土局部或大片出现沉陷，从而造成室外散水坡空鼓下陷、积水，甚至引起建（构）筑物不均匀下沉，出现开裂。

（一）原因

（1）填方基底上的草皮、淤泥、杂物和积水未清除就填方，含有机物过多，腐朽后造成下沉。

（2）基础两侧用松土回填，未经分层夯实。

（3）槽边松土落入基坑（槽），夯填前未认真进行处理，回填后土受到水的浸泡产生沉陷。

（4）基槽宽度较窄，采用人工回填夯实，未达到要求的密实度。

（5）回填土料中夹杂有大量干土块，受水浸泡后产生沉陷。

（6）采用含水量大的黏性土、淤泥质土、碎块草皮作土料，回填质量不符合要求。

（7）冬季施工时基底土体受冻胀，未经处理就直接在其上填方。

（二）防治

（1）基坑（槽）回填前，应将坑（槽）中积水排净，淤泥、松土、杂物清理干净，如有地下水或地表积水，应做好排水措施。

（2）回填土采取严格分层回填、夯实。每层虚铺土的厚度不得大于300 mm。土料和含水量应符合规定。回填土的密实度要按规定抽样检查，直至其符合要求。

（3）填土土料中不得含有直径大于50 mm的土块，不应有较多的干土块，亟须进行下道工序时，宜用二八或三七灰土回填夯实。

（三）处理

基坑（槽）回填土沉陷造成墙脚散水空鼓，如混凝土面层尚未破坏，可填入碎石，侧向挤压捣实；若面层已经出现裂缝，则应视面积大小或损坏情况，采取局部或全部返工。局部处理可用锤、凿将空鼓部位打去，填灰土或黏土、碎石混合物夯实后做面层。因回填土沉陷引起建（构）筑物下沉时，应会同设计部门针对情况采取加固措施。

三、边坡塌方

边坡塌方是指在挖方过程中或挖方后，基坑（槽）边坡土方局部或大面积出现坍塌或滑坡。

（一）原因

（1）基坑（槽）开挖较深，放坡不够，或挖方尺寸不够；将坡脚挖去。

（2）通过不同土层时，没有根据土的特性分别放成不同坡度，致使边坡失稳而造成塌方。

（3）在有地表水、地下水作用的土层开挖基坑（槽）时，未采取有效的降、排水措施，使土层湿化，黏聚力降低，在重力作用下失稳而引起塌方。

（4）边坡顶部堆载过大，或受施工设备、车辆等外力振动影响而引起塌方。

（5）土质松软，开挖次序、方法不当而造成塌方。

（二）防治

（1）根据土的种类、物理力学性质（土的内摩擦角、黏聚力、湿度、密度、休止角等）确定适当的边坡坡度。经过不同土层时，其边坡应做成折线形。

（2）做好地面排水工作，避免在影响边坡的范围内积水，造成边坡塌方。当基坑（槽）开挖范围内有地下水时，应采取降、排水措施，将水位降至离基底0.5 m以下方可开挖，并持续到基坑（槽）回填完毕。

（3）土方开挖应自上而下分段分层依次进行，防止先挖坡脚，造成坡体失稳。相邻基坑（槽）和管沟开挖时，应遵循先深后浅或同时进行的施工顺序，并及时做好基础或铺管，尽量防止对地基的扰动。

（4）施工中应避免在坡体上堆放弃土和材料。

（5）基坑（槽）或管沟开挖时，在建筑物密集的地区施工，有时不允许按规定的坡度进行放坡，可以采用设置支撑或支护的施工方法来保证土方的稳定。

（三）处理

对沟坑（槽）塌方，可将坡脚塌方清除作为临时性支护措施，如堆装土编织袋或草袋，设支撑、砌砖石护坡墙等；对永久性边坡局部塌方，可将塌方清除，用块石填砌或回填二八灰土或三七灰土嵌补，与土接触部位做成台阶搭接，防止滑动；将坡顶线后移或将坡度改缓。在土方工程施工中，一旦出现边坡失稳塌方现象，后果非常严重，不仅可能造成了安全事故，还会增加大量费用、拖延工期等，因此应引起高度重视。

四、填方出现橡皮土

（一）原因

在含水量很大的黏土或粉质黏土、淤泥质土、腐殖土等原状土地基上进行回填，或采用上述土作土料进行回填时，由于原状土被扰动，颗粒之间的毛细孔被破坏，水分不易渗透和散发。当施工气温较高时，对其进行夯击或碾压，表面易形成一层硬壳，阻止水分的渗透和散发，使土形成软塑状态的橡皮土。这种土埋藏越深，水分散发就越慢，长时间内不易消失。

（二）防治

（1）在夯（压）实填土时，应适当控制填土的含水量。

（2）避免在含水量过大的黏土、粉质黏土、淤泥质土和腐殖土等原状土上进行回填。

（3）填方区如有地表水，应设排水沟排水；如有地下水，地下水位应降低至基底0.5 m以下。

（4）暂停一段时间回填，使橡皮土含水量逐渐降低。

（三）处理

用干土、石灰粉和碎砖等吸水材料均匀掺入橡皮土中，吸收土中的水分，降低土的含水量；将橡皮土翻松、晾晒、风干至最优含水量范围，再夯（压）实；将橡皮土挖除，然后换土回填夯（压）实，回填灰土和级配砂石夯（压）实。

第二章　基础工程

第一节　基础的种类

基础是将结构的作用荷载和自重传递至地基的结构。房屋、桥墩等结构都是建筑在基础上的，所以基础必须安全可靠。

基础根据结构的种类、重要性、规模及土质情况可采用天然地基基础、桩基础、沉箱基础等。根据施工位置、地质情况等的不同，结构的形态和施工方法也各不相同。

（1）基础的作用是将上部结构的荷载顺利地传递给基础地基。

（2）地表附近存在土质好、承载力强的土层时，可以将该土层作为持力层，直接将基础作用在该土层上，这种基础叫作天然地基基础。这种基础形式有底脚基础、筏形基础等。

（3）当持力层深时，可采用桩基础（预制桩、灌注桩）、沉箱基础（开口沉井、气压沉箱）。

一、各种基础的特点

选择基础形式时应综合考虑现场的地质情况、荷载大小、施工安全性、施工难度、经济性等各种因素。

制订基础施工计划时，应注意以下4点。

（1）能够满足结构的使用要求，与上部结构形成一体共同发挥作用。

（2）施工应做到安全可靠，防止发生不均匀沉降等。

（3）作为结构的一部分应具有耐久性，并易于维修。

（4）应注意施工对周边环境的影响，且有良好的经济性。

二、设计调查

基础施工必须与地基施工相结合。为了使地基可靠，必须进行各种事前调查。

（1）为了掌握地质情况，必须进行土质调查。

（2）为了施工时不影响周边环境，必须进行环境调查。

（3）为使施工顺利进行，必须进行施工条件和施工管理调查。

三、重点

（1）天然地基基础对倾倒、滑动和承载力应具有足够的安全度。

（2）在荷载作用下的沉降小，不会对上部结构产生影响。

（3）天然地基基础的底面应与地面紧密接触，具有抗滑移能力。

第二节　地基承载力与变形

一、地基承载力

（1）进行基础设计时，为防止土层剪切破坏，地基应具有足够的承载力，并应验算地基沉降是否在容许范围之内。

（2）基础设计时，应从地基承载力和沉降两个方面进行验算，根据验算结果确定地基的容许承载力，并将其作为地基持力层的承载力。

（3）天然地基基础（浅基础）中，基础底面的宽度小于埋入深度时为扩展基础；大于埋入深度时为筏形基础。

（4）浅基础一般采用太沙基公式计算地基承载力。

二、剪切破坏

（1）整体剪切破坏：到达破坏点时的沉降量虽然很小，但发生突然；一般发生在密实或坚硬的土层中。

（2）局部剪切破坏：到达破坏点时的沉降量大，破坏逐渐发生；一般发生在软弱土层中。

第三节　地基处理方法

一、软弱地基的处理方法

软弱地基处理以增加地基承载力为目的，一般采用压密固结或通过排水促进土密实的方法。根据地基状况、处理深度和使用材料的不同，施工方法也不同。

软弱地基是指标准贯入试验的 N 值小于5，没有足够承载力的土层。一般情况下，粒度分布和含水率不合适的情况比较多。

二、黏性土地基的处理方法

（1）换填垫层法：换填垫层法是指用良好的土置换软弱不良土的方法。

（2）排水工法：排水工法是指在软弱地基中布置排水通道，缩短排水距离，加速固结沉降过程的方法。

三、地基处理的目的与方法

在工程中，我们会为了一种或多种目的对地基进行处理，针对于不同的目的会采取不同的处理方法。

地基处理的目的对于不同工程可能不尽相同，但主要分为以下几种：

（1）提高地基土的抗剪切强度。地基剪切破坏主要表现在地基承载力不够或不均匀的荷载，使其土层结构不够稳定，或者土方开挖施工时边坡失稳、坑底隆起。

根据极限平衡理论，当土体中任意一点在某一平面上的剪应力达到土的抗剪强度时，就会发生剪切破坏。剪切破坏有三种：整体剪切破坏、局部剪切破坏和冲剪破坏。

整体剪切破坏：土中塑性区范围不断扩展，形成连续的滑动面，两侧挤出并排隆起，基础急剧下沉或向一侧倾斜的破坏形式。多发生于土质坚实，基础埋深较浅的地基。

局部剪切破坏：地基某一范围内发生剪切破坏区的破坏模式。基础两侧土体有部分隆起，滑动面没有发展到地面，基础没有明显的倾斜或倒塌。多发生于土质松软，基础埋深较大的地基。

冲剪破坏：地基土发生垂直剪切破坏，使基础产生较大沉降的破坏形式。地基不出现连续滑动面，基础侧面地面不出现隆起。多发生于土质松软，基础埋深较大的地基。

（2）降低地基土的压缩性。地基土的压缩性表现在建（构）筑物的沉降和差异沉降大；由于有填土或建筑物荷载，使地基产生固结沉降；作用于建（构）筑物基础的负摩擦力引起建（构）筑物的沉降；大范围地基的沉降和不均匀沉降；基坑开挖引起邻近地面沉降；由于降水地基产生固结沉降。

整体或局部提高地基土的压缩模量，借以减少地基的沉降或不均匀沉降。根据土的三相分析，土体主要有土颗粒、气体和水组成，可以从压缩土颗粒、气体和水来实现，也可以通过有效排除水和气体来实现，如碾压、挤密、排水固结。还可以通过注入化学浆液来填充土颗粒之间的空隙，提高整体密实度。

（3）改善地基土的透水特性。地基土的透水性表现在堤坝等基础产生的地基渗漏；基坑开挖工程中，因土层内夹薄层粉砂或粉土而产生流砂和管涌；隧道暗挖施工时，地下水的存在会带出地层中的细小颗粒，继而造成大面积塌陷。以上都是在地下水的运动中所出现的问题。

（4）改善地基土的动力特性。地基土的动力特性表现在地震时饱和松散粉细砂（包括部分粉土）将产生液化；由于交通荷载或打桩等原因，使邻近地基产生振动下沉。为此，需要采取措施防止地基液化，并改善其振动特性以提高地基的抗震性能。

沙土液化是由多种内因（如土的颗粒组成、密度、埋深、地下水位）和外因（地震动强度、频谱特征、持续时间）的综合作用的结果。对于此种地层，设计时首先应选择合理的埋深和采用深基础来减小和避开液化的影响。地基处理可以采用强夯换填非液化土、挤密桩法等。

（5）改善特殊土的不良地基特性。改善特殊土的方法主要是消除或减少黄土的湿陷性和膨胀土的胀缩性等。

湿陷性是黄土受水浸湿，土体结构迅速破坏，并显著附加下沉。处理方法主要有：强夯法、灰土垫层法、挤密法、深层搅拌桩法和预浸水法。

四、目前常用的地基处理方法

（一）换填垫层法

换填垫层法是指挖去地表浅层软弱土层或不均匀土层，回填坚硬、较粗粒径的材料，并夯压密实，形成垫层的地基处理方法。此方法适用于浅层软弱地基及不均匀地基的处理。其中，垫层材料可选用沙石、粉质黏土、灰土、粉煤灰、矿渣、其他工业废渣、土工合成材料等。应根据建筑体形、结构特点、荷载性质、岩土工程条件、施工机械设备及填料性质和来源等进行综合分析，进行换填垫层的设计和选择施工方法。

（二）强夯法、强夯置换法

强夯法是指为提高软弱地基的承载力，用重锤自一定高度下落夯击土层使地基迅速固结的方法。在夯击过程中，如往夯坑内不断地回填的沙石、钢渣等硬性粒料并将其夯实，使其形成密实的墩体的地基处理方法，又称强夯置换法。强夯法适用于处理碎石土、沙土、低饱和度的粉土与黏性土、湿陷性黄土、素填土和杂填土等地基。强夯置换法适用于高饱和度的粉土与软塑—流塑的黏性土等地基上对变形控制要求不严的工程。强夯置换法在设计前必须通过现场试验确定其运用性和处理效果，在建筑施工强夯和强夯置换施工前，应在施工现场有代表性的场地上选取一个或几个试验区，进行试夯或试验性施工，试验区数量应根据建筑场地的复杂程度、建筑规模及建筑类型确定。

（三）预压法

预压法是对地基进行堆载或真空预压，使地基土固结预先基本完成，从而提高地基土承载力，减少地基沉降的地基处理方法。预压法包括堆载预压法和真空预压法。其适用于处理淤泥质土、淤泥和冲填土等饱和黏性土地基。采用预压法处理地基应预先通过勘察查明土层在水平和竖直方向的分布、层理变化、查明透水层的位置、地下水类型及水源补给情况等，并应通过土工试验确定土层的先期固结压力、孔隙比与固结压力的关系、渗透系数、固结系数、三轴试验抗剪强度指标及原位十字板抗剪强度等。对堆载预压工程，预压荷载应分级逐渐施加，确保每级荷载下地基的稳定性。而对真空预压工程，可一次连续抽真空至最大压力进行施工，但必须设置排水竖井。

（四）沙石桩法

沙石桩法是采用振动、冲击或水冲等方式在地基中成孔后，再将碎石、沙或沙石挤压入已成的孔中，形成沙石所构成的密实桩体，并和原桩周围土组成复合地基的地基处理方法。沙石桩法适用于挤密松散沙土、粉土、黏性土、素填土、杂填土等地基。饱和黏土地基上对变形控制要求不严的工程也可采用沙石桩置换处理。沙石桩法也可用于处理可液化地基。采用沙石桩处理地基应补充设计、施工所需的有关技术资料。对黏性土地基，应有地基土的不排水抗剪强度指标；对沙土和粉土地基应有地基土的天然孔隙比、相对密实度或标准贯入击数、沙石料特性、施工机具及性能等资料。

（五）振冲法

振冲法是在振冲器水平振动和高压水的共同作用下，将松散沙土层振密，或在软弱土层中成孔，然后回填碎石等粗粒料形成桩柱，并和原地基土共同组成复合地基的地基处理方法。振冲法适用于处理沙土、粉土、粉质黏土、素填土和杂填土等地基。对于处理不排水抗剪强度不小于20 kPa的黏性土和饱和黄土地基，应在施工前通过现场试验确定其适用性。振冲法分加填料和不加填料两种。加填料的通常称为振冲碎石桩法。碎石桩主要用来提高地基承载力，减少地基沉降量，还可用来提高土坡的抗滑稳定性或提高土体的抗剪强度。不加填料的振冲加密适用于处理黏粒含量不大于10 %的中、粗砂地基。对大型的、重要的或场地地层复杂的工程，在正式施工前应通过现场试验确定其处理效果。

五、重点

（1）在地基处理中，应明确区分砂质地基和黏土地基的处理方法。

（2）换填垫层法是用良好的土置换软弱不良土的方法。

（3）纸板排水工法是用宽10～15 cm、厚5～10 mm的厚纸板代替砂柱插入土中，加速土固结的方法。

（4）排水砂井工法、纸板排水工法统称为竖向排水工法。

第四节　基坑支护及基坑开挖

一、基坑支护及基坑开挖

（1）基坑支护是指进行地表表面以下结构施工时，为防止基坑侧壁土砂滑塌而采取的临时支护措施。

（2）基坑的形状有槽型的条状基槽、柱下独立基础用独立基坑，以及在结构下整体开挖的大开挖基坑。

（3）大开挖基坑的施工方法是先将板桩打入地下，然后开始挖土作业。可分为全面开挖的大开挖工法、筑岛开挖工法和开槽施工工法。

二、基坑支护的方法及特点

（1）基坑支护方法：①板桩支护（钢板桩、混凝土板桩、木板桩）；②立柱加横挡板支护（立柱的形式有H形钢、工字钢，横挡板为木板）；③地锚支护（用地锚代替支护）；④地下连续墙支护（排桩、地下连续墙）等。

（2）支护工程有自立式、横梁支撑式、张拉杆式和地锚式。

（3）基坑支护是临时结构，施工完成后需要拆除。

三、挡水工程

（1）在水中施工基础时，与陆地一样采用水中挖土方法。此时需设置能够抵抗土压和水压的挡水围护墙（帷幕）。

（2）挡土挡水围护墙在基础施工完成前发挥着抵抗水压和土压的作用。

（3）这类临时结构在设置时应不妨碍基础施工，且在基础施工完成后便于拆除。特别是挡水围护墙应能防止水渗漏。

四、隆起现象和涌砂现象

（1）隆起现象是指软弱黏土地基中，当背面的土砂质量大时，在挡土支护开挖底面发生隆起的现象。

（2）涌砂现象是指砂质地基中，当挖土标高低于地下水位时，在挡土支护开挖面出现土砂随地下水一起涌出的现象。

（3）当可能出现上述现象时，支护适合采用埋置深度大的钢板桩支护方法。

第五节　天然地基基础

（1）天然地基基础是将作用在结构上的荷载直接传至天然地基上的基础形式。

（2）天然地基基础又叫作扩展基础。基础的稳定条件有：①地基持力层稳定性；②抗滑移稳定性；③抗倾倒稳定性。

（3）扩展基础在结构上又可分为柱下独立基础、十字交叉基础、墙下条形基础。其中，独立基础是最简单的基础形式。

一、天然地基基础的条件和特点

（1）由于持力层浅，可以通过肉眼，边对地质进行确认边进行开挖施工。施工应可靠、经济性好。

（2）在较浅处施工，容易判断地基的承载力。

（3）施工时噪声和振动等公害较小，对周边建筑物的影响小。

（4）施工时需要的作业空间比其他工法小，可在狭窄受限空间里施工。

二、设计基本条件

（一）持力层稳定性

（1）基础底面的竖向地基反力不超过容许竖向承载力。

（2）当地基承载力不满足设计要求时，应调整基础底面积或基础埋入深度。

（3）当地基承载力不足时，对于沙质土采用扩大基础底面积的方法，对于黏质土采用增加基础埋深的方法。

（二）抗滑移稳定性

（1）基础的水平抵抗力主要考虑与基础底面的摩擦力和基础埋入深度范围内基础前方的支承力。

（2）当可能发生滑移时，在基础底面设置凸起抗剪件。

三、天然地基基础设计

（一）建筑基础所用的材料及基础的结构形式

建筑基础所用的材料及基础的结构形式通常根据上部结构的要求、荷载大小和性质、工程地质情况及施工条件等确定。根据基础所用材料的性能可分为刚性基础和柔性基础。刚性基础通常是指由砖、块石、毛石、素混凝土、三合土和灰土等材料建造的基础。当刚性基础尺寸不能同时满足地基承载力和基础埋深的要求时，则改成柔性基础，即钢筋混凝土基础。基础根据在天然地基上的埋置深度分为浅基础和深基础。浅基础根据它的形状和大小可分为独立基础、条形基础、阀板基础、箱形基础及壳体基础。深基础常见的类型为沉井基础和桩基础。

（二）基础的埋置深度

基础的埋置深度，应按下列条件确定：

1.建筑物的用途、荷载大小和性质

某些建筑物需要具备一定的使用功能或宜采用某种基础形式，这些要求常成为其基础埋深选择的先决条件，例如，必须设置地下室或设备层的建筑物、半埋式结构物，须建造带封闭侧墙的筏板基础或箱形基础的高层或重型建筑、带有地下设施的建筑物或具有地下部分的设备基础等。

位于土质地基上的高层建筑，由于竖向荷载大，又要承受风力和地震力等水平荷载，其基础埋深应随建筑高度适当增大，才能满足稳定性要求。位于岩石地基上的高层建筑，常须依靠基础侧面土体承担水平荷载，其基础埋深应满足抗滑要求。

输电塔等受有上拔力的基础，应有较大的埋深以提供所需的抗拔力。烟囱、水塔和筒体结构的基础埋深也应满足抗倾覆稳定性的要求。

确定冷藏库或高温炉窑一类建筑物基础的埋深时，应考虑热传导引起地基土的低温（冻胀）或高温（干缩）效应。

2.工程地质和水文地质条件

选择基础埋深时应注意地下水的埋藏条件和动态。对底面低于潜水面的基础，除应考虑基坑排水、坑壁围护及保护基土不受扰动等措施外，还应考虑可能出现的其他施工与设计问题，下水顶托而上浮的可能性，地下水浮托力引起基础底板的内力变化等。

3.相邻建筑物的基础埋深

对靠近原有建筑物基础修建的新基础，其埋深不宜超过原有基础的底面，否则新、旧基础间应保留一定的净距，其值依原有基础荷载和地基土质而定，且不宜小于该相邻基础底面高差的1~2倍，不能满足上述要求时，应采取适宜措施以保证邻近原有建筑物的安全。

4.地基土冻胀和融陷的影响

季节性冻土是冬季冻结、天暖解冻的土层，在我国分布很广。细粒土（粉土、沙粉土和黏性土）冻结前的含水量如果较高，而且冰结期间的地下水位低于冻结深度不足1.5~2.0 m，则有可能发生冻胀。位于冻胀区内的基础受到的冻胀力如大于基底以上的荷重，基础就有被抬起的可能，土层解冻融陷，建筑物就随之下沉。地基土的冻胀与融陷一般是不均匀的，因此容易导致建筑物开裂损坏。

（三）地基土的承载力验算

建筑物确定了基础类型和基础深度后，对于已知的基础底面尺寸，可以进行地基持力层的承载力验算。若地基受力层范围内存在有承载力低于持力层的土层，这种土层称为软弱下卧层，这样还必须对软弱下卧层的承载力进行验算。若不知道基础底面尺寸，可以根据外荷载和地基承载力进行地基基础设计，对于轴心荷载作用，可假定基础底面形状为正方形；对于偏心荷载，可假定基础底面形状为长方形，并根据偏心距的大小给出长边和短边的合适比例后，再进行设计。

（四）验算基础沉降

在软土地基上建造房屋，在强度和变形两个条件中，变形条件显得比较重要。地基在荷载和其他因素的作用下，要发生变形（均匀沉降或不均匀沉降），变形过大时可能危害建筑物结构的安全，或影响建筑物的正常使用。为防止建筑物不致因地基变形或不均匀沉降造成建筑物的开裂与损坏，或保证正常使用，必须对地基的变形特别是不均匀沉降加以控制。对于较为次要的建筑物及《建筑地基基础设计规范》规定的建筑物，按地基承载力设计值计算设计时，已满足地基变形的要求，可不进行地基沉降计算。

（五）地基稳定验算

某些建筑物的独立基础，当承受较大的水平荷载和偏心荷载时，有可能发生沿基底面的滑动、倾覆或与深层土层的一起滑动。

可见，基础设计是一项极其复杂且细致的工作。为了找到最为合理、最为有利的方案，必须综合考虑这些相互联系的因素，才能做到精心设计。

第六节　桩基础施工

桩基础是当地质条件较差、天然地基基础不能满足承载力要求时，采用将上部结构的质量安全地传至底部持力层的深基础形式。按照受力原理可分为摩擦桩和端承桩。

端承桩是穿透软弱土层，利用深处的坚硬或较坚硬土层作为持力层，承担上部结构所有荷载的桩形式。摩擦桩是利用桩身与周边土的摩擦力承担上部结构所有荷载的桩形式，适用于持力层较深的情况。

桩按照施工方法可分为预制桩和灌注桩。

（1）当地基持力层深或持力层位置高低不均或地表表面倾斜时，选用桩基础形式比其他基础形式更为有利。

（2）与沉箱基础比较，桩的可承受荷载小、刚度低，在水平力作用下变形大，但是竖向承载力高。

第七节　预制桩施工

（1）预制桩施工是将预制的RC桩、PC桩、H形钢桩和钢管桩等打入土中形成桩基础的施工方法。

（2）预制桩工法自古以来便被广泛采用。

（3）常用的施工方法有打入工法和振动工法。但近年来由于施工中的噪声和振动等施工污染问题，这两种工法在城市建设中已经很少采用。

（4）无噪声和振动的施工方法有压入工法和射水工法。

一、预制桩工法的特点

（1）预制桩在工厂制作，质量管理比较健全，所以产品品质的信赖度高。

（2）施工简单、速度快。

（3）易于进行施工管理，品质可靠、造价低。

（4）《噪声污染防治法》是针对建筑工地噪声制定的管制标准，比如法规中要求在建筑红线处，打桩作业产生的噪声应小于85 dB。

（5）在需要进行噪声控制的地区，对每天的作业时间进行限制。限定的时间根据区域有10 h和14 h。

（6）应特别制定安全措施，防止打桩机倾覆等事故发生。

二、压入工法

压入工法是防止噪声和振动的施工方法，具体又可分为三种：①使用钻机等在桩位上预先钻孔，然后将预制桩沉入孔中的预钻孔沉桩法；②使用螺旋钻、铲斗等利用桩的中空部进行桩端冲挖，将预制桩压入的中空挖掘法；③使用高压水流通过射水管冲松桩端土层，将预制桩压入的射水沉桩法。

三、捶击工法

（1）利用落锤的冲击能量使预制桩沉到预定深度。落锤质量应根据桩的类型和土质条件选取，应控制其为桩质量的1~3倍，常用冲程（落下高度）控制在2 m以内。

（2）打桩顺序按照从中央向周边的原则，选用合适的落锤，锤击次数：钢桩3000次以下，PC桩2000次以下，RC桩1000次以下。

（3）在桩快到预定深度时，一次的打击贯入量不能低于2 mm。

四、现场接桩、桩头处理

预制桩现场接长，原则上采用埋弧焊接头。

（1）对RC桩，敲碎桩头，与承台的钢筋形成整体。

（2）对PC桩，进行补强；对钢管桩，直接截断后与承台浇筑成整体。

第八节　灌注桩施工

一、灌注桩施工

灌注桩的施工方法是指在施工现场采用专用设备在桩位钻孔，孔内设置钢筋笼，最后浇筑混凝土的方法。现场灌注桩有人工挖孔的深基础成孔工法和机械钻孔的套管护壁工法、钻孔工法、反循环回转钻孔工法。

（1）机械成孔。

①套管护壁工法（贝诺托施工法）：通过机械振动将钢套管压入土中，用锤式抓斗等挖掘管内土沙并排出管外，直至指定深度的成孔方法。

②钻孔工法是利用旋转铲的刀齿切削和破碎土块，然后用铲斗将挖松的土提升并排出管外的成孔方法。

③反循环回转钻孔工法是用反循环钻机（钻头）钻孔，掘松的土沙与循环水形成的泥水通过钻管排出的成孔方法。

（2）人工挖孔：深基础施工法，在进行特殊护壁处理的同时不断向深处掘挖；护壁原则上不拆除。

二、施工管理

影响灌注桩质量的主要因素：①孔底地基松软；②孔壁坍塌；③混凝土质量。因此，施工时应注意以下事项：

（1）孔底地基松软主要与地下水有关，因此应注意桩孔内外水位差的平衡。

（2）孔壁坍塌主要发生在钻孔工法中，因此应妥善管理防塌孔采用的稳定剂，并注意使用方法。

（3）混凝土浇筑前，必须用柱塞排干混凝土导管中的水分，以防止混凝土劣化。水中混凝土的标准配置为坍落度13～18 cm，单位水泥用量370kg/m³以上，水灰比50 %以下。

第九节　沉箱基础

一、沉箱基础

（1）沉箱基础：首先在地面上制作钢筋混凝土井壁，然后在沉入土中的同时进行井内挖土作业至地基持力层，最后用混凝土或土沙等进行填心作业形成基础。

（2）沉箱基础根据施工工艺可分为无气压施工的开口式沉井工法和边输送高压空气进行排水边挖掘的气压式沉箱工法。

二、开口式沉井工法

开口式沉井的施工顺序如下。

（1）在开口式沉井的底端装刃脚，在其上方绑扎第一节钢筋笼并支模板。

（2）浇筑混凝土，混凝土凝结硬化后拆除模板。

（3）开始挖土，沉入沉井。

（4）沉井封底，浇筑底板混凝土。

（5）用沙石料等进行填心作业，完成后，施工混凝土顶盖及上部工程。

在设定位置将沉井垂直安放，采用抓铲式挖掘机，用铲斗等将井内的土沙挖出并使沉井下沉。

在下沉初期特别应注意防止沉井的偏斜或水平错位。另外，开挖量为沉井的下沉量，特别应避免刃脚下方的超挖使周围土发生松动。

三、气压式沉箱工法

（1）气压式沉箱工法是通过高压空气排水，然后进行人工挖土的作业方法。

（2）由于是人工作业，可以直接对地基情况进行确认，并易于排除障碍物。

（3）施工顺序：修建作业室→竖井→气闸室→送排气管→动力装置→挖土和沉箱

下沉→填筑混凝土料。

（4）由于是在高压环境下进行施工的，所以应严格遵守相关规定，保证施工安全。对气压式沉箱工法采取的安全防范措施：①配备救援设备；②配置备用电源；③设置照明和通信设备等。

四、重点

（1）由于是人工井下作业，操作室的压力不能大于0.4 MPa。

（2）当空气中的含氧量少于18 %时，人会出现晕眩、呕吐等症状，少于12 %时会死亡。

（3）应保证充足睡眠，酒后不能进入操作间。

（4）施工中，应采取充分换气、定时测量氧气浓度等保障措施。

（5）当下沉荷载小时，应清空作业人员，给操作室减压，采取排气下沉和强制下沉措施。

（6）沉箱基础与桩基础比较：①下部结构的刚度大，容易确认持力层；②设备复杂，造价增加。

第十节　板桩基础和特殊基础

（1）板桩基础是指在现场将用于挡土护壁的钢管板桩组装成圆形或椭圆形的封闭截面后，打入地下所形成的具有沉井特点的基础形式。

（2）板桩的刚度不是单个钢管板桩的刚度，而是组装后井筒整体的刚度，其结构介于桩基础和沉井基础之间。

（3）施工时不需要进行支护。由于钢管板桩既可以作为临时挡墙，同时又是基础，可认为是临时支护兼用工法。

（4）可以缩短工期，降低成本，且施工时的安全性高。

（5）将所有钢管板桩打至持力层的井筒形式是钢管板桩基础中最常用的形式，应用也最广泛。

（6）基础的施工方法有下挂形式、围堰形式、临时围堰兼用形式等。

（7）平面形状有圆形、椭圆形和长方形。

（8）施工时，一般采用振动锤将钢管板桩打入地下，打入时常设置定位架以保证形状。

特殊基础的形式很多，这里简单介绍桩沉井混合基础、预制沉井基础和群柱基础。

（1）桩沉井混合基础。

①桩沉井混合基础是指在下部完成的桩上施工沉井，并使其与桩形成整体的复合基础。

②既具有沉井基础刚度大、水平力作用下位移小的特点，又具有桩基础入土深度大的优点。

（2）预制沉井基础。

①在预制沉井基础时，首先预制第一节混凝土竖井单元块，然后边在单元块中挖土，边利用设置的液压千斤顶将其压入地下；然后砌筑下一节混凝土竖井单元，并用PC钢棒与上一节预制块连接，导入预应力后张紧锚固；以此类推，最终形成预应力混凝土柱体。

②预应力混凝土柱体施工完后，进行混凝土底板施工，最后填入土砂心料，并与上部结构连为整体。

（3）群柱基础。

①群柱基础是指将打入地下的大口径桩群，用顶板连为整体的基础形式（主要用于桥梁），可以在水深大、水流急的条件下施工。

②施工时只需要小型的机械或设备，工期短，施工安全性高。

第十一节　地下连续墙基础、托换工法

地下连续墙基础是利用地下连续墙作为基础主体的结构形式。相邻墙体之间用专用接头连接，将灌注桩排列成墙体施工。

一、形式

地下连续墙是基础工程在地面上采用一种挖槽机械，沿着深开挖工程的周边轴线，在泥浆护壁条件下，开挖出一条狭长的深槽，清槽后，在槽内吊放钢筋笼，然后用导管法灌筑水下混凝土筑成一个单元槽段，如此逐段进行，在地下筑成一道连续的钢筋混凝土墙壁，作为截水、防渗、承重、挡水结构。

（1）地下连续墙的基本平面形状有墙与墙、墙与柱、柱与柱的组合形式。地下连续墙为封闭形式时称为井筒式基础。

（2）地下连续墙的上端用顶板连接形成的基础称为墙式基础。

二、地下连续墙基础定位

（1）进行基础设计时，一般天然地基基础按浅埋刚性基础、沉井基础按深埋刚性基础、桩基础按深埋弹性基础进行设计。

（2）地下连续墙基础与钢管板桩基础及大口径灌注桩基础一样，介于深埋刚性基础和深埋弹性基础之间。

三、托换工法

（1）托换工法是对既有建筑的基础部分加固或新增设基础时采用的修复加固方法。

（2）托换结构临时或半永久性地承受上方的荷载，不应产生不利的变形或沉降。

（3）基础加固是直接在原有基础上进行的，新设基础是新增设的与原基础相同或不同形式的基础。

（4）托换工法主要用于以下情况：

①在原有建筑的地下或附近需要开挖、修筑新的结构物时。

②原有建筑物的基础承载力不足，或由于地基振动等使地质条件发生变化时。

③改扩建工程中原有设计条件发生变化，荷载增加时。

（5）施工中，关键是做好监测管理工作，确保施工安全。要严格监控原有建管物的倾斜、沉隆和变形，以及对周边建筑的影响。

第三章 土方与基坑施工工程

第一节 土方开挖

一、放坡开挖

当施工现场有足够的放坡场地，且基坑开挖不会对邻近建筑物与设施的安全产生影响时，基坑开挖采取放坡方式比支护开挖经济。进行放坡开挖时，为保证开挖过程中边坡的稳定性，必须选择合理的边坡坡度。挖方边坡应根据使用时间（临时性或永久性）、土的种类、物理力学性质、水文等情况确定。

（一）土方边坡坡度与边坡系数

工程中，土方边坡常常用边坡坡度来表示。边坡坡度是以土方挖方深度h与底宽b之比表示，即

$$土方边坡的坡度为1，则 m=1 : \frac{b}{h} = \frac{h}{b} \tag{3-1}$$

m为土方的边坡系数，用坡底宽b与坡高h（基础开挖深度）之比表示，即

$$m = \frac{b}{h} \tag{3-2}$$

临时性挖方的边坡坡度应符合表3-1的规定。对永久性场地，挖方边坡坡度应按设计要求放坡，如设计无规定，可依照参考表3-2。

表3-1　临时性挖方边坡坡度

土的类别		边坡坡度（高：宽）
沙土（不包括细沙、粉沙）		1：1.25～1：1.50
一般性黏土	硬	1：0.75～1：1.00
	硬、塑	1：1.00～1：1.25
	软	1：1.50或更缓
碎石类土	充填坚硬、硬塑黏性土	1：0.50～1：1.00
	充填沙土	1：1.00～1：1.50

注：①设计有要求时，应符合设计标准；

②如采用降水或其他加固措施，可不受本表限制，但应计算复核；

③开挖深度，对软土不应超过4m，对硬土不应超过8m。

表3-2　永久性场地土方挖方边坡坡度

项次	挖土性质	边坡坡度
1	在天然湿度、层理均匀、不易膨胀的黏土和沙土（不包括细沙和粉沙）内，挖方深度不超过3 m	1：1.00～1：1.25
2	在天然湿度、层理均匀、不易膨胀的黏土和沙土（不包括细沙和粉沙）内，挖方深度为3～12 m	1：1.25～1：1.50
3	干燥地区内土质结构未经破坏的干燥黄土及类黄土，深度超过12 m	1：0.10～1：1.25
4	在碎石土和泥炭岩土的地方，深度不超过12 m，根据土的性质、层理特性和挖方深度确定	1：0.50～1：1.50
5	在风化岩内的挖方，根据岩石性质、风化程度、层理特性和挖方深度确定	1：0.20～1：1.50
6	在微风化岩内的挖方，岩石无裂缝且无倾向挖方坡脚的岩石	1：0.10
7	在未风化的完整岩石内的挖方	直立

在无地下水的情况，基坑（槽）和沟管开挖不加支撑时的允许深度，可参考表3-3。挖深在5 m内不加支撑的基坑（槽）、沟管的边坡最陡坡度可参见表3-4。

表3-3 基坑（槽）和沟管开挖不加支撑时的允许深度

项次	土层类别	允许深度（m）
1	密实、中密的砂土和碎石类石（充填物为沙土）	1.00
2	硬塑、可塑的黏质粉土及粉质黏土	1.25
3	硬塑、可塑的黏性土和碎石类石（充填物为黏性土）	1.50
4	坚硬的黏性土	2.00

表3-4 挖深在5m内不加支撑的基坑（槽）、沟管的边坡最陡坡度

项次	岩石类别	边坡坡度（高宽比）		
		坡顶无荷载	坡顶有静载	坡顶有动载
1	中密的沙土	1∶1.00	1∶1.25	1∶1.50
2	中密的碎石类土（充填物为沙土）	1∶0.75	1∶1.00	1∶1.25
3	硬塑的粉土	1∶0.67	1∶0.75	1∶1.00
4	中密的碎石类土（充填物为黏性土）	1∶0.50	1∶0.67	1∶0.75
5	硬塑的粉质黏土、黏土	1∶0.33	1∶0.50	1∶0.67
6	老黄土	1∶0.10	1∶0.25	1∶0.33
7	软土（经井点降水后）	1∶1.00	—	—

注：①静载指堆土或材料等，动载指机械挖土或汽车运输作业等；静载或动载应距挖方边缘0.8m以外，堆土或材料高度不宜超过1.5m；

②当有成熟经验时，不受本表限制。

（二）开挖程序及要点

放坡开挖的程序一般是：测量放线→切线分层开挖→排降水→修坡→整平→留足预留土层。

相邻基坑开挖时，应遵循先深后浅或同时进行的施工程序。挖土应自上而下水平分段进行，每层0.3 m左右，边挖边检查坑底宽度及坡度，不够时及时修整，每3 m左右修一次坡，至设计高度，再统一进行一次修坡清底，并检查坑底宽度和标高，要求坑底凹凸不超过2.0 cm。

（三）放坡开挖的注意事项

（1）基坑边缘堆置的土方和建筑物材料，或沿挖方边缘移动的运输工具和机械，一般应放置在基坑上部边缘0.8 m以外，堆置高度不应超过1.5 m。在垂直的坑壁边，此安全距离还应该增大。软土地区不宜在坑边堆置弃土。

（2）基坑周围地面应进行防水、排水处理，严防雨水等地面水浸入基坑周边土体。

（3）基坑开挖时，应对平面控制桩、水准点、基坑平面位置、水平标高、边坡坡度等经常复测检查。

（4）在地下水位以下挖土，应在基坑（槽）四侧或两侧挖好临时排水沟和集水井，或采用井点降水，将地下水降至坑槽底以下500 mm，降水工作应该持续到基础工程施工完毕。

（5）基坑开挖应尽量防止对地基土造成扰动。若用人工开挖，基坑开挖好后不能立即进行下道工序，应预留15～30 cm的土层不挖，待下道工序开始时再挖至设计标高。若用机械开挖，为避免破坏基地土，应在基底标高以上预留一层进行人工挖掘修整。使用铲运机、推土机时，应保留土层厚度15～20 cm；使用正铲、反铲或拉铲挖土机时，应保留土层厚度20～30 cm。

（6）基坑开挖完毕后，应及时清底、验槽，减少暴露时间，防止暴晒和雨水浸刷破坏地基土的原状结构。

（7）基坑开挖完毕后，应进行验槽并做好记录，如发现与勘察报告、设计不相符时，应与有关人员研究协商处理。

二、基坑（槽）土方量计算

（一）按拟柱体体积公式计算

1.基坑土方量计算

基坑土方量可按立体几何中的拟柱体体积公式计算，即

$$V = \frac{H}{6}\left(A_1 + 4A_0 + A_2\right) \tag{3-3}$$

式中，H为基坑深度，单位为m；A_1、A_2为基坑上、下的底面积，单位为m²；A_0为基坑中截面的面积，单位为m²。

注意：A_0一般情况下不等于A_1、A_2之和的一半，而应该按侧面几何图形的边长计算出中位线的长度，再计算中截面的面积A_0。

2.基槽和路堤管沟的土方量

若沿长度方向其断面形状或断面面积显著不一致时，可以按断面形状相近或断面面积相差不大的原则，沿长度方向分段后，用同样的方法计算各分段土方量，最后将各段土方量相加即得总土方量$V_{\text{总}}$，即

$$V_i = \frac{L_i}{6}\left(A_1 + 4A_0 + A_2\right) \tag{3-4}$$

式中，V_i为第i段的土方量，单位为m³；L_i为第i段的长度，单位为m。

（二）按实际体积计算

1.基槽土方量计算

基槽开挖时，两边要留有一定的工作面，分放坡开挖和不放坡开挖两种情况。

当基槽不放坡时：

$$V = h\left(a+2c\right)L \tag{3-5}$$

$$V = h\left(a+2c+mh\right)L \tag{3-6}$$

式中，V为基槽土方量，单位为m³；h为基槽开挖深度，单位为m；a为基础宽度，单位为m；c为工作面宽度，单位为m；m为坡度系数；L为基槽长度（外墙按中心线，内墙按净长线），单位为m。如果基槽沿长度方向断面变化较大，应分段计算，然后汇总。

2.基坑土方量计算

基坑开挖时，四边留有一定的工作面，分放坡开挖和不放坡开挖两种情况。

当基坑不放坡时：

$$V = h\left(a+2c\right)\left(b+2c\right) \tag{3-7}$$

当基坑放坡时：

$$V = h\left(a+2c+mh\right)\left(b+2c+mh\right) + 1/3\left(m^2h^3\right) \tag{3-8}$$

式中，V为基坑土方量，单位为m³；h为基坑开挖深度，单位为m；a为基础底长，单位为m；b为基础底宽，单位为m；c为工作面宽，单位为m；m为坡度系数。

三、基坑开挖

（一）基坑开挖程序及施工要点

基坑开挖程序一般是：测量放线→基坑中、边桩施工→排降水→场地清理。

相邻基坑开挖时，应遵循先深后浅或同时进行的施工程序。挖土应自上而下水平分段分层进行，每层0.3 m左右，边挖边检查坑底宽度及坡度，不够时及时修整，每3 m左右修一次坡，至设计标高时再统一进行一次修坡清底，检查坑底宽和标高，要求坑底凹凸不超过2.0 cm。

基坑开挖分为两种情况：一是无支护结构基坑的放坡开挖；二是有支护结构基坑的开挖。

基坑开挖方法主要有放坡分层开挖、有支护基坑开挖、盆式开挖、中心岛式开挖等几种，应根据基坑面积大小、开挖深度、支护结构形式、环境条件等因素选用。

1.放坡分层开挖

放坡分层开挖是将基坑按深度分为多层进行逐层开挖，这种开挖方式适合于四周空旷、有足够放坡场地、周围没有建筑设施或地下管线的情况。分层厚度、软土地基应控制在2 m以内，硬质土地基宜控制在5 m以内。开挖顺序可从基坑的某一边向另一边平行开挖，可从基坑两头对称开挖，或从基坑中间向两边平行对称开挖，也可交替分层开挖，这些均可根据工作面和土质情况决定。

在采用放坡开挖时，要求基坑边坡在施工期间要保持稳定。基坑边坡坡度应根据土质、基坑深度、开挖方法、留置时间、边坡荷载、排水情况及场地大小确定。放坡开挖应有降低坑内水位和防止坑外水倒灌的措施。若土质较差且基坑施工时间较长，边坡坡面可采用钢丝网喷浆等措施进行护坡，以保持基坑边坡稳定。在软土地基下不宜挖深过大，一般控制在6 ~ 7 m，在坚硬土层中，则不受此限制。放坡开挖的放坡坡度应符合规范要求。

放坡开挖施工方便，挖土机作业无障碍，工作效率高，基础开挖后基础结构作业空间大，施工工期短，经济效益好。但在城市或人口密集地区施工时，条件往往不允许采用这种开挖方式。

2.有支护基坑开挖

有支护基坑开挖包括无内支撑支护和有内支撑支护的基坑开挖。无内支撑支护有悬臂式、拉锚式、重力式、土钉墙等，此种支护的土壁可垂直向下开挖，不需要在基坑边四周有很大的场地，可用于场地狭小、土质又较差的情况。同时，在地下结构完成后，其基坑土方回填工作量也小。有内支撑支护基坑土方开挖比较困难，其土方分层开挖必须与支撑结构施工相协调。在有内支撑支护的基坑中进行土方开挖，则受内支撑影响比较大，施工中开挖、运土均较困难。

3.盆式开挖

盆式开挖适合于基坑面积较大、支撑或拉锚作业困难且无法放坡的基坑。盆式开挖时先分层开挖基坑中间部分的土方，基坑周边一定范围内的土暂不开挖，形成盆式，开挖时可视土质情况放坡，此时留下的土坡可对四周围护结构形成被动土反压力区，以增强围护结构的稳定性，待中间部分的混凝土垫层、基础或地下室结构施工完成之后，再用水平支撑或斜撑对四周围护结构进行支撑，并突击开挖周边支护结构内部分被动土区的土，每挖一层支一层水平横顶撑，直至坑底，最后浇筑该部分结构的混凝土。

盆式开挖法支撑用量小，费用低，盆式部位土方开挖方便。基坑面积大时，更能体现盆式开挖施工的优越性。

4.中心岛式开挖

当基坑面积不大，周围环境和土质可以进行拉锚或采用支撑时，可采用中心岛式开挖。与盆式开挖相反，中心岛式开挖是先开挖基坑周边土方，基坑周围的土方暂时留置，中间的留置土方可作为支点搭设栈桥，挖土机可利用栈桥下到基坑挖土，运土的汽车亦可利用栈桥进入基坑运土，这样可有效加快挖土和运土的速度。挖土也分层开挖，一般先全面挖去一层，然后中间部分留置土墩，周围部分分层开挖。挖土多用反铲挖土机，如基坑深度很大，可采用向上逐级传递的方式进行土方装车外运。

从边缘开挖到基底以后，先浇筑该区域的底板，以形成底部支撑，再开挖中央部分的土方。

（二）基坑开挖的注意事项

（1）开挖与支撑相配合，每次挖土深度不得超过将要加支撑位置以下0.5 m，以防止支撑失稳。每次的挖土深度与所选用的施工机械有关。当采用分层分段开挖时，分层厚度不宜大于5 m，分段长度不大于25 m，并应快挖快撑，时间不宜超过2 d，以充分利用土体结构的空间作用，减少支护结构的变形。在深基坑挖土时，为防止地基一侧失去平衡而导致坑底出现涌土、边坡失稳、坍塌等情况，挖土机械不得在支撑上作业或行走。

（2）深基坑开挖过程中，随着土的挖除，下层土因逐渐卸载而有可能回弹，尤其在基坑挖至设计标高后，搁置时间越久，回弹越显著。弹性隆起在基坑开挖和基础工程初期发展很快，它将加大建筑物的后期沉降。因此，对深基坑开挖后的土体回弹应有适当的估计。

（3）雨季施工时，应对坑壁采取护面措施，同时做好坑顶地表水的疏干排除工作，防止雨水冲刷并影响边坡稳定。机械挖土时，为防止基底土被扰动，结构被破坏，不应直接挖至坑（槽）底，如个别地方超挖，应用原土填补，并夯实至要求的密实度。如用原土填补不能达到要求的密实度时，应用沙石填补，并仔细夯实。在特别重要的地方超挖时，应用块石或低强度等级的混凝土填实。

（4）在基坑开挖、基础施工及回填过程中应始终保持井点降水工作的正常进行。

（5）开挖前，施工方案设计要周全，施工过程中要重视现场监测工作。

（三）质量检查

（1）开挖深度应根据设计基础埋深、确定的室内地坪标高及地基持力层位置进行综合分析确定。一般软土不应超过4m，硬土不应超过8m。对于采用板桩、钢筋混凝土桩、重力式深层搅拌水泥土桩等进行护壁的基坑（槽），其开挖长、宽范围应以护壁结构所围的范围为准，开挖深度的确定与上述相同。

（2）使用大型土方机械在坑下作业，如为软土地基或在雨期施工，机械进入基坑行走时需铺垫钢板或铺筑道路。所以，对于大型软土基坑，为减少分层挖运土方的复杂性，还可采用"接力挖土法"，它是利用两台或三台挖土机分别在基坑的不同标高处同时挖土。一台在地表，两台在基坑不同标高的台阶上，边挖土边向上传递到上层，由地表挖土机装车，用自卸汽车运至弃土地点。

（3）土方开挖应制定方案、绘出开挖图，确定开挖路线、顺序、范围、基底标高、边坡坡度、排水沟和集水井位置，以及挖出的土方堆放地点。

（4）由于大面积基础群基坑底标高不一，机械开挖次序一般采取先整片挖至一平均标高，然后再挖个别较深的部位。当一次开挖深度超过挖土机最大挖掘高度（5m以上）时，宜分2~3层开挖，并修筑10%~15%坡道，以便挖土及运输车辆进出。

（5）由于机械施工不能准确地将地基抄平，容易出现超挖现象。所以，要求施工中机械开挖到基底以上20~30cm后，采用人工方法挖至坑底标高。对于基坑边角部位，即机械开挖不到之处，应用少量人工配合清坡，将松土清理至机械作业半径范围内，再用机械掏取运走。

土方开挖工程质量检验标准应符合表3-5的规定。

表3-5　土方开挖工程质量检验标准　　　　（单位：mm）

主控项目							
主控项目	1	标高	−50	±30	±50	−50	−50	用水准仪检查
	2	长度、宽度（由设计中心线向两边量）	+200 −50	+300 −100	+500 −150	+100	—	用经纬仪检查，用钢尺量
	3	边坡	按设计要求					观察或用坡度尺检查
一般项目	1	表面平整度	20	20	50	20	20	用2m靠尺和楔形塞尺检查
	2	基底土性	按设计要求					观察或土样分析

注：①地（路）面基层的偏差只适用于直接在挖、填方上做地（路）面的基层；

②本表所列数值适用于附近无重要建筑物或重要公共设施，且基坑暴露时间不长的情况。

四、土方开挖机械化施工

在土方工程的开挖、运输、填筑、压实等施工过程中，应尽可能采用机械化和先进的作业方法，以减轻繁重的体力劳动，加快施工进度，提高生产率。

土方工程施工机械的种类很多，常用的有推土机、铲运机、挖土机及运输机械和碾压夯实机械等。施工中应合理选择土方机械，充分发挥机械效能，并使各种机械在施工中配合协调，加快施工进度。

（一）单斗挖土机

单斗挖土机是基坑（槽）开挖的常用机械，当施工高度较大、土方量较多时，可采用单斗挖土机并配以汽车挖运土方。单斗挖土机按其工作装置和工作方式不同可分为正铲、反铲、拉铲和抓铲四种；按行走方式不同，单斗挖土机可分为履带式和轮胎式两种；按操纵机构不同，可分为机械式挖土机和液压式挖土机两种。由于液压传动具有很大的优越性，发展很快，因此较为常用。

1.正铲挖土机施工

正铲挖土机一般仅用于开挖停机面以上的土，其挖掘力大，效率高，适用于含水量不大于27％的一至四类土，它可直接往自卸汽车上装土，进行土的外运工作。正铲挖土机的特点是：前进向上，强制切土。由于挖掘面在停机面的前上方，所以，正铲挖土机适用于开挖大型、低地下水位且排水通畅的基坑及土丘等。

根据挖土机的开挖路线与运输工具的相对位置不同，正铲挖土机的作业方式主要有两种，即侧向装土法和后方装土法。

侧向装土法就是挖土机沿前进方向挖土，运输工具停在侧面装土。用侧向装土法挖土机卸土时，动臂回转角度小，运输工具行驶方便，生产率高，应用较广。

后方装土法就是挖土机沿前进方向挖土，运输工具停在挖土机后面装土。用后方装土法挖土机卸土时，动臂回转角度大，装车时间长，生产效率低，且运输车辆要倒车开入，所以，一般只用于开挖工作面狭小且较深的基坑。

2.反铲挖土机施工

反铲挖土机适用开挖停机面以下的一至三类的沙土和黏性土，其作业特点是：后退向下，强制切土。反铲挖土机主要用于开挖基坑、基槽或管沟；亦可用于地下水位较高处的土方开挖，经济合理的挖土深度为3~5 m，挖土时可与自卸汽车配合，也可以就近弃土。其作业方式有沟端开挖与沟侧开挖两种。

沟端开挖就是挖土机停在沟端，向后倒退着挖土，汽车停在两旁装土。

沟侧开挖就是挖土机沿沟槽一侧直线移动，边走边挖，将土弃于距基槽较远处。此方法一般是挖土宽度和深度较小、无法采用沟端开挖或挖土不需要运走时采用。

3.拉铲挖土机施工

拉铲挖土机施工时，依靠土斗自重及拉索拉力切土。它适用于开挖停机面以下的一至三类土。其作业特点是：后退向下，自重切土。拉铲挖土机的开挖深度和半径较大，常用于较大基坑（槽）、沟槽及大型场地平整和挖取水下泥土的施工。工作时一般直接弃土于附近，如配汽车运输时，操作技术要求较高，效率较低。

拉铲挖土机的作业方式与反铲挖土机相同，有沟端开挖和沟侧开挖两种。

4.抓铲挖土机施工

机械传动抓铲挖土机是在挖土机臂端用钢丝绳吊装一个抓斗。其作业特点是：直上直下，自重切土。抓铲挖土机挖掘力较小，能开挖停机面以下的一至二类土。适用于开挖较松软的土，特别是松软土中窄而深的基坑、深槽、深井，并可取得理想效果；抓铲挖土机还可用于疏通旧有渠道，以及挖取水中淤泥，或用于装卸碎石、矿渣等松散材料。

土方开挖运输前应检查定位放线、排水和降低地下水位系统，合理安排土方运输车的行走路线及弃土场，为了减少车辆的掉头、等待和装土时间，施工场地必须考虑车辆掉头及停车位置。施工过程中还应检查平面位置、水平标高、边坡坡度、压实度及排水、降低地下水位系统，并随时观测周围的环境变化。

（二）土方挖运机械的选择

土方挖运机械的选择要点如下所述。

（1）在场地平整施工中，当地形起伏不大（坡度小于15°），填挖平整土方的面积较大，平均运距较短（1500 m以内），土的含水量适当（27％以下）时，采用铲运机较为合适：如土质为硬土，则用其他机械翻松后再铲运。

（2）当地形起伏较大，挖土高度在3 m以上，运输距离超过1000 m，土方工程量较大又较集中时，一般可采用下述三种方式进行挖土和运土。

①正铲挖土机配合自卸汽车进行施工，并在弃土区配备推土机进行平整和推土。选择铲斗容量时，应考虑土质情况、工程量和工作面高度。当开挖普通土，集中工程量在15000 m³以下时，可采用0.5 m³的铲斗；当开挖集中工程量为15000～50000 m³时，宜选用1.0 m³的铲斗，此时，普通土和硬土都能开挖。

②用推土机将土推入漏斗，并用自卸汽车在漏斗下承土并运走。该方法适用于挖土层厚度在5～6 m以上的地段。漏斗上口尺寸为宽3 m左右、长3.5 m的框架支撑。其位置应选择在挖土段的较低处，并预先挖平。漏斗左右及后侧土壁应予以支撑。

③用推土机预先把土推成一堆，用装载机把土装到汽车上运走，效率也很高。

（3）对基坑开挖，当基坑深度在1～2 m，而长度又不太大时，可采用推土机；对于深度在2 m以内的线状基坑，宜用铲运机开挖；当基坑面积较大，工程量又集中时，可选用正铲挖土机挖土，自卸汽车配合运土；如地下水位较高，又不采用降水措施，或土质松软，则应用反铲、拉铲或抓铲挖土机施工。

（4）开挖基坑和管沟的回填运距在100 m以内时，可采用推土机施工。

上述各种机械的适用范围都是相对的，选用时应根据具体情况考虑。如果有多种机械可供选择时，应当进行技术、经济比较，选择效率高、费用低的土方机械进行施工。

第二节　基坑支护

基坑（槽）施工时，若土质与周边环境允许，采用放坡开挖较为经济，但在建筑物稠密地区，或受周围市政设施的限制，不允许放坡开挖，或者按规定放坡所增加的土方量过大时，一般都需要用设置土壁支护的施工方法进行施工。

一、支撑方式

（一）浅基坑（槽）、沟管支撑

对宽度不大、深度在5 m以内的浅基坑（槽）、管沟一般宜设置简单支撑，其形式根据开挖深度、土质条件、地下水位、施工时间长短、施工季节和当地气象条件、施工方法与相邻建（构）筑物情况进行选择。

横撑式支撑根据挡土板的不同分为水平挡土板和垂直挡土板两类：水平挡土板的布置又分间断式、断续式和连续式三种；垂直挡土板的布置分断续式和连续式两种。基坑（槽）、管沟的支撑方法及适用条件如表3-6所示。

表3-6 基坑（槽）、管沟的支撑方法及适用条件

支撑方式	支撑方法及适用条件
间断式水平支撑	两侧挡土板水平放置，用工具或木横撑借木楔顶紧，挖一层土，支顶一层。适用于能保持立壁的干土或天然湿度的黏土类土，且地下水很少，深度在2 m以内
断续式水平支撑	挡土板水平放置，中间留出间隔，并在两侧同时对称立竖方木，再用工具或木横撑上、下顶紧。适用于能保持立壁的干土或天然湿度的黏土类土，且地下水很少，深度在3 m以内
连续式水平支撑	挡土板水平连续放置，不留间隔，两侧同时对称立竖方木，上、下各顶一根撑木，端头加木楔顶紧。适用于较松散的干土或天然湿度的黏土类土，且地下水很少，深度在3~5 m
连续式或间断式垂直支撑	挡土板垂直放置，可连续或留适当间隔，每侧上、下各水平顶一根方木，再用横撑顶紧。适用于较松散或天然湿度很高的土，地下水较少
水平垂直混合式支撑	沟槽上部设连续式水平支撑，下部设连续式垂直支撑。适用于沟槽深度较大，下部有含水层的情况

对宽度较大、深度不大的浅基坑，其支撑方式常用的有斜柱支撑、锚拉支撑、短桩横隔板支撑和临时挡土墙支撑等。斜柱支撑和锚拉支撑的支撑方法及适用条件如表3-7所示。

表3-7 斜柱支撑和锚拉支撑的支撑方法及适用条件

支撑方式	支撑方法及适用条件
斜柱支撑	水平挡土板钉在桩内侧，柱桩外侧用斜撑支顶，斜撑底端支在木桩上，在挡土板内侧回填土。适用于开挖较大、深度不大的基坑或使用机械挖土
锚拉支撑	水平挡土板支在桩内侧，柱桩一端打入土中，另一端用拉杆与锚桩拉紧，在挡土板内侧回填土。适用于开挖较大、深度不大的基坑或使用机械挖土，不能在安设横撑时使用

（二）深基坑支护结构

对宽度较大、深5 m以上的深基坑且地质条件较复杂时，必须选择有效的支护形式，

一般应由施工单位会同设计单位、建设单位共同制定可靠的支护方案，表3-8为几种常用深基坑支护（撑）的特点及适用条件，仅供参考。

表3-8　几种常用深基坑支护（撑）的特点及适用条件

支护名称	支护方法	特点及适用条件
型钢桩横挡板支护	沿挡土位置预先打入钢轨、工字钢或型钢，间距为1.2～1.5 m，然后边挖方边将3～6 cm厚的挡土板塞进型钢桩之间挡土，并在横向挡板与塑钢桩之间打入楔子，使横板与土体紧密接触	施工成本低，易沉桩，噪声低，振动小，是最常见的一种简单经济的支护方法。但该方法不能止水，易导致周边地基产生下沉（四）。适用于地下水位较低、深度不太大的一般黏性土或沙土层中
钢板桩支护	在开挖基坑的周围打钢板桩或钢筋混凝土板桩，桩断面有U形、Z形、H形及冷轧薄板型钢等。板桩入土深度及悬臂长度应经计算确定。当基础坑的宽度、深度很大时，可另在基坑内加设钢结构支撑体系	桩材料强度高，截面种类多，可灵活地选用，打设较方便，止水性好，可多次周转使用，但施工成本高，需用柴油打桩机或振动打桩机施工，噪声和振动较大，一般宜用静力压桩施工。适用于一般地下水深度和宽度不太大的黏性土、沙土层中。当加设支撑时，可在饱和软弱土中开挖较大、较深基坑时应用
挡土灌注桩支护	在开挖基坑周围，用钻机钻孔，下钢筋笼，现场灌注混凝土桩，桩间距为1～2m，成排设置，上部设连系梁，在基坑中间用机械或人工挖土，下挖1m左右装上横撑，在桩背面装上拉杆与已设锚桩拉紧，然后继续挖土至要求深度。如基坑深度小于6 m，或邻近有建（构）筑物，也可不设锚拉杆，但应加密桩距或加大桩径	施工设备简单，所需作业场地不大，噪声低，振动小，成本低，桩刚度较大，抗弯强度高，安全性好，但止水性差，为防止水土流失，也可在灌注桩间加粉喷桩。适用于开挖较大（大于6 m）得基坑以及邻近有建筑物，不允许放坡，不允许在附近地基出现下沉位移时采用
地下连续墙支护	在开挖基坑周围先建造混凝土或钢筋混凝土地下连续墙，在墙中用机械或人工挖土直至要求深度。跨度很大时，可在内部加设水平支撑及支柱。当采用逆作法施工时，每下挖一层，把下一层梁、板、柱混凝土浇筑完成，以此作为地下连续墙的水平框架支撑，如此循环作业，直至地下室的底层土全部挖完，地下结构混凝土才浇筑完成	墙体可自行设计，刚度大，整体性好，止水性佳，施工噪声及振动较小，但施工中需专门机具，施工技术较为复杂，费用较昂贵。适用于开挖较大、较深（大于10 m），有地下水，周围有建筑物、道路的黏土类、沙土类得基坑作支护，并作为地下结构的一部分；或用于高层建筑的逆作法施工；或作为地下室结构的部分外墙，但在坚实沙砾石中成孔困难，不宜采用

支护名称	支护方法	特点及适用条件
土层锚杆支护	沿开挖基坑（或边坡）每2~4 m设置一层向下稍倾斜的土层锚杆。锚杆设置是用专门的锚杆钻机钻孔，安放钢筋锚杆，用水泥压力灌浆，达到强度后，安上横撑，借螺帽拉紧或施加预应力固定在坑壁上，每挖一层，装设一层锚杆，直到挖土至要求深度。土层锚杆也可与挡土灌注桩和地下连续墙结合支护，可减小桩、墙截面	可用于任何平面形状和场地高低差较大的部位，支护材料较省，简化支护设置，改善施工条件，加快施工进度，但需具备锚杆成孔灌浆设备。适合于较硬土层，或破碎岩石中开挖较大、较深的基坑，邻近有建筑物可保证边坡稳定时采用。与挡土桩、连续墙结合支护，可用于较大、较深（大于10 m）的大型基坑支护

二、基坑（槽）、沟管支撑施工

（一）施工要点

（1）应严格遵循先撑后挖的原则，即挖至每层支撑标高，待支撑加设并起作用后再继续挖下层。不得在基坑（槽）、沟管全部挖好后再设置支护，以免使基坑（槽）壁、沟管壁失稳。土方开挖宜由上而下分层、分段、对称进行，使支护结构受力均匀。要控制相邻段的土方开挖高差不大于1.0 m，防止因土方高差过大而产生推力，使工程桩移位或变形。

（2）基坑（槽）沟壁开挖宽度应为基础（管道）宽度再加每边工作面宽度和10~15 mm支护（撑）结构需要的尺寸。挖土时，土壁要平直，挡土板要紧贴土面，并用木楔或横撑木顶紧挡板。在支护角部要增设加强支撑。

（3）土方开挖前应先进行基坑降水，降水深度宜控制在坑底以下500~1000 mm，防止降水影响到支护结构外面，造成基坑周围地面产生沉降。

（4）采用钢（木）板桩、挡土灌注桩、地下连续墙支护时，应事先进行打设或施工，再分层进行基坑土方开挖，分层设横撑、土层锚杆，其施工操作工艺分别参见有关内容。

（5）拆除支护（撑）时，应按照基坑（槽）、管沟土方回填顺序，从下而上逐步进行。施工中更换支撑时，必须先安装新的再拆除旧的。

（6）挖土机的进出口通道应铺设路基箱以扩散压力，必要时局部注浆或做水泥土搅拌桩加固地基。

（7）挖土期间，基坑边严禁堆载，地面荷载值绝对不允许超过设计支护结构时采用的地面超载值。

（二）质量要求

（1）在基坑（槽）或管沟工程等开挖施工中，现场不宜进行放坡开挖，当可能对邻近建（构）筑物、地下管线、永久性道路产生危害时，应对基坑（槽）、管沟进行支护后再开挖。

（2）基坑（槽）、管沟开挖前应做好下述工作。

①基坑（槽）、管沟开挖前，应根据支护结构的形式、挖深、地质条件、施工方法、周围环境、工期、气候和地面荷载等资料制定施工方案、环境保护措施、监测方案，经审批后方可施工。

②土方工程施工前，应对降水、排水措施进行设计，系统应经检查和试运转，一切正常时方可开始施工。

（3）土方开挖的顺序、方法必须与设计工况相一致，并遵循"开槽支撑，先撑后挖，分层开挖，严禁超挖"的原则。

（4）基坑（槽）、管沟的挖土应分层进行。在施工过程中。基坑（槽）、管沟边堆置的土方不应超过设计荷载，挖方时不应碰撞或损伤支护结构、降水设施。

（5）基坑（槽）、管沟土方施工中应对支护结构、周围环境进行观察和监测，如出现异常情况应及时处理，待恢复正常后方可继续施工。

（6）基坑（槽）、管沟开挖至设计标高后，应对坑底进行保护，经验槽合格后，方可进行垫层施工。对特大型基坑，宜分区、分块挖至设计标高，分区、分块及时浇筑垫层。必要时，可加强垫层。

（7）基坑（槽）、管沟土方工程验收必须以确保支护结构安全和周围环境安全为前提。当设计有指标时，以设计要求为依据：如无设计指标时，应按表3-9的规定执行。

支护（撑）材质必须符合设计要求和施工规范的规定。

支护（撑）的设置位置、垂直度、标高必须符合设计要求，位置偏差不大于100 mm，垂直度偏差不大于$H/100$（H为支护高度），标高偏差不大于±30 mm，且挡土板必须紧贴土壁。

表3-9　基坑变形的监控值　　　　　　　　　　（单位cm）

基坑类别	围护结构墙顶位移监控值	围护结构墙体最大位移监控值	地面最大沉降监控值
一级基坑	3	5	3
二级基坑	6	8	6
三级基坑	8	10	10

注：（1）符合下列情况之一，为一级基坑。

①重要工程或支护结构作为主体结构的一部分。

②开挖深度大于 10 m。

③与邻近建筑物、重要设施的距离在开挖深度以内的基坑。

④基坑范围内存历史文物、近代优秀建筑、重要管线等需严加保护的基坑。

（2）三级基坑为开挖深度小于 7 m，且周围环境无特别要求的基坑。

（3）除一级和三级外的基坑属二级基坑。

（4）当周围已有的设施有特殊要求时，尚应符合其特殊要求。

（三）安全措施

（1）深基坑支护上部应设安全护栏和危险标志，夜间应设红灯标志。

（2）在设置支撑的基坑（槽）挖土时不得碰动支撑，支撑上不得放置物件；严禁将支撑当脚手架使用。严禁操作人员攀登支护或支撑上下基坑（槽）。

（3）在设置支护的基坑中使用机械挖土时，应防止碰坏支护，或直接压过支护结构的支撑杆件；在基坑（槽）上边行驶，应复核支护强度，必要时应进行加固。

（4）支护（撑）的设置应遵循由上而下的程序，支护（撑）拆除应遵循由下而上的程序，以防止基坑（槽）失稳塌方。

（5）安装支撑时应戴安全帽，安装支护（撑）横梁、锚杆等应在脚手架上进行，高空作业应挂安全带。

（四）注意事项

（1）支护（撑）的设置必须结构合理，构造简单，装拆方便，能回收利用，节省费用，使用可靠，保证施工期间的安全，不给邻近地基和已有建（构）筑物带来有害影响；拆除支护（撑）前要研究好拆除时间、顺序和方法，以免给施工安全和地下工程造成危害。

（2）支护（撑）安装和使用期间要加强检查、观察和监测，发现支撑折断、支护变形、坑壁裂缝、掉渣、上部地面裂缝、邻近建筑物下沉裂缝、变形倾斜等，应及时进行分析和处理，或进行加固。

（3）当基坑地下水水流较大，而土质为粉细砂层，易产生流砂时，需用帷幕截水与人工降低地下水位相结合，可在挡土灌注桩之间加设旋喷桩（深层搅拌桩或喷粉桩）来阻水。

三、土层锚杆施工

土层锚杆简称土锚杆，它是在地面或深开挖的地下室墙面（挡土墙、桩或地下连续墙）或未开挖的基坑立壁土层钻孔（或掏孔），达到一定设计深度后，再扩大孔的端部，形成柱状或其他形状,在孔内放入钢筋、钢管或钢丝束、钢绞线或其他抗拉材料,灌入水泥浆或化学浆液,使之与土层结合成为抗拉(拔)力强的锚杆。其特点是:能与土体结合在一起承受很大的拉力,以保持结构的稳定;可用高强钢材,并可施加预应力,有效地控制建筑物的变形量;施工所需钻孔孔径小,不能使用大型机械;代替钢横撑作侧壁支护,可大量节省钢材;为地下工程施工提供开阔的工作面;经济效益显著,可节省大量劳力,加快工程进度。

(一)施工准备

1.材料要求

(1)锚杆。锚杆的材料可用钢筋、钢管、钢丝束或钢绞线,多用钢筋;有单杆和多杆之分,单杆多用Ⅱ级或Ⅲ级热轧螺纹粗钢筋,直径为22~32 mm;多杆直径为16 mm,一般为2~4根,承载力很高的土层锚杆多采用钢丝束或钢绞线。使用的锚杆应有出厂合格证及试验报告。

(2)水泥浆锚杆体。水泥用强度等级为42.5号或52.5号普通硅酸盐水泥;砂用粒径小于2 mm的中细砂;水用pH小于4的水。

2.主要机具设备

(1)成孔机具设备:成孔机具设备可采用螺旋式钻孔机、旋转冲击式钻孔机或YQ-100型潜水钻机,亦可采用普通地质钻孔改装的HGY100型或ZT100型钻机,并带套管和钻头等。

(2)灌浆机具设备:灌浆机具设备可采用灰浆泵、灰浆搅拌机等。

(3)张拉设备:张拉设备可采用YC-60型穿心式千斤顶,配SY-60型油泵油压表等。

3.作业条件

(1)根据地质勘察报告,摸清工程区域地质水文情况,同时查明锚杆设计位置的地下障碍物情况,以及钻孔、排水对邻近建(构)筑物的影响。

(2)编制施工组织设计,根据工程结构、地质、水文情况及施工机具、场地、技术条件,制定施工方案,进行施工布置及平面布置,划分区域;选定并准备钻孔机具和材料加工设备;委托安排锚杆及零件制作。

(3)进行场地平整,拆迁施工区域内的报废建(构)筑物及水、电、通信线路,挖除工程部位地面以下3m内的地下障碍物。

(4)开挖边坡,按锚杆尺寸取2根进行钻孔、穿筋、灌浆、张拉、锚定等工艺试验,并做抗拔试验,检验锚杆质量,以检验施工工艺和施工设备的适应性。

(5)在施工区域内设置临时设施,修建施工便道及排水沟,安装临时水电线路,搭设钻机平台，将施工机具设备运进现场，安装后试运转，检查机械、钻具、工具等是否完好齐全。

（6）进行技术交底，弄清锚杆排数、孔位高低、孔距、孔深、锚杆及锚固件形式。清点锚杆及锚固件数量。

（7）进行施工放线，定出挡土墙、桩基线和各个锚杆孔的孔位、锚杆的倾斜角。

（8）做好钻杆用钢筋、水泥、沙子等的备料工作，并将使用的水泥、沙子按设计规定配合比做砂浆强度试验；锚杆对焊或帮条焊应做焊接强度试验，验证能否满足设计要求。

（二）施工程序及要点

土层锚杆的施工程序为：水作业钻进法土方开挖→测量、放线定位→钻机就位→接钻杆→校正孔位→调整角度→打开水源→钻孔→提出内钻杆→冲洗→钻至设计深度→反复提内钻杆→插钢筋（或钢绞线）→压力灌浆→养护→裸露主筋防锈→上横梁（或预应力锚件）→焊锚具→张拉（仅用于预应力锚杆）→锚头（锚具）锁定。

土层锚杆施工的要点如下所述。

（1）土层锚杆干作业施工程序与水作业钻进法施工程序基本相同，只是钻孔中不用水冲洗泥渣成孔，而是用干法使土体顺螺杆出孔外成孔。

（2）钻孔时要保证位置正确，要随时注意调整好锚孔位置（上、下、左、右及角度），防止高低参差不齐和相互交错。

（3）钻进后要反复提插孔内钻杆，并用水冲洗孔底沉渣直至冲出的水为清水，再接下节钻杆；遇有粗砂、砂卵石土层，在钻杆钻至最后一节时，应比要求深度多10～20 cm，以防粗砂、碎卵石堵塞管子。

（4）钢筋、钢绞线使用前要检查各项性能，检查有无油污、锈蚀、缺股断丝等情况，如有不合格的，应进行更换或处理。断好的钢绞线长度要基本一致，偏差不得大于5cm。端部要用铁丝绑扎牢，不得参差不齐或散架。干作业要另焊一个锥形导向帽；钢绞线束外留量应从挡土、结构物连线算起，外留1.5～2.5 m。钢绞线与导向架要绑扎牢固，导向架间距要均匀，一般为2 m左右。

（5）注浆管使用前，要检查有无破裂堵塞，接口处要处理牢固，防止压力加大时开裂跑浆。

（6）拉杆应由专人制作，要求顺直。钻孔完毕应尽快安设拉杆，以防塌孔。拉杆使用前要除锈，钢绞线要清除油脂。拉杆接长应采用对焊或帮条焊。孔附近拉杆钢筋应涂防腐漆。为将拉杆安置于钻孔的中心，在拉杆上每隔1.0～2.0 m应安设一个定位器。为保证非锚固段拉杆可以自由伸长，可采取在锚固段与非锚固段之间设置堵浆器，或在非锚固段的拉杆上涂以润滑油脂，以保证非锚固段的拉杆在该段自由变形。

（7）在灌浆前将管口封闭，接上压浆管，即可进行注浆，浇筑锚固体。

（8）灌浆是土层锚杆施工中的一道关键工序，必须认真进行，并做好记录。灌浆材料多用纯水泥浆，水胶比为0.4～0.45。为防止泌水、干缩，可掺加0.3%的木质素磺酸钙。灌浆亦可采用砂浆，灰砂比为1:1或1:0.5（质量比），水胶比为0.4～0.5；砂用中砂，并过筛，如需早强，可掺加0.3%的食盐和0.03%的三乙醇胺。水泥浆液的抗压强度应大于25 MPa，塑性流动时间应在22 s以下，可用时间应为30～60 min。整个浇筑过程须在4 min内结束。

（9）灌浆压力一般不得低于0.4 MPa，亦不宜大于2 MPa，宜采用封闭式压力灌浆和二次压力灌浆，可有效提高锚杆抗拔力（20%左右）。

（10）注浆前用水引路、润湿，检查输浆管道；注浆后及时用水清洗搅浆、压浆设备及灌浆管等。注浆后自然养护不少于7 d，待强度达到设计强度等级的70%以上，方可进行张拉工艺。在灌浆体硬化之前，不能承受外力或由外力引起的锚杆移动。

（11）张拉前要校核千斤顶，检验锚具硬度；清擦孔内油污、泥沙。张拉力要根据实际所需的有效张拉力和张拉力的可能松弛程度而定，一般按设计抽向力的75%～85%进行控制。

（12）锚杆张拉时，分别在拉杆上、下部位安设两道工字钢或槽钢横梁，与护坡墙（桩）紧贴。张拉用穿心式千斤顶，当张拉到设计荷载时，拧紧螺母，完成锚定工作。张拉时宜先用小吨位千斤顶拉，使横梁与托架贴紧，然后再换大吨位千斤顶进行整排锚杆的正式张拉，这时宜采用跳拉法或往复式拉法，以保证钢筋或钢绞线与横梁受力均匀。

（三）质量检查

（1）锚杆及土钉墙支护工程施工前应熟悉地质资料、设计图纸及周围环境，降水系统应确保正常工作，必需的施工设备，如挖掘机、钻机、压浆泵、搅拌机等应能正常运转。

（2）一般情况下，应遵循"分段开挖、分段支护"的原则，不宜按一次挖就支护的方式施工。

（3）施工中应对锚杆或土钉位置，钻孔直径、深度及角度，锚杆或土钉的插入长度，注浆配比、压力及注浆量，喷锚墙面厚度及强度，锚杆或土钉应力等进行检查。

（4）每段支护体施工完毕后，应检查坡顶或坡面位移、坡顶沉降及周围环境变化，如有异常情况应采取措施，待恢复正常后方可继续施工。

（5）锚杆及土钉墙支护工程质量检验标准应符合表3-10的规定。

表3-10　锚杆及土钉墙支护工程质量检验标准

项目	序号	检查项目	允许偏差或允许值		检查方法
			单位	数值	
主控项目	1	锚杆土钉长度	mm	±30	用钢尺量
	2	锚杆锁定力	按设计要求		现场实测
一般项目	1	锚杆或土钉位置	mm	±100	用钢尺量
	2	钻孔倾斜度	°	±1	测钻机倾角
	3	浆体强度	按设计要求		试样送检
	4	注浆量	大于理论计算浆量		检查计量数据
	5	土钉墙面厚度	mm	+10	用钢尺量
	6	墙体强度	按设计要求		试样送检

（四）安全措施

（1）施工人员进入现场应戴安全帽，高空作业应挂安全带，操作人员应精神集中，遵守有关安全规程。

（2）各种设备应处于完好状态，机械设备的运转部位应有安全防护装置。

（3）锚杆钻机应安设安全可靠的反力装置，在有地下承压水地层中钻进时，孔口应安设可靠的防喷装置，以便突然发生漏水、涌砂时能及时封住孔口。

（4）锚杆的连接应牢靠，以防在张拉时发生脱扣现象。

（5）张拉设备应经检验可靠，并有防范措施，防止夹具飞出伤人。

（6）注浆管路应畅通，防止塞管、堵泵，造成爆管。

（7）电气设备应设接地、接零保护设施，并由持证人员安全操作。电缆、电线应架空。

（五）成品保护及环保措施

（1）锚杆的非锚固段及锚头部分应及时做防腐处理。

（2）成孔后应立即安设锚杆，立即注浆，防止塌孔。

（3）锚杆施工应合理安排施工顺序，夜间作业应有足够的照明设施，防止砂浆配合比不准确。

（4）施工全过程中，应注意保护定位控制桩、水准基点桩，防止碰撞产生位移。

（5）钻孔泥浆应妥善处理，避免污染周围环境。

（6）注浆时采取防护措施，避免水泥浆污染环境。

（六）应注意的质量问题

（1）根据设计要求、地质水文情况和施工机具条件，认真编制施工组织设计，选择合适的钻孔机具和方法，精心操作，确保顺利成孔和安装锚杆，并顺利灌注。

（2）在钻进过程中，应认真控制钻进参数，合理掌握钻进速度，防止出现埋钻、卡钻、塌孔、掉块、涌砂和缩径等现象，一旦发生孔内事故，应尽快进行处理，并配备必要的事故处理工具。

（3）干作业钻机拔出钻杆后要立即注浆，以防塌孔；水作业钻机拔出钻杆后，外套留在孔内不会塌孔，但亦不宜间隔时间过长，以防流砂涌入管内，造成堵塞。

（4）锚杆安装应按设计要求正确组装、正确绑扎、认真安插，确保锚杆安装质量。

（5）锚杆灌浆应按设计要求，严格控制水泥浆、水泥砂浆配合比，做到搅拌均匀，并使注浆设备和管路处于良好的工作状态。

（6）施加预应力应根据所用锚杆类型正确选用锚具，并正确安装台座和张拉设备，保证数据准确可靠。

第三节　土方回填

为保证工程质量，填土必须满足强度和稳定性要求，施工中主要应注意两个方面的问题：一是要保证按土方调配方案进行，确保施工进度及经济效益；二是要保证土方填筑质量。

一、填筑要求

（一）土料的选择

为保证填土质量，必须正确选择填方土料。填方土料应符合设计要求，如无设计要求，则应符合下列规定。

（1）碎石类土、爆破石碴（粒径不大于每层铺土厚度的2/3）、沙土可用作表层以下的填料。

（2）含水量符合压实要求的黏性土，可用作各层填料。

（3）淤泥和淤泥质土一般不能用作填料，但在软土或沼泽地，经过处理含水量符合压实要求后，可用于填方中的次要部位。冻土、膨胀土也不应作为填方土料。

（4）对含有大量有机物、水溶性硫酸盐含量大于5%的土，仅可用于无压实要求的填土，因为地下水会逐渐溶解硫酸盐，形成孔洞，影响土的密实度。

（二）一般规定

（1）填土应分层进行，每层按规定的厚度填筑、压实，经检验合格后，再填筑上层。土方填筑最好用原土回填，不能将各种土混杂在一起填筑。如果采用不同类土，应把透水性较大的土层置于透水性较小的土层下面。若不得已需在透水性较小的土层上填筑透水性较大的土壤时，必须将两层结合面做成中央高、四周低的弧面排水坡度或设置盲沟，以免在填土内形成水囊。

（2）填土厚度是影响填土压实质量的主要因素之一，土在压实功的作用下，其应力随土层深度的增大而减小。填土施工时的每层铺土厚度及压实遍数如表3-11所示。

（3）土料应接近水平地分层填筑，对于倾斜的地面，应先将斜坡挖成阶梯状，然后分层填筑，防止填土横向移动。

表3-11　填土施工时的每层铺土厚度及压实遍数

压实机具	每层铺土厚度（mm）	每层压实遍数（遍）
平碾	250～300	6～8
振动压实机	250～350	3～4
柴油打夯机	200～250	3～4
人工打夯	<200	3～4

二、填土压实方法

填土压实方法有人工夯实和机械压实两种。

人工夯实是用60～80kg的木夯或铁、石夯，由4～8人拉绳，2人扶夯，举高不小于0.5m，一夯压半夯，按次序进行。每层铺土厚度为200mm以下，每层夯实遍数为3～4次。此法适用于小面积的沙土或黏性土的夯实，主要用于碾压机无法到达的坑边坑角的夯实。人工夯实施工强度大，效率低。

一般施工中主要采用机械压实。具体方法有碾压法、夯实法和振动压实法。平整场地等大面积填土采用碾压法，较小面积的填土采用夯实法和振动压实法。

压实机械在填土压实中所做的功简称压实功。填土压实后的密度与压实机械在其上所做的压实功有一定的关系。当土的含水量一定时，压土刚开始，土的密度急剧增加，待到接近土的最大密度时，压实功虽然增加许多，但土的密度没有多大变化。所以，实际施工时，应根据土的种类不同，以及压实密度要求和不同的压实机械来决定填土压实的遍数，参见表3-11。

压实松土时，如用重碾直接滚压，则起伏会过于强烈，效率降低，在实际施工中往往是先用轻碾（压实功小）压实，再用重碾碾压，这样可取得较好的压实效果。

（一）碾压法

碾压法是利用压路机械滚轮的压力压实土壤，使之达到所需的密实度。常用的碾压机械主要有平碾（压路机）、羊足碾和气胎碾。

1.平碾

平碾是最常见的压路机，又称光碾压路机。平碾按重量等级分为轻型（30～50 kN）、中型（60～90 kN）和重型（110~150 kN）三种，适用于沙性土、碎粒石料和黏性土。一般每层铺土厚度为250～300 mm，每层压实遍数为6～8遍。

平碾碾压的特点是：单位压力小，表面土层易压成光滑硬壳，土层碾压上紧下松，底部不易压实，碾压质量不均匀，不利于上下土层之间的结合，易出现剪切裂缝，对防渗不利。

2.羊足碾

羊足碾是一种无自行能力的碾压机械，其碾压滚筒外设交错排列的"羊足"，滚筒分为钢铁空心、装砂和注水三种，侧面设有加载孔，加载大小根据设计确定。羊足的长度随碾滚的重量增加而增加，一般为碾滚直径的1/7～1/6。重型羊足碾可达30 t。羊足碾的羊足插入土中，不仅使羊足底部的土料得到压实，并且使羊足侧向的土料受到挤压，同时有利于上下土层的结合。压实过程中，羊足对表层土的翻松省去了刨毛工序，从而达到均匀压实的效果，增加了填方的整体性和抗渗性。这种碾压方法不适宜沙砾料的土层压实。

3.气胎碾

气胎碾又称为轮胎压路机，分单轴（一排轮胎）和双轴（两排轮胎）两种。其主要是由装载荷重的金属车厢和装在轴上的气胎轮组成。气胎碾由拖拉机牵引，重量很大，一般有几十吨到上百吨，全部重量由一排充气轮胎传到土层上。因轮胎具有弹性，所以在压实土料时，气胎与土体同时变形，而且随着土体压实密度的增大，气胎变形相应也增大，气胎与土体接触面积也随之增大，并且始终能保持较为均匀的压实效果。与刚性碾相比，气胎碾不仅对土体的接触压力分布均匀，而且作用时间长、压实效果好、压实土层厚度大，生产效率高。所以，它可以适应要求不同单位压力的各类土壤的压实。为避免气胎损坏，停工时，要用千斤顶将金属车厢支托起来，并把气胎的气放掉。

（二）机械夯实法

机械夯实法是利用冲击力来夯实土壤的。夯实机械有重锤、内燃夯土机、蛙式打夯机、电动立夯机等机械。

夯锤是借助起重机悬挂一重锤进行夯土的夯实机械，适用于夯实沙性土、湿陷性黄土、杂填土及含有石块的填土。

小型打夯机由于体积小，质量轻，构造简单，机动灵活、实用，操纵方便，夯击能量大，夯实工效较高，在建筑工程中较为常用。该方法适用于黏性较低的土（沙土、粉土、粉质黏土），多用在基坑（槽）、管沟及各种零星分散、边角部位的填方的夯实，以及配合压路机对边线或边角碾压不到之处的夯实。一台打夯机必须由两人同时使用，一人掌控前进速度和方向，一人牵提电缆，以防发生触电事故。

（三）振动压实法

振动压实法是将振动压实机放在土层表面，使土颗粒发生相对位移而达到密实。用振动压实法压实时，每层铺土厚度宜为250～350 mm，每层压实遍数为3～4遍。这种方法适用于振实非黏性土。若使用振动碾进行碾压，借助振动设备可使土受到振动和碾压两种作用，碾压效率高，适用于大面积填方工程。

无论哪一种方法，都要求每一行碾压夯实的幅宽要有至少100 mm的搭接，若采用分层夯实且气候较干燥，应在上一层虚土铺摊之前将下层填土表面适当喷水湿润，增加土层之间的亲和程度。对密实度要求不高的大面积填方，如在缺乏碾压机械时，可采用推土机、拖拉机或铲运机结合行驶、推（运）土、平土来压实。对已回填松散的特厚土层，可根据回填厚度和设计对密实度的要求采用重锤夯实或强夯等机具来夯实。

三、机械回填土施工

（一）施工准备

1.材料

（1）碎石类土、沙土（使用细沙、粉沙时应取得设计单位同意）和爆破石碴可用作表层以下填料。其最大粒径不得超过每层铺填厚度的2/3或3/4（使用振动碾时），含水率应符合规定。

（2）黏性土应检验其含水率，含水率达到设计控制范围方可使用。

（3）盐渍土一般不可使用。但填料中不含有盐晶、盐块或含盐植物的根茎，并符合《土方与爆破工程施工及验收规范》（GB 50201—2012）附表中规定的盐渍土则可以使用。

2.主要机具

（1）装运土方机械有铲土机、自卸汽车、推土机、铲运机及翻斗车等。

（2）碾压机械有平碾、羊足碾和振动碾等。

（3）一般机具有蛙式或柴油打夯机、手推车、铁锹（平头或尖头）、2 m钢尺、20#铅丝、胶皮管等。

3.作业条件

（1）施工前应根据工程特点、填方土料种类、密实度要求、施工条件等，确定填方土料含水量的控制范围、虚铺厚度和压实遍数等参数；对于重要回填土方工程，其参数应通过压实试验来确定。

（2）填土前应对填方基底和已完工程进行检查和中间验收，合格后要做好隐蔽和验收手续。

（3）施工前，应做好水平高程标志布置。例如，大型基坑或沟边上每隔1m应钉上水平桩橛或在邻近的固定建筑物上抄上标准高程点。大面积场地或地坪上每隔一定距离需钉上水平桩。

（4）确定好土方机械、车辆的行走路线，并应事先经过检查，必要时要进行加固、加宽等准备工作。同时要编好施工方案。

（二）施工程序及要点

机械回填土的施工程序为：在基坑底地坪上进行清理→检验土质→分层铺土→分层碾压密实→检验密实度→修整找平→验收。

机械回填土施工的要点如下所述。

（1）填土前，应将基土上的洞穴或基底表面上的树根、垃圾等杂物都处理完毕，清除干净。

（2）检验土质。检验回填土料的种类、粒径，有无杂物，是否符合规定，以及土料的含水量是否在要求的范围内。如含水量偏高，可采用翻松、晾晒或均匀掺入干土等措施；如遇填料含水量偏低，可采用预先洒水润湿等措施。

（3）填土应分层铺摊。每层铺土的厚度应根据土质、密实度要求和机具性能确定。

（4）碾压机械压实填方时，应控制行驶速度，一般不应超过以下规定：平碾为2 km/h，羊足碾为3 km/h，振动碾为2 km/h。

（5）碾压时，轮（夯）迹应相互搭接，防止漏压或漏夯。长宽比较大时，填土应分段进行。每层接缝处应做成斜坡形，碾迹重叠0.5～1.0 m，上下层错缝距离不应小于1 m。

（6）填方超出基底表面时，应保证边缘部位的压实质量。填土后，如设计不要求边坡修整，宜将填方边缘宽填设置为0.5 m；如设计要求边坡修平拍实，宽填可为0.2 m。

（7）在机械施工碾压不到的填土部位，应配合人工推土填充，用蛙式打夯机或柴油打夯机分层夯打密实。

（8）回填土每层压实后，应按规定进行环刀取样，测出干土的质量密度；达到要求后，再进行上一层的铺土。

（9）填方全部完成后，应进行表面拉线找平，凡超过标准高程的地方，应及时依线铲平；凡低于标准高程的地方，应补土找平夯实。

（10）雨、冬期施工应按雨、冬期季节相关措施进行。

（三）质量检查

（1）土方回填前应清除基底的垃圾、树根等杂物，抽除坑穴积水、淤泥，验收基底标高。如在耕植土或松土上填方，应在基底压实后再进行。

（2）对填方土料应按设计要求验收后方可填入。

（3）填方施工过程中应检查排水措施、每层填筑厚度、含水量控制情况、压实程度。填筑厚度及压实遍数应根据土质、压实系数及所用机具确定。如无试验依据，应符合表3-11的规定。

（4）填方施工结束后，应检查标高、边坡坡度、压实程度等。填土工程质量检验标准应符合表3-12众的规定。

表3-12 填土工程质量检验标准 （单位:mm）

项目	序号	检查项目	允许偏差或允许值					检查方法
			柱基基坑基槽	场地平整		管沟	地（路）面基础层	
				人工	机械			
主控项目	1	标高	-50	±30	±50	-50	-50	用水准仪检查
	2	分层压实系数	按设计要求					按规定方法
一般项目	1	回填土料	按设计要求					取样检查或直观鉴别
	2	分层厚度及含水量	按设计要求					用水准仪及抽样检查
	3	表面平整度	20	20	30	20	20	用靠尺或水准仪检查

（四）安全措施

（1）进入现场必须遵守安全生产六大纪律。

（2）填土时要注意土壁的稳定性，发现有裂缝及坍塌可能时，人员要立即离开并及时处理。

（3）每日或雨后必须检查土壁及支撑稳定情况，在确保安全的情况下继续工作，并且不得将土和其他物件堆在支撑上，不得在支撑下行走或站立。

（4）基坑四周必须设置1.2 m高的护栏并进行围挡，要设置一定数量的临时上下施工楼梯。

（5）配合机械回填土的工人，不得在机械回转半径下工作。

（6）机械不得在输电线路下工作，应在输电线路一侧工作。不论在任何情况下，机械的任何部位与架空输电线路的最近距离应符合安全操作规程要求。

（7）机械应停在坚实的地基上，如基础过差，应采取走道板等加固措施，不得将挖土机履带与挖空的基坑平行2 m内停放或行驶。运土汽车不能靠近基坑平行行驶，防止塌方翻车。

（8）向汽车上卸土应在车子停稳后进行，禁止铲斗从汽车驾驶室上越过。

（9）场内道路应及时整修，确保车辆安全畅通。各种车辆应有专人负责指挥引导。

（10）车辆进出门口的人行道下如有地下管线（道）则必须铺设钢板，或浇筑混凝土加固。

（11）机械不得在施工中碰撞支撑，以免引起支撑破坏或拉损。

（五）应注意的质量问题

（1）按要求测定干土质量密度。回填土每层都应测定夯实后的干土质量密度，只有符合设计要求后才能铺摊上层土。试验报告要注明土料种类、试验日期、试验结论，并由试验人员签字确认。未达到设计要求的部位，应有处理方法和复验结果。

（2）防止回填土下沉。虚铺土超过规定厚度或冬季施工时有较大的冻土块，或夯实遍数不够，甚至漏夯，或基底树根、落土等杂物清理不彻底等原因，都可能造成回填土下沉。为此，应在施工中认真执行《土方与爆破工程施工及验收规范》（GB 50201—2012）的有关规定，并要严格检查，发现问题及时纠正。

（3）回填土夯压密实。应在夯压时对干土适当洒水加以润湿，如回填土太湿同样夯不密实，而呈"橡皮土"现象，这时应将"橡皮土"挖出，重新换符合要求的土再夯实。

（4）在地形、工程地质复杂地区内填方，且对填方密实度要求较高时，应采取相应措施（如采用排水暗沟、护坡桩等）以防填方土粒流失，造成不均匀下沉和坍塌等事故。

（5）填方基土为杂填土时，应按设计要求加固地基，并妥善处理基底下的软硬点、空洞、旧基及暗塘等。

（6）回填管沟时，为防止管道中心线位移或损坏管道，应用人工先在管子周围填土夯实，并应从管道两边同时进行，直至管顶0.5 m以上，在不损坏管道的情况下，方可采用机械回填和压实。在抹带接口处、防腐绝缘层或电缆周围，应使用细粒土料回填。

（7）填方应按设计要求预留沉降量，如设计无要求时，可根据工程性质、填方高度、填料种类、密实度要求和地基情况等，与建设单位共同确定（沉降量一般不超过填方高度的3%）。

第四章 土木工程施工安全突发事件应急管理

第一节 土木工程施工安全突发事件应急管理系统

一、突发事件

（一）突发事件的界定

计雷从广义和狭义两个角度界定了突发事件：从广义上看，突发事件是指在计划之外或认知范围外突然发生、可能损害利益的所有事件；从狭义上看，突发事件是指在一定区域突然发生、波及范围广、威胁人的生命和财产安全的灾难性事件。

赵伟鹏等认为，突发公共事件是一类"超常规的、突然发生的、需要立即处理的事件"。它会对相关的政府组织构成威胁，重大的、涉及面广的突发公共事件还可能使政府组织处于危机状态，因而常把突发公共事件称为"危机事件"。

Gilbert Stork等指出，突发事件指突然发生、可能产生较大的影响和危害、需要立即采取非常规的措施加以应对的事件。

B.D.Phillips等认为，突发事件又称为突发公共事件，一般会造成较多人员伤亡、导致较大财产损失，或者破坏生态环境、威胁公共安全，应当实施紧急处置手段，消除危机，避免事态扩大。

欧洲人权法院认为，公共紧急状态是影响国民、威胁社会的危险局势。美国联邦应急管理署（FEMA）界定了突发事件：在美国境内发生、需要联邦政府支援、以地方政府为主，抢救人员、维护公共安全、减轻灾难损失的紧急事件。综上所述，随着事物内在矛盾的积累，突发事件（突发公共事件）是矛盾由量变到质变而突然发生，对正常秩序或利益造成严重威胁的破坏性事件。为避免或减少其造成的损害，防止演变成大规模的危机，必须迅速决策，果断处理。

（二）突发事件的分类

国务院发布的《国家突发公共事件总体应急预案》，依据突发事件的成因、性质、演化机理，将其分为以下几类：

1.自然灾害

突发性自然灾害是由不可抗拒的自然原因或者人为破坏导致生态环境失衡造成的，主要包括干旱、洪涝等灾害，台风等气象灾害，滑坡、泥石流等地质灾害，以及森林火灾、海啸、地震等灾害。

2.事故灾难

事故灾难是发生在人们生产、生活中的意外事件，给人身和财产造成损失，迫使进行着的生产、生活活动暂时或永久停止。其主要包括安全事故（公共场所、工程建设领域）、公共服务设施及设备事故（供气、供电、供水故障）、交通事故（公路、铁路、民航运输事故）、环境污染（水污染、大气污染、固体废物、核辐射）和生态破坏事故。

3.公共卫生事件

公共卫生事件是指突然突然发生,造成或者可能造成严重影响公共健康和生命安全的传染性疫情、群体性不明原因疾病、重大食物和职业中毒以及其他严重影响公众健康的事件，主要包括瘟疫、动植物疫情、未查明原因的群体性疾病、传染病、职业伤害、食品卫生和安全等。

4.社会安全事件

社会安全事件是指威胁经济健康发展、国家安全、社会稳定的突发事件，主要包括大规模群体性事件、重特大恶性刑事案件、恐怖活动、市场经济安全事件（诈骗、洗钱、金融犯罪、经济犯罪）、涉及外交和国家安全的突发事件。

（三）突发事件的特点

1.突发性

突发事件最显著的特点是突发性，瞬间产生，迅速发展，从萌芽、发生、发展到持续的高潮，周期很短，进程很快，如迅雷不及掩耳。由于突发事件是瞬间产生的，事先没有明显的征兆，因此人们没有充分的思想准备，产生恐慌，来不及处置，导致突发事件蔓延，危害扩大。

2.连锁性

社会是一个有机的系统，事物之间紧密地联系着。随着突发事件逐渐地蔓延，影响范围扩大，事态越来越严重，初始的突发事件可能会转化为其他类型突发事件，初级灾害可能会诱发次生灾害，产生连锁反应，使事件本身不断扩大，难以预测演变的结果。因而，突发事件发生后，必须采用果断措施控制事态，避免产生次生、衍生灾害。

3.紧迫性

突发事件的演变非常迅速，处置的机会稍纵即逝，在有限的时间里依靠有限的信息研判突发事件的规模、波及范围，做出应急决策方案，调动应急救援力量和资源，进行应急响应、应急处置，控制事态发展，避免事态扩大，避免波及其他领域。如果处理不及时，就会产生连锁反应，带来更严重的生命财产损失。

4.危害性

突发事件由于是突然发生的，人们来不及做出反应，无法及时有效处置，从而导致不同程度的人身伤亡、财产损失、环境破坏或政治影响，扰乱了正常的生产生活和社会秩序，并且可能会对人的心理和精神造成伤害。

5.不确定性

通过偶然的契机诱发，事物内在矛盾在由量变到质变的爆发式飞跃过程中产生了突发事件。由于契机的偶然性，突发事件的时间、地点及发生状况随机产生、难以预测。突发事件发生时，由于信息不及时、不全面，人们对其性质难以做出客观的判断，难以把握事件的发展方向，无法对其次生、衍生灾害及波及范围进行准确研判，后果难以预料。

6.关注性

突发事件关系到一些人或一些社会群体的切身利益，特别是出现自然灾害、公共卫生事件和社会安全事件，更易引起公众的共鸣和关注。

（四）突发事件的机制

对突发事件发展演化的内在逻辑进行研究，寻觅孕育危机的线索，准确认识其规律，找到其运行的基本脉络，把握其发展演化的推动力，从而从根源上防范和处置突发事件。突发事件的机理包括发生、发展和演化机制。

1.发生机制

风险隐患因素由小到大、从量变到质变，突破临界值，最终不可避免地爆发风险事件。在此过程中，风险源具有隐蔽性，很难引起人们注意。这种隐患因素可能是自然的，也可能是人为的。此外，从系统动力学角度看，刚开始是一些因素在扰动，加上许多中间性事件的积蓄，到最终爆发，可视为一个渐进的过程。

2.发展机制

在一定区域、一定范围内，从时间、空间、程度上改变事件的性质、类别、级别、范围和区域等特征的变化过程。突发事件在发展进程中，内部（风险源、隐患排查等）、外部（地势、环境、气候等）影响因素众多，内外部因素共同作用，一起推动或阻碍风险源往前发展，具有高度的不确定性，无法提前预料。

3.演化机制

突发事件的演化机制是指事件在发生发展过程中性质、类别、级别、范围、区域和物质化学形式等特征的变化过程，形式大致分为耦合、衍生、转换和蔓延，这几种都会引起次生或衍生灾害，导致事态的扩大、危害的加剧。

二、应急管理基础理论

（一）应急管理的内涵

计雷等认为，在突发公共事件应对中，着眼于减少损失、防止事态扩大而进行的一系列管理行为，称为应急管理。在突发公共事件爆发前，监测风险源，及时开展预警，对风险进行有效控制。在突发公共事件爆发后，分析起因、演变过程及后果，优化应急决策方案，集成、调度各方资源，共同应对突发公共事件。

赵淑红认为，面向突发灾难性事件，在已经造成的损失和灾难后果基础上的管理，称为应急管理，主要研究预防、准备、响应和恢复。一般情况下采取措施避免事件蔓延、最大限度减少损失，但很难做到既不增加成本又能恢复到正常状态。

池宏认为，在突发事件整个生命周期，即爆发前、爆发后、消亡期，采取有效的手段，对突发事件进行干预、管控，挽回其造成的负面影响。

郭济等指出，应急管理是为处置突发公共事件而采取的一整套有目的、有计划、有组织的管理活动，目的是防范和应对各类突发公共事件，避免或降低危害。

在突发事件爆发前、爆发后，以及消亡期间，通过一系列有效管理活动，采用各种方法、调动各种资源来预防和处理突发事件，恢复正常状态、维持稳定，这一过程称为应急管理。

1.应急管理的主体

应急管理的主体是处理突发事件的人员、组织和机构，包括政府部门，非政府公共部门、企业等私人部门，甚至公民个人。应急管理的客体是处置的对象，即各类突发事件，包括潜在的和已经爆发的突发公共事件。

2.应急管理的目标

应急管理的目标是增强突发事件的预防、预警能力，提高应急响应和处置能力。针对潜在的突发事件，排查隐患，防止爆发，使公共利益避免遭受损失；针对已经发生的突发事件，及时、有效地进行处理，提高应急救援能力，恢复稳定和协调发展。

3.应急管理的特点

应急管理的特点是具有紧迫性和权变性。由于突发事件发展速度很快，可能产生次生和衍生灾害，引起链条效应，这迫使应急反应必须迅速。同时，由于突发事件的实际状况各异，必须根据具体情况制定方案，使应急管理措施适宜、有效。

4.应急管理的过程

应急管理的过程既有爆发后的应急响应、应急救援、应急处置，又有爆发前的预防和应急准备，以及突发事件消亡后的修复与重建，这就决定了应急管理不是权宜之计，而是一个长期、持续的过程。

（二）应急管理原则

突发事件应急管理的基本原则是：居安思危、预防为主，快速反应、准确处置，注重效率、循序渐进，全员参与、有利协调。应急管理根本目的是提高防范和应对突发事件的水平，维护社会秩序和人民群众的生命财产安全，保持社会稳定，为经济社会全面健康发展奠定基础。

1.预防为主，防应结合

把预防摆在首位，将预防和应急联系起来，将突发事件爆发前的常态与爆发后的非常态相结合，宁可备而不发，也不可发而未备。

2.以人为本，降低损失

保障群众生命财产安全、维护社会稳定是应急管理的根本目标，是政府履行社会管理和公共服务职能的体现。要采取各种有效手段和措施，缩小突发事件的影响范围，降低危害。

3.广泛动员，形成合力

若突发事件规模大，单靠一方力量难以应对，因而要充分动员，依靠大众，发挥基层组织、人民团队、志愿者的作用，加强以属地管理为主的应急力量建设，形成协同救援机制，实现灵活机动、有序联动。

4.统一指挥，分级处置

应急行动坚持统一指挥、分级负责、属地为主，有序安排各方救援力量参与应急。结合突发事件的爆发地点、规模、性质、波及范围，确定所需的救援力量和资源。

5.依法治理，加强宣传

完善法律法规，将突发事件的应急管理推上规范化、制度化、法治化轨道，维护公众的合法权益。加大宣传、教育、培训力度，普遍提高大众自救、互救能力，增强忧患意识。

6.加大投入，科技引领

坚持科技引领，加大安全学科领域的科研投入，研发实用型安全防护装置和应急产品。同时，提高风险监测和预警的技术水平，增强突发事件的预防能力，提高科技含量，造就一批应急管理领域的领军型专家，广泛培养科研技术人员，普遍提高安全意识和素质。

（三）应急管理机制

在突发事件爆发前、爆发后、消亡期间所采取的程序化、规范化、制度化的工作方法和举措，称为应急管理机制。从历史经验看，着眼于长期坚持落实各项政策措施，避免短期效应，就必须建立健全包含预警、决策、处置在内的应急管理机制，这是实现长效应急管理的必由之路。

实施的突发事件应对法、发布的国家预案都明确要求建立应急管理机制，实现统一指挥、有序联动、敏捷高效处置突发事件。结合我国国情，应急管理机制相应地分为以下几种：

1.风险监测和预警

对风险源进行监测，排查隐患，有效治理，提前发现隐患、捕捉苗头，进行预警和反馈，防范风险演变为突发事件。

2.应急预案和宣传教育

应急预案和宣传教育是应急管理的基础性环节，也是应对突发事件的有效手段，通常包括应急知识的宣传普及、教育培训、预案编制、预案演练、应急管理的效能评价、风险及隐患的脆弱性评价等。

3.灾情研判和决策

搜集突发事件的基本情况，通过论证、辅助决策等渠道，对突发事件的规模、性质、波及范围进行研判，拟定处置方案，实现科学决策，迅速响应，紧急展开救援，提高应急处置的效率、效果。

4.舆情监控和引导

高度重视突发事件信息发布、媒体应对、舆情监控，占领主流媒体等阵地。突发事件爆发后，应第一时间全面、准确地向公众发布权威信息，正确引导舆论，避免谣言蔓延，并普及安全防护、避险常识。

5.信息共享和传递

在突发事件的应对过程中，信息是一切决策的前提。必须坚持信息先行，构建信息搜集、共享、传递机制，整合突发事件管理信息技术系统，广泛推动基层信息搜集力量建设，拓宽信息搜集途径，统一信息报送形式，实现信息技术系统互联互通，使信息在第一时间得以共享。

6.广泛的社会动员

在乡镇、社区，广泛动员社会力量参与应急处置，开展自救、互救，协助地方进行安全疏散、心理疏导、医疗救护、卫生防疫等工作。

7.善后处置和恢复重建

突发事件得到初步控制后，应开展善后处置，进一步降低损失，恢复正常的生产、生活，保持社会秩序稳定，将非常态的应急转为常态的日常管理。

8.调查评估

突发事件应急全部结束后，及时展开调查工作，评估灾害损失，评估应急管理的成效，查找问题，发现薄弱环节，提出改进举措，推动应急管理能力持续优化改进、完善提高。

9.应急资源保障

对应急处置过程所需要的应急资源进行排查摸底，细化不同的应急资源分类，建立应急资源储备库，合理布局，形成调运机制，规范日常生产、储备、运输、配送管理，科学配置应急资源的供给和需求。

三、风险管理基础理论

（一）风险管理原则

国际标准化组织发布的《风险管理原则与实施指南》，即ISO 31000风险管理标准，搭建起风险管理的通用框架，提出风险管理的指导方针、基本原则，普遍适用于各类风险管理活动。

1.风险管理呈现动态性

由于内部、外部环境的变化，既会出现新的风险，而老的风险也在不断发生变化，有的风险会变大，也有的风险会消亡。因而，必须实施动态的风险管理，通过持续地监测，密切关注风险的发展变化，实现对风险的有效掌控。

2.风险管理与应急管理系统的持续改进一脉相承

ISO 31000给出了风险管理框架、风险分类归纳、风险因素识别，实施风险监测、监督检查等思路，应着眼于提高风险管理的针对性、有效性，还要对风险管理体系进行检查、评估，并进行动态调整、改进，使风险管理体系更加成熟、高效，这与应急管理系统的持续改进思路相符。

（二）风险因素识别

风险管理的第一步，就是搞清楚存在哪些风险，对监测对象的风险因素进行识别，明确风险来源。这是开展风险监测、采取防范措施的基础性工作。

（1）查明影响项目的风险因素类型、性质、发生时点和部位。

（2）把握常见的风险特征及风险赖以生存的条件。

（3）分析上述风险的规律，判定风险的大小和后果严重程度。

（4）选择风险管理对策，并进行优化。

随意的、盲目的风险管理，起不到实质性效果，反而浪费人力、物力、财力。进行客观、准确的风险因素识别，依赖于科学的方法。常见的方法有情景分析法、Delphi法、头脑风暴法、核对表法等，需要结合实际进行选用。

（三）风险评估度量

风险因素识别是从定性角度认识风险，然后通过分析、评估风险，实现风险的定量化，把握风险的大小和后果，从而准确抓住诸多风险中的主要因素。针对这些重点风险因素，采取有针对性的风险管控策略，提高风险管理效率，减少资源浪费。风险评估度量的主要流程如下所述：

（1）分解风险单元，判定风险爆发概率，并进行定量分析；

（2）分析风险爆发导致的后果，以及对项目造成的影响；

（3）对单一风险因素进行定量分析，研究多项风险共同作用，以及对项目目标的影响；

（4）把风险度量作为预警的依据，制定风险管控策略和措施。

（四）风险预警思路

作为一个全面、完整的体系，风险管理的最终落脚在预警上。风险因素识别、分析、评估的结果，在项目中的实际应用，就体现于预警。风险预警的基本思路如下所述。

1.搜集风险信息

采取专业方法和手段，搜集风险信息，并进行整合、分析，这是风险管理的基础性工作。如果搜集的风险信息不全面、不准确，风险管理的有效性就得不到保证。

2.风险分析

对搜集的风险信息进行分析，判定爆发的概率和后果。风险分析是将风险因素进行定量化，据此对比诸多风险因素的危险性大小，找出重大风险。风险分析结果必须科学、正确。错误的风险分析结果将会触发误预警，导致资源浪费。

3.预警发布

根据警情分级标准，将风险分析结果形成预警信息，通过多种渠道和手段，传达给项目参与人员，提示他们做好应对工作。

4.风险管控

制定与风险规模和等级相适应的风险管控方案，进行风险决策，实施风险管控方案，排查风险源，消灭潜在的风险。

5.预警反馈

跟踪隐患排查结果，督查风险管控方案的落实情况，并反馈给项目领导层。当风险得到有效管控，项目处于稳定状态时，解除预警；当风险出现变异，需要变更管控方案时，及时调整风险管理手段，避免风险蔓延、扩大。

四、大型土木工程施工安全突发事件

界定大型土木工程的范畴，概括大型土木工程的共性特征，探讨大型土木工程施工安全突发事件的内涵、分类、特性，为大型土木工程施工安全突发事件应急管理研究储备基础理论、提供学理支撑。

（一）大型土木工程的界定

为准确界定大型土木工程的内涵和外延，应先明确项目的基本概念。学术界和实践中，对项目有许多定义，普遍认可的是由美国项目管理学会提出的，即项目是指为了完成一个特定的产品或服务而付出的一次性努力。

国内工程管理方面的学者认为，大型土木工程，顾名思义，是指投资规模巨大，系统较为复杂，独立核算成本，统一进行项目管理，建成后独立发挥功能的工程项目。值得注意的是，从时间和空间角度上去考虑，所谓"投资巨大"只是一个相对的概念，并非绝对的概念。

一些专家指出，一般而言，大型土木工程是指建设规模宏大、技术要求高、涉及面广、结构联系紧密、关联度高、施工难度大、前沿技术和知识密集、参建单位多、建设环境复杂，对社会经济发展具有重大持续性影响的一类大型项目。

综上所述，大型土木工程是设计并建造规模庞大、门类众多、功能齐全的各类工程设施的总称。大型土木工程项目一般投资高、周期长、工程量大、结构复杂、施工难度大、安全风险高，常见的有高层建筑、特大桥梁、地下建筑、地下隧道、复杂的管线、巨型水坝、深水港口、大型给排水场站和管道等。

对最常见的三类大型土木工程，即大型房屋建筑工程、大型桥梁工程、大型地下工程（地铁），展开研究。

（二）大型土木工程的特点

在现代社会，大型工程，尤其是投资巨大、技术先进、规模宏大及对社会经济发展有着深远影响的基础性建设项目，不仅极大地改善了人们的生存环境，而且推动着科技的进步、人类社会物质文明的发展。

大型土木工程作为一类特殊的项目，不同于一般的普通工程项目，具有鲜明的特点。从直观上看，大型土木工程高度复杂，具有工程规模大、工序和系统繁多、技术先进、环境恶劣等特点。同时，缜密的系统特性与丰富的内涵外延，也在其施工过程中得以体现。此外，大型土木工程还有以下特点：

（1）对大型土木工程的规划与论证，既要重点审查建筑科学原理和技术上的可行性，考量工程商业价值与经济效益，又要从社会层面对大型土木工程的价值进行全面、综合评价，使经济效益与社会效益高度统一。

（2）开放程度高、与环境的联系更加紧密。这就要求在大型土木工程的立项和设计环节中，注重工程项目与环境融合，并将其作为工程项目管理的一个重要目标。

（3）从系统工程学角度看，大型土木工程的建设目标具有多元性的特点——基本目标只有一个，但具体的目标多种多样，从而形成错综复杂的目标管理体系。在这个目标管理体系中，各个目标所处的阶段、地位不同，赋予的权重也不同。就表达方式而言，有的是定性分析，有的是定量分析，有些目标之间存在相互制约关系，甚至矛盾和冲突。

（4）大型土木工程的立项、设计和施工方案要求严格。因此，要以审慎态度反复进行比对和遴选。即便如此，一般情况下还是不存在"绝对最优解"。这还是因为建设目标的多元性特点，不论哪个方案都只是"非劣解"。从这些"非劣解"中选取最为满意的方案，受建设主体的偏好、理念和价值观的深刻影响。

（5）平衡、兼顾参建各方的利益诉求。大型土木工程项目庞大、工序繁多，主管部门和参建单位很多，有的是住建、安监等政府主管部门，有的是建设单位、设计单位、监理单位，有的是总承包商、分包商、供应商、劳务外包商，这些主体分别代表不同的利益。虽然对大型土木工程项目的基本目标一致，但他们所追求的具体目标各不相同，导致在施工阶段各自从自己的利益出发，产生利益冲突。因此，要充分考虑他们的利益诉求，做到尽量平衡、兼顾。

（6）对参建单位的要求高。大型土木工程结构复杂，不论哪个单位，都会出现知识和经验不足的情况，需要整合资源，形成合力。在此过程中，一些单位暴露出管理控制、驾驭能力的显著欠缺，这就要求各建设单位都要充分做好准备，先整合力量和资源，再实施项目。

（三）大型土木工程施工安全突发事件的内涵

国外研究认为，项目突发事件是在项目的实施过程中，未预料到发生且没有事先做准备，应当迅速做出决策并开展处置的灾难及事故等紧急事件。国内研究认为，工程项目突发事件指的是在偶然状况下突然发生，对项目计划的正常实施产生较大干扰或冲击，给建设目标的实现带来较大不利影响的事件。

大型土木工程施工安全突发事件是在工程建设期内突然爆发，规模较大、波及面广且在社会一定范围内造成负面影响，对施工人员的人身和施工现场的财产构成严重威胁，阻碍、影响建设目标的实现或影响项目正常实施的灾害或事故。其包括以下三个方面内涵：

（1）在偶然时机突然发生，事先不易察觉，难以识别和预测。从概率角度看，发生的概率比较小。

（2）严重影响项目的正常实施或运行，对计划的执行造成冲击。严重时使项目计划中断，或迫使项目计划进行变更，不同程度打乱了原先的计划。

（3）对大型土木工程项目功能，或者建设目标的最终实现，或者参建单位本身，在社会上产生重大负面影响。

大型土木工程的规模、结构特点，决定了施工过程中出现突发事件二搭概率。据不完全统计，工程建设领域的事故灾难大多集中于大型土木工程项目。这些施工安全突发事件不仅种类多、波及面广，而且没有显著的规律。除雨季、夜间等重点时段及临边、临口等重点部位外，施工过程中的任何时间、任何区域都有可能发生事故。高空坠落、机械伤害、物体打击、中毒、基坑坍塌、涌砂冒水、触电等常见事故，在所有大型土木工程项目中都有可能发生。

研究施工安全突发事件离不开系统工程的分析方法。安全系统工程学被称为"问题发现"法，从系统内部出发，探索系统内部各组成部分之间的关联，测查危险源、发生事故的可能性，查明发生途径、发展演化机制，重新构建系统内部结构和运行模式，实现风险的消除或规避，大幅降低事故发生概率。从安全系统工程学的观点看，施工安全突发事件是在由"人—机械—材料—方法—环境"构成的施工作业系统中，某个因素出现问题或几个因素出现不同步、不协调的变化所导致的。任何一起施工安全突发事件的爆发，都是上述因素动态平衡被打破的结果。

（四）大型土木工程施工安全突发事件分类

参照突发公共事件的四大分类，结合大型土木工程的特点，可以得出在施工阶段可能爆发的突发事件有以下几类。

1.根据来源分

根据突发事件的来源，分为来自项目外部、内部的突发事件两类。本书主要研究来自项目内部的施工安全突发事件。

（1）来自项目外部的突发事件，主要包括以下三类：一是自然灾害，包括台风、暴雨、洪水、泥石流、地震、山体滑坡、崩塌、海啸等；二是公共卫生事件，包括食物或饮用水污染，动植物疫情，未查明原因的群体性疾病，传染病等，如SARS、禽流感；三是社会安全事件，包括恐怖活动、大规模群体性事件等，如"9·11"事件。

（2）来自项目内部的突发事件，主要包括施工期间发生的施工安全、用火用电事故，如基坑坍塌、土石方塌方、施工围堰坍塌、高处坠落、物体打击、机械伤害、起重伤害、特种设备事故、火灾、爆炸、溺水、触电、群体性中毒、窒息等。

2.按形成原因分

按形成原因，分为累积爆发型、扩张放大型施工安全突发事件两类。

（1）累积爆发型施工安全突发事件。如同自然界的地震，当其危险源的能量积累到一定程度时，会在瞬间剧烈爆发。这是因为不论什么类型的大型土木工程项目，始终存在一些不和谐、不稳定的因素。最初对大型土木工程项目影响甚微，在某种机制的诱导下，影响将逐渐增大。当不稳定因素的能量积聚达到极限时，就爆发了施工安全突发事件，影响项目的实施和建设目标的实现。例如，某水电站建设项目，在工程勘测阶段，对左岸坝肩边坡没有进行深入调研，地质构造勘测资料不甚清楚，加之在工程设计阶段，没有充分考虑相关防范措施，在基坑开挖、切断结构面时，左岸边坡滑动能量不断积聚，瞬间造成大面积坍塌。虽然没有严重的人身伤害出现，但工程量大幅增加，打乱了原先的施工计划，造成建设工期严重拖延。

（2）扩张放大型施工安全突发事件。大型土木工程各参建单位之间联系紧密，产生耦合作用，如同原子弹爆炸的级联放大效应，使大型土木工程施工中的风险因素加速扩张、放大，耦合带来正反馈，加剧了灾害的传播及灾难的扩大。例如，常见的建设资金短缺问题。一旦资金链断裂，银行、参加预售的购房者等债主不约而同地找上门来，要求还债、退款，这让原本就难以为继的工程项目雪上加霜，致使工程停工。这不仅拖延工期，而且使该楼成为"烂尾楼"。重新建造时，因钢筋混凝土强度下降，可能会发生重大坍塌事故。

（五）大型土木工程施工安全突发事件的特性

大型土木工程建设周期长、难度大，且其影响因素多，更是复杂多变，所以会出现施工安全突发事件频发。虽然爆发的概率并不大，但不易察觉和识别，预防和应对的成本高。一旦爆发，对项目的实施冲击大，严重影响建设目标的实现。一般而言，大型土木工程施工安全突发事件呈现的特性有以下几点：

（1）瞬间爆发。其爆发和发展、演变过程都很突然，全部过程瞬间完成。事前常常毫无征兆，即使有征兆，也非常难发现。这一特性决定了安全突发事件一旦爆发，就很难掌控。

（2）随机性。爆发的种类、时间、地点、程度都是随机的。另外，引发施工安全突发事件的诱因也是随机的，事先根本无法预料。

（3）潜伏性。施工安全突发事件爆发前，各项工序正常进行，看似很平静，实际上危机四伏。潜伏性表现为施工风险和隐患。不论什么建设项目，或多或少都存在安全隐患；只要不消除，就埋下了祸根。

（4）因果性。凡施工安全突发事件发生，均有原因，不会无缘无故产生。大型土木工程非常复杂，项目内外有许多危险源，在一定的时空范围，不同的危险源交织、碰撞、相互作用，共同破坏了工程项目的安全管理体系，使之出现故障，进而失效，最终导致施工安全突发事件。

（5）可防可控。在整个施工过程中，都是人在操作。在这一人为的背景下，给施工安全突发事件的预防提供了条件和前提。也就是说，把人管好了，任何施工安全突发事件都能预防；即便发生，也能有效掌控、应对。

（6）信息不对称。这是经济学上的概念。以此为例恰当地表明施工安全突发事件瞬间爆发，造成信息不充分，不能满足应急需要。特别是在地下工程中，容易形成信息孤岛，地面上的信息高度缺失，无法制订应急方案，更不能确定需要哪些应急资源，需要调集哪一类机械设备。还有一点不可忽视，受利益驱使，施工企业瞒报或缓报事故屡见不鲜，加剧了信息不对称，给抢险救援带来了挑战。

五、大型土木工程施工安全突发事件应急管理

（一）大型土木工程施工安全突发事件的生命周期理论

大型土木工程施工安全突发事件，作为危机的一种，经历潜伏、发展、成熟（爆发）、衰退等时期，即施工安全突发事件的生命周期，不同时期呈现出不同的特征，也就是说，不同时期有不同的外在表现形式。

在潜伏期，施工风险还处于萌发状态，并没有蓄积、迸发出来。施工安全突发事件的本质，是大型土木工程项目本身的平衡被打破。而在潜伏期，内部、外部的不稳定因素尚处于可控、可接受的范围。此时，大型土木工程项目仍处于动态平衡状态。

在发展期，随着时间的推移，不稳定因素逐渐增加、日益活跃，严重干扰现有的安全管理体系，超出可控范围，不稳定因素就会爆发出来，导致施工安全突发事件的发生。在这个时期，不稳定因素逐步积累，一般而言征兆不明显，因而无法推测出爆发的时间、部位，难以预测其破坏程度。如果能够查明这些征兆，并提前采取措施，就可避免爆发施工安全突发事件。

在爆发期，施工安全突发事件的外在表现非常突出，发展、演化进程非常迅速，对大型土木工程项目的破坏随之而来。在这个时期，展开应急响应，调动应急救援力量和资源进行抢险救援，控制影响范围，避免事态扩大，减少人员伤亡和经济损失。

在衰退期，大型土木工程项目逐步恢复动态平衡状态，施工安全突发事件造成的影响大大缩减，事发现场得以清理，伤员得以救治，受损设备和构件得以转移安置。在这个

时期，继续跟踪事态发展，避免出现次生、衍生灾害；开展事故调查，查清原因，明确相关人员的责任，并严肃追究；总结评估应急行动的成效，吸取经验教训，改进应急管理工作。

经历这一系列过程后，虽然施工安全突发事件得到控制，大型土木工程进入新的动态平衡状态，但并不意味着原先的不稳定因素被彻底消灭。此外，新的不稳定因素可能"应运而生"。因而，必须密切关注，防止动态平衡又被打破。

（二）大型土木工程施工安全突发事件应急管理阶段

对于应急管理阶段的划分，国内外学者通常结合危机管理的生命周期理论加以分析。对于危机管理阶段的界定存在着不同的学说：①三阶段模型，从时间序列角度来看，分为危机事前、事中和事后；②四阶段模型，即危机前的预防、准备、突发事件爆发后的应对、应急结束后的恢复四个阶段；③五阶段模型，即信号侦探、探测和预防、控制损害、恢复和学习五个阶段，起初是米特罗夫、皮尔逊提出的，所以也称为M模型。

三种模型的优缺点，决定各自的适用领域和范围。三阶段模型适用于以往的危机管理，仅划分为三个阶段，不能有效覆盖复杂多变的多因素突发事件。五阶段模型的阶段划分过细，将本可以合并完成的任务割裂为两个阶段，显著增加了工作量。四阶段模型则避免了三阶段模型和五阶段模型的不足，阶段划分合理，各阶段任务明确、特色鲜明、重点突出，适用于现代应急管理领域。

四阶段模型通常被称为PPRR，即危机前预防（Prevention）、危机前准备阶段（Preparation）、危机爆发期反应（Response）和危机结束期恢复（Recovery）。美国联邦应急管理署认为应急管理针对突发事件的各个阶段，提出相应的对策和措施，是对突发事件全过程进行的动态管理，将其修正为MPRR，即减缓(mitigation)、准备(Prevention)、反应(response)和恢复(recovery)。结合大型土木工程施工安全突发事件的特点，本书作者采用四阶段模型展开研究。

（三）大型土木工程施工安全突发事件应急管理全过程

结合四阶段模型，大型土木工程施工安全突发事件应急管理全过程相应地划分为四个逻辑阶段，分别为预防、准备、反应和恢复。

1.预防

消除隐患、防范风险，作为应急管理的起点，是避免爆发施工安全突发事件的有效途径。此外，预防还是应急的基础，是应急管理全过程的首要环节，在应急管理中占据重要地位。根据经验和规律，针对可能爆发的施工安全突发事件，综合考虑相关诱因，查找和消灭安全隐患，建立风险监测机制，开展大型土木工程施工风险监测和预警，辨别风险潜伏期的征兆，及时排除隐患，强化现场安全监管，立足长效管理，实现关口前移、超前防范，从源头上遏制风险源，避免爆发施工安全突发事件。

2.准备

应急准备是应急管理过程中的关键环节。针对潜在的风险，为应对施工安全突发事件，提高应急处置能力，有效减小损失而提前进行的各项准备，包括组建专业应急救援队伍，建立应急指挥调度组织，落实相关人员的责任，编制应急预案并进行演习，准备、维护应急设备，以及物资、医疗保障等。其目标是保障施工安全突发事件应急响应所需的人力、财力、物力。

3.反应

应急反应是应急管理中最核心的过程，包括接警、报告险情、启动响应、决策分析、指挥协调、发布权威信息、抢险救援等环节。结合大型土木工程的实际情况，设计应急响应流程。当爆发施工安全突发事件时，立即采取应急行动，搜寻、救助遇险人员，控制险情的扩展，最大限度地避免人员伤亡、降低经济损失。

4.恢复

施工安全突发事件的威胁和危害基本得到控制或消除后，针对事故造成的损失和影响，迅速开展后期处理，包括现场清理、善后处置、恢复施工、重建设施、事故调查、追究责任和总结评估等，逐步恢复到正常状态。在施工安全突发事件消亡期，对其发生原因展开调查，评估本次应急行动的成效，总结经验，吸取教训，杜绝类似事件再次发生，并为下一步开展预防和应急工作做好准备。

预防和准备工作处于施工安全突发事件爆发前，而反应和恢复工作处于施工安全突发事件爆发后。本书将预防和准备整合为"应急准备"，将反应和恢复整合为"应急行动"。

第二节　土木工程施工安全突发事件应急准备

一、大型土木工程施工风险因素的识别

对大型土木工程施工风险进行监测，首先要知道施工过程中存在哪些风险，哪些风险的爆发可能性大、危害大。只有搞清楚风险监测的对象，明确风险来源、衡量风险的大小，才能选定风险管理对策，防范和应对风险。可见，风险管理首先应进行风险因素

识别。

风险因素识别的方法较多，常用的有德菲尔、统计归纳分析、情景分析、头脑风暴等。随意、盲目的风险识别，结论往往是错误的，找不到风险源，就不能对施工风险监测起到实质性作用，反而浪费精力。只有有针对性的风险识别才能作为施工风险监测的依据，因此要严格按照风险监测原则，依靠科学、合理的方法进行风险统计与识别。

为准确识别大型土木工程施工过程中潜在的风险，进一步分析各专业事故的特点，本书采取统计归纳分析的方法。构建的应急管理系统立足于我国土木工程建设现状，反映我国常见、高发的事故类型、特征，故选取的典型案例均为国内的案例。

《企业职工伤亡事故分类标准》（GB 6441—1986）将事故类别划分为20种，常见的有：

（1）物体打击；

（2）机械伤害；

（3）起重伤害；

（4）坍塌；

（5）火灾；

（6）高处坠落；

（7）中毒和窒息；

（8）爆炸。

（一）大型房屋建筑工程施工风险因素的识别

1.大型房屋建筑工程施工安全突发事件类型

住房和城乡建设部公布的房屋建筑工程事故统计分析表明，房屋建筑工程最高发的事故类型是高处坠落。究其原因，可能是列举的案例均为较大事故和重大事故。由此可以推断，在大型房屋建筑工程中，较小事故的事故类型，最为高发的是高处坠落，而在较大事故和重大事故中，坍塌事故最为高发。

2.大型房屋建筑工程的发生原因

技术水平低、检查不足、缺乏施工方案、材料劣质也是上述案例中普遍存在的原因。地质条件差只是引起事故的次要原因，主要原因还是管理不善和违规操作。因此，从大型房屋建筑工程施工安全突发事件的发生原因看，几乎都是主观因素。可以说，几乎100%是责任事故。

3.大型房屋建筑工事故的程发生部位

从发生部位看，模板部位发生的事故最多，模板引起的事故几乎全是倒塌；起重机部位其次，引起的事故几乎全为起重伤害；基坑（包括边坡）和脚手架、卸料平台和井架部位发生的事故也比较多，以塌陷为主。

（二）大型地下工程施工风险因素的识别

以盾构法地铁与隧道工程为例，以下选取的是大型地下工程（盾构法）施工安全突发事件的典型案例。

1.大型地下工程施工安全突发事件类型

在大型地下工程施工安全突发事件类型中，绝大多数为坍塌事故。此外，还有涌水涌砂、物体打击、爆炸和地面塌陷（周边建筑物破坏）事故。

2.大型地下工程的伤亡人数

由于盾构法的施工机械化程度高，因此在该工法下无人员伤亡的事故最多。

3.大型地下工程的发生原因

在盾构法地铁与隧道工程典型案例中，客观原因主要是地质条件恶劣，常见的是流沙土层或土层复杂、土质变化大。

从主观方面看，绝大多数是违规操作，反映出管理不善和技术水平低的双重原因；次要原因是隐患整改不力。相当一部分事故是由于缺乏风险意识造成的，为责任事故。直接因管理不善引起的事故并不多，说明管理不善是引起事故的间接原因。施工方案不合理、安全培训不足也反映出技术水平低和管理不善等问题。

从客观方面看，客观因素都是引起事故案例坍塌的原因。软弱土层、流砂地质是造成事故的主要原因，说明盾构法下塌陷事故高发主要是土层塌陷所致。车辆荷载扰动加剧了软弱土层的不稳定，增加了坍塌的危险性；机械设备使用不当也会在一定条件下加大坍塌风险。在大型地下工程施工过程中，对周边的建筑物会有一定影响。如果周边建筑物本身存在危险因素，则会加大危险性，因此周边存在违章建筑的风险因素虽不常见，但也不能忽视。瓦斯浓度高造成爆炸，也是大型地下工程中的危险因素。

4.大型地下工程发生部位

从发生部位看，主要位于地面。这是因为在盾构机掘进过程中，由于软弱土层承载力不够，造成了地面的不均匀沉降，发生塌陷。其他部位，如洞口、洞中和掌子面上发生事故的概率大体相当。

二、大型土木工程施工风险监测清单编制实证

（一）大型土木工程施工风险监测清单编制方法

大型土木工程种类繁多，涵盖各个建筑门类，在实践中主要包括大型房屋建筑工程、大型桥梁工程、大型地下工程。这三类工程的施工风险相关影响因素各不相同。在风

险识别的基础上，找出施工中潜在的风险、性质、发生时点和部位，把握常见的风险特征和规律，以及风险赖以生存的条件，判断风险产生的可能性和破坏程度，分别编制风险监测清单，为建立有效的风险预警机制打下基础。

风险清单的编制，首先应剖析施工安全突发事件典型案例，进行风险因素识别。在此基础上查阅、参考同类土木工程项目的风险管控措施，依据大型土木工程施工风险统计归纳与识别结论，分类细化风险因素，给出风险因素调查问卷，通过开展问卷调查，研究各项风险因素产生的可能性和破坏程度，筛选风险因素，最终编制成风险监测清单。编制过程如下所述。

1.对施工安全突发事件的常见类型、伤亡人数、发生原因、发生部位进行分类归纳汇总，把握常见的风险特征，揭示其发生、发展、演变规律，从而辨析出潜在的施工危险源。

2.参考同类土木工程项目的风险管控措施。通过资料检索与分析，尤其是同类土木工程项目的风险管理手册、施工安全管理要点、重大危险源管理办法，明确重点监控时段和重点防范部位，这对本书编制大型土木工程施工风险监测清单具有重要的借鉴意义。

3.结合"5M1E"分析法，参考同类土木工程项目风险管控措施，依据大型土木工程施工风险因素识别结论，从人、机械、材料、方法、环境和管理等方面对风险因素进行分类细化，分别编制大型房屋建筑、大型桥梁、大型地下工程（盾构法）地铁施工风险因素调查问卷。

（1）5M1E分析法。

造成质量波动的原因主要有以下六个因素：

①人（Man/Manpower）。操作者对质量的认识、技术熟练程度、身体状况等。

②机器（Machine）。机器设备、工夹具的精度和维护保养状况等。

③材料（Material）。材料的成分、物理性能和化学性能等。

④方法（Method）。这里包括加工工艺、工装选择、操作规程等。

⑤测量（Measurement）。测量时采取的方法是否标准、正确。

⑥环境（Environment）。工作地的温度、湿度、照明和清洁条件等。

（2）质量管理。

①目的。精益质量管理的研究目的是质量、效率、成本的综合改善，基于制造企业质量、效率、成本影响因素的分析，我们可以得出相应的管理重点。

对精益质量管理中的"精益"的研究重点是作业系统，重点是效率改善，其核心工具是"JIT指令"，即实现生产经营各环节间"准确的产品、准确的数量、准确的时间"；"质量"的研究重点是工序，重点是质量改善，其核心工具是"Cpk指标"（过程能力指数）。在"精益"与"质量"研究中均要综合促进成本的改善，并通过自身的改善达到成本的改善。

②作用。针对作业工序的质量改善是精益质量管理的重点之一，是推行精益质量管理的切入点，也是精益质量管理推行成功的前提条件。对制造企业而言，质量是效率的基础，质量也是成本的基础。通过作业工序质量的改善，实现精益质量的基础保障之后，则过渡到作业系统精益的改善，总体实现作业系统和作业工序质量、效率、成本的改善。由于作业系统和作业工序与外围管理的互动关系，通过对作业系统及作业工序的精益质量管理，可进一步实现外围管理系统改善。

③方法。精益质量管理中"精益"的核心工具是"JIT指令"，根据作业系统的构成，JIT指令可逐层分解形成作业系统的JIT指令、各作业子系统JIT指令、各作业工序的JIT指令。JIT指令的特征是要求各作业子系统间的协作，要求各子系统中各作业工序间的协作。"精益"的管理目标是通过各级JIT指令的实现以达到整个作业系统的"JIT"，从订单交付角度看就是要达到订单交付时"准确的产品、准确的数量、准确的时间"的目标，实现客户满意。JIT指令内含产品质量、产品数量、交付时间三个方面要求，向企业生产系统提出了很高的挑战，企业生产系统中的质量保证、效率保证、数量衔接是JIT应用的基础。实施JIT指令必然需要企业对生产作业系统进行评估和优化，即要在准确分析各工序的生产能力、工序能力、资源耗用及价值创造等基础上，优化组合形成保证JIT实现的作业流程。

精益质量管理中"质量"的核心工具是"Cpk指标"，即工序能力评价指数。根据作业系统的构成，Cpk指标在作业工序Cpk指标基础上，根据作业体系构成，形成各作业子系统Cpk指标和作业系统的Cpk指标。Cpk指标是衡量作业工序加工精确度和加工准确度的综合指标。Cpk指标是作业工序质量能力评价的指标，可作为质量的要求，也可反映实际质量状况。Cpk指标是保证JIT实现的重要条件。

JIT的三个方面要求均可借鉴西格玛管理中西格玛水平度量方法进行评价，Cpk指标也可用西格玛水平来近似评价。总体来看，精益质量管理针对效率和质量分别提出了JIT要求和Cpk指标，并可总体用西格玛水平来度量。管理改进的重要基础就是度量，精益质量管理通过对作业系统和作业工序的定量化度量以促进管理改善。

精益生产管理提出了JIT要求，却未借鉴西格玛管理方法对JIT进行度量评价，精益生产提出了为下道工序交付准确的产品，却未结合实际质量状况进行评价和应对。

4.调查问卷编制完成后，征求工程领域的专家和业主、设计、施工、监理单位、具有一定工程实践经验的建筑从业人员的意见。依据他们的从业经验，结合施工实际，对施工风险因素产生的可能性和破坏程度进行评判，计算各项风险因素产生的可能性和破坏程度的均值，将均值乘积开方，得出显著性，从高到低排序，保留显著性达到3的风险因素，剔除3以下的风险因素。

（二）大型地下工程（盾构法）施工风险因素分类细化

以大型地下工程（盾构法）地铁施工为例，对大型土木工程施工风险监测清单的编制展开实证研究，详细探讨大型地下工程（盾构法）施工风险监测清单的编制过程。为全面、准确反映大型地下工程（盾构法）施工风险因素，编者参考同类土木工程项目的风险管控措施，查阅了《轨道交通工程建设风险管理及其应用》《轨道交通安全风险管理》两本专著，以及住房和城乡建设部发布的国家标准，通过资料分析研究，归纳汇总了盾构法地铁施工中常见的风险因素。

在资料检索基础上，"大型地下工程（盾构法）施工风险因素识别的"结论运用"5M1E"，从多个方面分类细化了风险因素。

1.人的因素

（1）安全意识淡薄。

我国施工人员及机械设备操作工与欧美发达国家同行业相比，安全意识淡薄，侥幸心理普遍比较重，对施工风险的征兆视而不见、麻痹大意，这是施工风险中最大、最普遍、最根本的因素，也是最严重的安全隐患。该项因素可细分为：安全意识淡薄、警惕性不强，存在侥幸心理。

（2）身体、精神状况不适。

现场施工人员及机械设备操作工的身体、精神状况不仅影响着工程项目质量，而且直接关系着施工安全。根据工程项目性质和施工特性，对施工全过程进行有效控制，避免施工人员及机械设备操作工带病上岗。该项因素可细分为：精神疲劳、连续作业，精神疾病，身体疲劳、缺氧、生病，酗酒、服用药物，轻度残疾。

（3）未遵守安全操作规程。

施工规范和安全操作规程是施工的基本准则。对于盾构法地铁施工而言，也有不少规范。这些规范主要起引导作用，给设计、施工提供参考，但能否有效执行、执行到位，在工程实践中很难讲。特别在一些分包项目中，时常发生操作不规范甚至冒险施工的现象。该项因素可细分为：缺乏安全生产常识、无证上岗、违规操作、违章指挥、技术考核不合格、机械器具操作熟练程度低。

2.机械因素

在盾构法地铁施工中，主要机械设备是盾构机。机械设备因素主要体现在盾构机和安全防护、维护保养等方面。

（1）机械设备安全防护装置损坏或缺陷。

机械设备很大程度上影响着施工质量和安全。机械设备选型、设置、配置错误，安全保护设施损坏或者存在缺陷，不仅会导致施工质量不合格，更严重的是会引起施工安全突发事件。该项因素可细分为：制动、限位装置失效，安全防护装置损坏。

（2）未按规定使用、维护保养机械设备。

盾构机等机械设备使用频率高，损耗往往比较大，需要经常检修、维护保养。检修工的经验、水平和责任心，决了定检修的质量。对于检查出来的问题，应及时解决，排除安全隐患。该项因素可细分为：违章用电、未按设备的规定接地，设备未及时维护保养，设备超过使用年限。

（3）盾构配置不当。

盾构机中的关键操作，如挖掘顶进、土压维持、挖取土、同步注浆、管片拼装衬砌等，很大程度上影响施工质量和安全。盾构机选型、设置、配置不当，不仅会导致施工质量不合格，更严重的会引起事故。该项因素可细分为：机械设备不够先进，盾构机选型不恰当，盾构刀盘轴承失效，盾构推进压力低，盾构机推进系统无法运转，液压系统漏油，千斤顶行程、速度无显示，盾构内气动元件不运作，盾构机导向器偏差。

（4）设计、制造、安装存在问题。

机械设备的设计、制造、安装单位资质是否核验，功能用途、适用条件与施工现场条件和工程项目特点是否相符，是否按设计图纸进行制造、安装、试运行，决定着机械设备的安全使用。该项因素可细分为：未核验设计、制造、安装单位资质，机械设备与现场作业条件不匹配，未按工程设计参数试运行。

3.材料因素

在盾构法地铁施工中，材料问题主要体现在原材料、注浆和管片衬砌上。

（1）钢筋、水泥、集料等主材不合格。

主材对施工质量和施工安全起着重要作用。如果材料本身就是次品，不仅施工质量得不到保证，而且在施工过程中，已完成的工程、构件由于质量不合格，容易发生坍塌，威胁施工人员的人身安全。该项因素可细分为：钢筋不合格，外观存在裂纹、锈蚀、损伤，钢筋力学性能不符合标准，钢筋脆断、焊接性能不良，钢筋化学成分检验不合格，水泥出厂合格证、检验报告不齐全，水泥出厂合格证不完整，未标明工厂名称、生产许可证号、品种、名称、代号、强度等级、生产日期和编号，水泥强度、凝结时间和安定性检验不达标，集料出厂合格证、检验报告不齐全，石子颗粒级配不达标，含泥量超标，针、片状含量检验未通过，材料进场后的检验未出试验报告。

（2）模板和预制构件不达标。

模板和预制构件直接关系着施工安全，如果强度、刚度低，达不到设计标准，则容易失稳，进而引发连续性坍塌。该项因素可细分为：模板选用未经监理批准，模板工艺不先进，预制构件未达到设计标准。

（3）混凝土不达标。

混凝土原材料不合格，配合比没经过验算、校正，导致混凝土强度不足，已完成的工程容易发生坍塌。该项因素可细分为：高强度混凝土石子压碎不满足要求，商品混凝土证件不全、强度不达标，混凝土和易性、坍落度、强度不达标。

（4）管片衬砌和注浆不过关。

例如，管片生产强度较低，达不到设计标准，防水、抗渗等性能不符合工程实际；注浆采用次品材料，配合比没经过验算、校正，浆体质量不满足要求。该项因素可细分为：管片衬砌质量不满足设计要求，注浆材料、配合比不符合设计。

（5）防水、支撑材料不达标

防水、抗渗等性能不满足工程实际需要，支撑的强度及稳定性不符合设计要求，一旦出现支撑失效、围岩坍塌，将引发严重事故。该项因素可细分为：防水材料不达标，支撑材料不符合规定。

第三节　土木工程施工安全突发事件应急行动

一、大型土木工程施工安全突发事件抢险救援

抢险救援是在施工安全突发事件爆发后，为及时营救遇险人员，转移机械设备和构件，控制火灾、爆炸、有毒物质泄漏蔓延，避免事态扩大而采取的一系列行动。其目标是最大限度地减小波及面，降低人员伤亡、财产损失、环境污染。

抢险救援作为应急响应的核心环节，主要任务包括遇险人员搜救、机械设备转移、次生灾害防范三大类。应急响应的所有工作都围绕这三大任务展开。但并不是所有施工安全突发事件的抢险救援均包含这三大任务。有的包括其中两项；有的是小规模事故，无人员伤亡，只有受损机械设备和构件转移一项任务。

抢险救援的三大任务，寓于应急响应流程中。也就是说，虽然大型土木工程门类广，施工安全突发事件更是种类繁多、千差万别，不同种类的抢险救援重点、难点、方法、手段大相径庭，次生、衍生灾害形式也不一样，但从目标看，都归结为这三大任务，都围绕着应急响应流程这条主线展开。因此，结合这三大任务各自的目标，紧紧围绕应急响应流程，对遇险人员搜救、机械设备转移、次生灾害防范分别展开研究，设计各自的流程。

（一）遇险人员搜救

坚持以人为本，抢险救援以解救被困人员、医治受伤人员为首要任务。在大型土木工程施工现场，确定事发部位后，首先探测生命迹象，搜寻遇险人员，根据生命体征判断是否死亡。如存活，解救出来使其摆脱困境后，立即就地实施紧急医疗救助，视伤情转运到医院进一步治疗；如已经死亡，配合公安机关确认身份、鉴定死因，做好家属的安抚工作。对事发现场进行消毒、卫生防疫，妥善安置事发现场施工人员。

（二）机械设备转移

施工安全突发事件往往会对施工现场的机械设备、半成品、预制构件等工程设施和在建工程造成破坏，应及时对其进行转移、修复。如果不及时转移并妥善安置，当发生次生、衍生灾害时，将遭受更大的破坏，蒙受更重的经济损失。

施救人员抵达事发部位后，实地查看机械设备、半成品、预制构件等工程设施和在建工程的受损情况。如果受损，对于活动的、可拆卸的，转运至安全地带予以修复；对于固定的、不可拆卸的，视情就地抢修或者清理后重新建造。如果未受损，则派专人负责监视，防止遭受次生、衍生灾害。受损机械设备、半成品、预制构件转移后应及时修复。

（三）次生灾害防范

施工安全突发事件爆发后，往往会引发一系列相关的灾害，也就是相伴而生的灾害。尤其是重、特大施工安全突发事件，一般都将形成灾害链，如同"涟漪效应"，波及更广范围、殃及更多部位。

防范次生、衍生灾害，最重要的是对重点部位、重点时段展开不间断的严密监视，辨析危险因素，摸清其发展、演变规律，及时预警，排除隐患。具体来说，无论施工安全突发事件是否带来次生、衍生灾害，都要安排专人24小时全天候严密监视，根据险情发展变化情况，分析潜在的危险源及酝酿中的危险因素，研判其产生概率，调整监测的密度和频次。一旦发现苗头性信息，及时展开预警，排查隐患，采取措施消灭危险源。如果次生灾害被严格控制，应尽快清理现场、恢复施工；如果次生灾害不可避免地产生，应迅速调集力量展开抢险救援。

二、大型土木工程施工安全突发事件的信息报送和媒体应对

大型土木工程施工安全突发事件规模大、程度深、波及面广，一旦爆发，都将引起社会各界的广泛关注。实际上，不论启动哪个级别的应急响应，都要向住建、安监等主管部门上报信息，还要向社会公开发布信息，接受媒体采访。

建筑安全生产事故应急经验表明，在社会舆论和媒体的密切关注下，只有果断迅速处置、新闻宣传和信息发布得当，才能打消人们的疑虑，避免成为破坏社会稳定的因素，降低对建筑行业的负面影响。如果谎报、瞒报或者信息发布不及时、不充分、不准确，社会谣言四起，不仅严重影响政府和住建、安监等主管部门的形象，而且破坏施工企业的声誉。任流言蜚语滋生、蔓延、扩大，可能会酝酿为一场危机。

因而，如何与新闻媒体和社会公众沟通，建立畅通高效的信息传递、新闻发布机制，发布权威的险情信息和救援动态，反映舆情民意，解答公众质疑，回应社会关切，是亟待解决的重要课题。

三、信息报送和媒体应对现状

分析信息报送和媒体应对现状，不能仅仅站在施工企业角度，因为新闻宣传是一项政策性很强的工作，始终在党和政府的领导下开展。因而，需要从政府、住建、安监等主管部门、施工企业、新闻媒体等方面，整体上剖析存在的问题，探索解决途径。

（一）信息传递渠道有限

当前，不论是政府、住建、安监等主管部门，还是施工企业，信息传递渠道都比较有限。现行的渠道主要是上下级之间的纵向传递，上级政府的信息主要来自下级政府，下级政府从施工企业获取，施工企业从应急办、项目部获取。

（二）信息发布滞后

在应急响应、抢险救援过程中，由于社会高度关注，必须第一时间准确发布施工安全突发事件的概况和抢险救援的进展情况。然而，我国突发事件应急信息共享机制尚未形成。平时，政府、住建、安监等主管部门，施工企业之间的信息交流共享零散无序，各自为战，大多依靠自己主动搜集信息，难以掌握其他方面的情况；与此相反，施工安全突发事件爆发时，来自四面八方的信息数量激增，政府、住建、安监等主管部门、新闻媒体疲于接收信息，难以从杂乱无章的海量信息中捕捉到自己所需的内容，进而无法掌握事发现场的真实情况，导致信息发布滞后。

四、信息报送和发布的基本原则

在媒体业高度发达的今天，施工安全突发事件爆发后传播速度快，有时甚至在当地政府、住建、安监等主管部门获知信息前，媒体就已经发布。此时，媒体的新闻报道缺乏专业性和权威性，容易滋生谣言，影响社会舆论，使政府、住建、安监等主管部门陷入被动状态。因此，施工企业应当及时上报、及时处理、及时发布，在信息发布与媒体应对上始终处于主导地位。这种化被动为主动的姿态可以在媒体沟通中展现良好形象，从一开始就控制信息传播的来源，引导社会对事故的舆论导向，为后期的新闻发布打下基础。

大型土木工程施工安全突发事件爆发后，施工企业应第一时间向住建、安监等部门报告。在应急响应过程中，必须充分利用媒体的公信力，通过媒体及时、如实发布施工安全突发事件基本概况和抢险救援进展情况，达到信息公开透明、增进理解互信的目的，实现施工企业及项目部与媒体、社会公众之间的沟通互动，解答公众疑问，回应社会关切。

（一）如实报送、发布险情信息和救援动态

施工安全突发事件爆发后，第一时间如实向当地住建、安监等主管部门报送险情信息和现场救援动态，接受主管部门的调遣。在住建、安监等主管部门的指导下，施工企业应急管理办公室拟定新闻通稿。通常情况下，当地电视台、报社、政府官方网站等新闻机构派记者到达现场了解相关情况。这些传统媒体作为事发现场与公众沟通的主要纽带和平台，施工企业应充分利用其权威性、公信力，通过报刊、广播、电视等传统媒体发布。

（二）主动占据新媒体阵地

当代社会，新媒体日益发达，成为公众特别是年青一代的重要交际手段和媒介。相比传统媒体，新媒体对信息的真实性把关不够严谨，容易滋生谣言，因而施工企业应主动占据信息源头，建立官方的微博、微信、论坛账号，发布权威的官方消息，遏制谣言的产生与传播。由于施工安全突发事件的特殊性，慎重选择新媒体渠道，既不能到处宣扬，又不能处处保守，等权威信息正式发布后，再由新媒体转载。

（三）多媒介、多渠道组合式发布信息

施工安全突发事件爆发后，施工企业应积极通过传统媒体发布信息，除传统媒体外，还应重视微博、微信等新媒体渠道，占领新媒体信息发布阵地，根据舆论传播特点，采取多媒介、多渠道组合式发布，增强传播效果。可将新媒体作为信息发布的先行军，以概括性、权威性的口吻发布简要消息，同时组织传统媒体深入采访报道，发布详细的施工安全突发事件概况和抢险救援进展情况，实现新媒体与传统媒体二者相结合，优势互补。如此，不仅在大的社会环境下保持透明，在小的媒体渠道中也保持领先，从根源上切断了谣言的产生和蔓延。

五、与新闻媒体合作的基本思路

施工企业同新闻媒体的合作，贯穿应急管理工作始终，不仅体现在日常施工安全管理中，更重要的是体现在施工安全突发事件的处置过程中。将舆论引导、媒体合作纳入施工

安全突发事件应急响应全过程，既满足了媒体深度报道的需要，又满足公众对事态关注的需求。施工企业与媒体合作的基本思路有以下几点：

（1）准备在先、关注舆情。设立宣传职能部门。施工安全突发事件爆发后，立即启动应急预案，按照有关新闻发布的规定，做好接受各类媒体采访的准备，同时注重社会舆情、媒体信息的收集，为下一步举行新闻发布会做好准备。

（2）把握先机、引导舆论。对前来采访的媒体不能回避、拒绝，要主动接访，并区别不同情况。通过发布新闻通稿、接受记者采访、召开新闻发布会等形式，将施工安全突发事件的初步核实情况、应对措施和公众避险常识等信息提供给媒体，使媒体到达事发现场后就能迅速了解真相，做出比较客观的报道，杜绝炒作、失实报道。充分利用主流媒体、以施工企业为主不间断地发布信息，以掌握新闻舆论的主动权。

（3）增信释疑、赢得支持。踏准信息发布节奏，不仅通过召开新闻发布会对施工突发事件做出权威、准确的定性，而且根据险情的发展演变情况，适度调整与媒体的合作形式，通过媒体发布抢险救援的最新进展，赢得公众的理解、支持与配合。

六、信息发布渠道和发布方式

基于传统媒体的公信力、权威性，公众对传统媒体的期望值和信赖度普遍较高。所以，在施工安全突发事件爆发后，施工企业及现场临时指挥部要积极面对，主动与传统媒体接洽，占领新媒体阵地，及时、如实、准确地发布信息，对专业性强、公众普遍关心的问题进行解读，解释疑惑，满足公众知情权，有效缓解社会公众、施工人员家属的恐慌情绪，避免谣言产生及传播，从而把社会舆论引导到有利于危机解决的方向上来。

另外，施工安全突发事件由于其特殊性，其信息不得不公布于众，又不能大肆宣扬，因此既要把握好信息发布的"度"，又要选择合适的发布渠道。

（一）信息发布渠道

施工企业应急管理办公室是信息发布的责任主体，负责跟踪抢险救援的进展情况，采集现场图像、文字资料，拟定新闻通稿，统一宣传口径，通过传统媒体和新媒体对外发布信息。以住建、安监等主管部门的门户网站和施工企业的官方网站及主流媒体为依托，建立权威、公开、顺畅的信息传播渠道，及时、如实地发布施工安全突发事件信息，避免谣言滋生、蔓延。召集主流新闻媒体的记者举行新闻发布会，集中发布权威信息，解释疑惑，回答公众和媒体的提问。

信息发布渠道仍以传统媒体为主。随着社会的发展和媒体自身的进步，媒体渠道不断增多，尤其是近年来以微博、微信为首的社交媒体迅猛发展，使得网络舆论成为继新闻、论坛之后的又一新兴传媒集散地。因而，大型土木工程施工安全突发事件信息发布应充分利用这些新兴媒体渠道，及时、准确地发布信息。

（二）不同信息发布渠道的优势对比

就信息发布而言，不同的发布渠道、不同的媒体形式，其适用范围和效果都不一样。因此，需要对各类媒体的发布方式、发布内容、发布间隔等进行分析，掌握其特点和优势，面向不同的受众，选择恰当的信息发布渠道，及时发布施工安全突发事件的基本概况和抢险救援进展情况，达到良好的新闻发布效果。

（三）信息发布方式

在施工企业内部建立信息上报和发布机制，项目部应当及时编报信息，向施工企业报告。坚决避免出现迟报、漏报现象。对瞒报、谎报的当事人，应当严肃处理，追究责任。在现场临时指挥部内，设置新闻宣传（信息发布）组作为权威信息发布机构，明确岗位职责、人员组成、信息发布渠道、信息上报和共享流程，密切关注舆论动态，提出舆情引导建议，供指挥部决策。

在抢险救援过程中，经过批准，可组织媒体深入事发现场，拍摄现场画面，记录现场情况，既实现了与媒体的沟通互动，又能录制事发现场的第一手资料，便于后期事故调查工作的开展。

七、应急公关能力的提升路径

施工企业的应急公关能力作为应急管理能力的重要组成部分，是危机应对能力的具体表现。提高应急公关能力的根本措施是拓宽与社会、媒体的沟通和交流渠道，在沟通的基础上找到有效的公关技巧。主要有以下四点。一是推进政务公开、厂务公开，将安全生产情况详细地公之于众，自觉接受媒体的监督和群众的质询。二是强化安全生产教育培训，普及施工安全操作规程等知识，提高施工人员逃生、避险和自救、互救能力。三是依托宣传职能部门，造就一支熟悉业务、勤于沟通、善于表达的应急公关队伍（平时，不仅关注施工安全管理的现状，而且注重把握施工突发险情的发展变化趋势）四是树立全员公关的理念。所有工作人员都要主动参与公关活动，这样可以促使他们更多地关心施工安全，不断提高自身素质，增强公关意识，从自己的本职工作入手，把公关贯穿于各项工作中，为树立良好的外在形象、从容应对施工安全突发事件打下基础。

新闻宣传工作是施工企业、项目部思想政治工作的重要内容之一，是引导舆论的重要抓手。普遍建立新闻发言人制度，以制度化、正规化的形式，由施工企业应急管理办公室通过新闻发言人向媒体和社会发布险情信息，做出权威的解读，让公众了解施工安全突发事件的概况，起到把握先机、争取主动、引导舆论的作用。新闻发布的政策性、业务性比较强，对新闻发言人的心理素质、政治素养和业务本领要求高。施工企业应当从本单位内部遴选1～3名讲政治、懂业务、有经验、守纪律的职工担当新闻发言人，优先选用宣传职能部门的负责人。作为新闻发言人，应当具备良好的语言表达能力，熟悉大型土木工程施工业务，熟练运用新闻发布技巧，把自己想表达、社会普遍关心的问题完整地介绍清楚。不论采取怎样的问答形式，不论面对上级机关还是新闻媒体，都要从容应对，在重大问题上不失语，避免场面失控，确保发布会顺利有序进行。

第五章 土木工程建设监理程序和基本方法

第一节 工程项目监理的基本程序

工程项目实施监理的基本程序分为四个阶段，九个步骤。四个阶段为：委托、准备、实施、总结。九个步骤是：①制定监理大纲（方案）；②签订监理合同；③决定总监理工程师，建立监理班子；④熟悉工程情况，收集有关资料；⑤制订监理规划；⑥编制实施细则；⑦开展监理工作；⑧监理工作总结；⑨建立工程建设监理资料。这里提出的监理程序，都必须遵守，但根据工程的重要性和规模大小的不同，各个阶段和每个步骤的工作内容有所择重和详简，做到具体工程作具体分析。

一、监理委托前的工作

（一）制定监理大纲

监理大纲（方案）是社会监理单位为了获得监理任务，在投标前由监理单位编制的项目监理方案性文件，它是投标书的重要组成部分。其目的是使业主信服：采用本监理单位制定的监理方案，能实现业主的投资目标和建设意图。进而赢得竞争，赢得监理任务。可见，监理大纲（方案）的作用是为社会监理单位经营目标服务的，起着承揽监理任务和保证监理中标的作用。

（二）签订监理合同

建设监理的委托与被委托实质上是一种商业性行为，是为委托双方的共同利益服务的。它用文字明确了合同双方所要考虑的问题及想达到的目标，包括实施服务的具体内容，它所需支付的费用及工作需要的条件等。在监理委托合同中，还必须确认签约双方对所讨论问题的认识，以及在执行合同过程中由于认识上的分歧而导致的各种合同纠纷，或者因为理解和认识上的不一致而出现争议时的解决方式，更换工作人员或者发生其他不可预见事件的处理方法等。依法成立的合同对双方都有法律的约束力。

二、工程监理委托后的准备工作

（一）决定项目总监理工程师，组建项目监理组织

在工程监理准备阶段，监理单位就应根据工程项目的规模、性质，业主对监理的要求，委派具有相应职称和能力的总监理工程师，代表监理单位全面负责该项目的监理工作。总监理工程师对内向监理单位负责，对外向业主负责。

在总监理工程师的具体领导下，组建项目的监理班子，根据签订的监理合同，制定监理规划和具体的实施计划，开展监理工作。

一般情况下，监理单位在承接项目监理任务，参与项目监理的投标，拟订监理方案（大纲），以及与业主商签监理委托合同时，应选派相应称职的人员主持该项工作。在监理任务确定并签订监理委托合同后，该主持人即可作为项目总监理工程师。这样，项目的总监理工程师在承接任务阶段即已介入，从而更能了解业主的建设意图和对监理工作的要求，并更好地衔接后续工作。

（二）熟悉工程情况，收集有关资料

1.反映工程项目特征的有关资料

反映工程项目特征的资料主要有：工程项目的批文；规划部门关于规划红线范围和设计条件通知；土地管理部门关于准予用地的批文；批准的工程项目可行性研究报告或设计任务书；工程项目地形图；工程项目勘测、设计图纸及有关说明。

2.反映当地工程建设政策，法规的有关资料

反映当地工程建设政策，法规的有关资料主要有：关于工程建设报建程序的有关规定；当地关于拆迁工作的有关规定；当地关于工程建设应交纳有关税费的规定；当地关于工程项目建设管理机构资质管理的有关规定；当地关于工程项目建设实行建设监理的有关规定；当地关于工程建设招标制度的有关规定；当地关于工程造价管理的有关规定等。

3.反映工程所在地区技术经济状况等建设条件的资料

反映工程所在地区技术经济状况等建设条件的资料主要有：气象资料；工程地质及水文地质资料；交通运输（包括铁路、公路、航运）可提供的能力，时间及价格等的资料；供水、供电、供热、供燃气，电信有关的可提供的容（用）量，价格等的资料；勘测设计单位状况；土建、安装施工单位状况；建筑材料、构件、半成品的生产及供应情况；进口设备及材料的有关到货口岸、运输方式的情况等。

4.类似工程项目建设情况的有关资料

类似工程项目建设情况的有关资料主要有：类似工程项目投资方面的有关资料；类似工程项目建设工期方面的有关资料；类似工程项目的其他技术经济指标等。

（三）制定工程项目的监理规划

工程项目的监理规划，是开展项目监理活动的纲领性文件。

（四）制定各专业监理细则

在监理规划的指导下，为具体指导投资控制、质量控制、进度控制的进行，还需结合工程项目实际情况，制定相应的实施性计划或细则。

三、监理实施阶段

开展监理工作具有如下特点：

（一）工作的时序性

监理的各项工作都是按一定的逻辑顺序先后展开的，从而使监理工作能有效地达到目标而不致造成工作状态的无序和混乱。

（二）职责分工的严密性

建设监理工作是由不同专业、不同层次的专家群体共同来完成的，他们之间严密的职责分工，是协调进行监理工作的前提和实现监理目标的重要保证。

（三）工作目标的确定性

在职责分工的基础上，每一项监理工作应达到的具体目标都应是确定的。完成的时间也应有时限规定，从而能通过报表资料对监理工作及其效果进行检查和考核。

（四）保修阶段的监理预测性

作为一种科学的工程项目管理制度，监理工作应规范地实施，还要遵守：保修阶段的监理工作预测性：工程交付使用时，作为监理工程师，要协助设计、施工单位，向使用单位提出在工程使用时的注意事项，预测可能出现的问题，提出解决预防的措施和方法。

四、监理工作总结

第一部分是向业主提交的监理工作总结。其内容主要包括：委托合同履行情况概述，监理任务或监理目标完成情况的评价，由业主提供监理活动使用的办公用房、车辆、实验设施等清单；表明监理工作终结的说明等。

第二部分是向社会监理单位提交的监理工作总结。其内容主要包括：监理工作的经验，可以是采用某种监理技术、方法的经验，也可以是采用某种经济措施、组织措施的经验，以及签订监理委托合同方面的经验，如何处理好与业主、与承包单位关系的经验等。监理工作中存在的问题及改进的建议，用以指导今后的监理工作，并向政府有关部门提出政策建议，不断提高我国工程建设监理的水平。

第二节　工程建设监理委托合同的形式和内容

一、监理委托合同的四种基本形式

常见的监理委托合同有如下的基本形式：根据法律要求签订并执行的正式合同；比较简单的信件式合同；由委托方发出的监理委托通知单；标准合同。

二、监理委托合同的十项内容

标准合同文本应该具备以下的十项基本内容：

（一）签约各方身份的确认

委托合同的首页应说明签约双方的身份。

（二）合同的一般性描述

一般性叙述是引出合同"标的"的过渡。

（三）监理单位的义务

监理单位的义务包括受聘请监理工程师的义务描述和被委托的监理项目概况的描述。

（四）监理工程师的服务内容

在合同中以专门的条款对监理工程师准备提供的服务内容进行详细的说明。如业主只需要监理工程师提供阶段性的监理服务，这种说明可以比较简单。如果服务内容包括全过程的监理服务，这种叙述就要使用许多文字。对于服务内容的描述必须是一个特定的服务。有时可能会出现这种情况，在合同的执行过程中，由于业主要求或项目本身需要对合同规定的服务内容进行修改，或者增加其他服务内容，这是允许的，但必须经过双方重新协商加以确定，在签订监理合同时，对该项内容加以明确或补充。

为了避免发生合同纠纷，监理工程师准备提供的每一项服务，都应当在合同中详细说明。对于不属于该监理工程师提供的服务内容，也有必要在合同中列出来。

（五）服务费用

合同中不可缺少规定费用的条款，应具体明确费用额度及支付时间和方式。如果是国际合同，还需规定支付的币种。对于有关成本补偿、费用项目等，也都要加以说明。

如果采用以时间为基础的计算方法，不论是按小时、天数或月计算，都要对各个级别的监理工程师、技术人员和其他人员的费用开列支付明细表。如果采用工资加百分比的计算方法，则有必要说明不同级别人员的工资额，以及所要采用的百分比或收益增值率。如果采用建设成本的百分率计算费用的方法，在合同中应包括成本百分率的明细表，对于建设成本的定义（按签订工程承包合同时的估算造价，还是按实际结算造价）也要明确地加以说明。如果采用按成本加固定费用计算费用的方法，在合同中要对成本的项目定义加以说明，对补偿成本的百分率或固定费用的数额也要加以明确。

不论合同中商定采用哪种计费方法，都应该对支付的时间、次数、支付方式和条件规定清楚。常见的方法有：按实际发生额每月支付；按双方规定的计划明细表按月或规定的天数支付；按实际完成的某项工作的比例支付；按工程进度支付。

（六）业主的义务

业主除应该偿付监理费用外，还有责任创造一定条件使监理工程师更有效地进行工作。因此，监理服务合同还应规定业主应承担的义务。在正常情况下，业主应提供工程项目建设所需的法律、资金和保险等服务。当监理单位需要各种合同中规定的工作数据和资料时，业主要迅速地提供，或者指定有关承包商提供（包括业主自己的工作人员或聘请其他咨询监理单位曾经做过的研究工作报告、资料）。

在有些监理委托合同中，可申请业主满足以下条件：监理人员的现场办公用房，交通运输工具，检测、试验等有关设备；在监理工程师指导下工作或是协助其工作的业主方的工作人员；国际性工程项目，协助办理海关或签证手续。

一般说来，在合同中还应该包括业主承诺的提供超出监理单位可以控制的、紧急情况下的费用补偿或其他帮助。业主应当在限定时间内审查和批复监理单位提出的任何与项目有关的报告书、计划和技术说明书，以及其他信函文件。

有时，业主有可能把一个项目监理业务按阶段或按专业委托给几家监理单位。这样，业主与几家监理单位的关系和业主有关的义务等，在与每一个监理单位的委托合同中都应写清楚。

（七）保障业主权益的条款

业主聘请监理工程师的最根本目的，就是要在合同规定的范围内能够保证得到监理工程师的服务。因此，在监理委托合同中要写明下列保障业主实现投资意图的常用条款：①进度表，注明各部分工作完成的日期，或附有工作进度的计划方案；②保险，为了保障业主权益，可以要求监理单位进行某种类型的保险，或者向业主提供与之类似的保障；③工作分配权，在未经业主许可或批准的情况下，监理工程师不得把合同或合同的一部分工作分包给别的公司；④授权范围，即明确监理工程师的行使权力不得超越这个范围；⑤终止合同，当业主认为监理工程师所做的工作不能令人满意有违约行为时，或项目合同遭到任意破坏时，业主有权终止合同；⑥工作人员，监理单位必须提供能够胜任工作的工作人员，他们大多数应该是专职人员（任何人员的工作或行为，如果不能令人满意，就应将他们调离工作岗位）；⑦各种记录和技术资料，在监理工程师整个工作期间，必须做好完整的记录并建立技术档案资料，以便随时可以提供清楚、详细的记录资料；⑧报告，在工程建设的各个阶段，监理工程师要定期向业主报告阶段情况和月、季、年进度情况。

（八）保障监理工程师权益的条款

监理工程师关心的是通过工作能够得到合同规定的费用和补偿。除此之外，在委托合同中也应该明确规定出某些保护其利益的条款，通常有：①附加的工作，应确定其所支付的附加费用标准；②有时必须在合同中明确服务的范围不包括的哪些内容；③合同中要明确规定由于非人力的意外原因（非监理工程师能控制），或由于业主的行为造成工作延误，监理工程师所应受到的保护；④业主引起的失误所造成的额外费用支出应由业主承担，监理工程师对此不负责任；⑤因业主造成对监理工程师的报告、信函等要求批复的书面材料延期，监理工程师不承担责任；⑥业主终止合同所造成的损失应由业主给予合理补偿。

（九）总括条款

合同还包括一些总括条款。如有些是用以确定签约各方的权利，有些则涉及一旦发生修改合同、终止合同或出现紧急情况的处理程序，在合同中还常常包括在发生地震、灾害等不可抗拒因素的情况下不能履行合同条款。

（十）签字

签字是监理委托合同中的一项重要组成部分，也是合同商签阶段最后一道程序。业主和监理工程师都签了字，表明他们已承认双方达成的协议，合同也具有了法律效力。业主方可以由一个或几个人签字，这主要看法律的要求及授予签字人的职权决定。按国外的习惯，业主是一家独资公司时，通常是授权一个人代表业主签字。有时，合同是由一家公司执行，还需由另一家公司担保。如果业主是一股份或合营公司，则要求以董事会的名义有三人以上的签字。对于监理工程师一方来说，签字的方式将依据其法人情况而定。

监理工程师在工作中难免会出现失误，承担后果的方式也应在合同中明确规定。我国监理建设有关规定指出："监理单位及其成员在工作中发生过失或违法行为，要视不同情况负行政、民事直至刑事责任。"这是原则性的规定，由于导致工作失误的原因是多方面的，有技术的、经济的、社会的、时效的，也可能是业主、设计方、施工方或监理工程师方面的原因，所以对每一次失误要做具体的分析。如果是其他方面的原因造成的失误，监理工程师不应承担责任。如果确属监理工程师的数据不实，检查、计算方法错误等造成了失误，就应由监理工程师承担失误责任。只有这样才能促使监理工程师把自己的技术责任、经济责任、法律责任担当起来。

（十一）签订监理委托合同的注意事项

签订监理委托合同时，签约双方应注意下列有关问题：①坚持按法定程序签署合同；②不可忽视的口头协议、双方信件、双方的承诺及签订合同时的表态；③必须书面进行确认。

第三节　工程建设监理规划

一、制定监理规划的意义

社会监理单位在确定了项目总监理工程师后，紧接着要进行的工作就是由总监主持制定项目的监理规划。监理规划是根据业主对项目监理的要求，在详细占有监理项目有关资料的基础上，结合监理工作的具体条件，编制出开展项目监理工作的指导性文件。其目的是将监理委托合同规定的监理任务具体化，并在此基础上制定出实现监理任务的措施。编制的监理规划，就是项目监理组织有序地开展监理工作的依据和基础，以确保工程建设项目的投资达到预期的效果。

二、制定监理规划的依据

（一）监理项目特征的有关材料

如果包括设计阶段监理时，监理项目特征的资料主要有：批准的项目可行性研究报告或计划任务书，项目立项的批文，规划红线范围，用地许可证，设计条件通知书，地形图等。如仅为施工阶段监理时，监理项目特征的资料主要有：设计图纸和设计文件、计算书、地形图等。

（二）业主对项目监理要求的资料

业主对项目监理的要求，监理工作的范围和工作内容，主要反映在监理委托合同中。

（三）项目建设条件的有关资料

项目建设条件的有关资料包括当地气象资料，工程地质及水文地质，当地建筑材料，勘测设计，土建安装力量，交通，能源及市政公用设施条件等。

（四）当地工程建设政策，法规方面的资料

当地工程建设政策，法规方面的资料包括工程报建程序，招投标及建设监理制度，工程造价管理制度等。

（五）建设规范、标准

建设规范、标准包括勘测、设计、施工、质量评定等方面的法定规范、规程、标准等。

三、编制工程项目建设监理规划的主要内容

（一）工程概况

工程概况应主要说明下列问题：工程名称，建设地址；工程项目组成及建筑规模；主要建筑结构类型；预计工程投资；预计项目工期；工程质量等级（优良或合格）主体设计单位及施工总承包单位名称；工程特点的简要叙述；工程环境气候及交通条件；本地区地

方材料供应情况。

（二）监理目标

监理目标包括工期目标、质量等级、控制投资等内容。

（三）监理工作范围及工作内容（以合同中设计和施工阶段为例逐项选择如下内容）

1.设计阶段

监理单位需在设计阶段收集所需技术经济资料；编写设计大纲；组织方案竞赛或设计招标，选择好的设计单位；拟定和商谈设计委托合同；向设计单位提供设计所需的基础资料；配合设计单位开展技术经济分析，搞好设计方案的评选，优化设计；配合设计进度，组织设计与有关部门，如消防、环保、地震、人防、防汛、园林，供水、供电、供热、电信等的协调工作；组织各设计单位之间的协调工作；参与主要设备、材料的选型；组织对设计方案进行评审或咨询；审核工程估算、概算；审核主要设备、材料清单；审核施工图纸；检查和控制设计进度；组织设计文件的报批。

2.施工招标阶段

在施工招标阶段，监理工程师应拟定项目招标方案并征得业主同意；办理招标申请；编写招标文件，主要内容有：工程综合说明，设计图纸及技术说明文件，工程量清单和单价表，投标须知，拟定承包合同的主要条款；编制标底，标底经业主认可后，报送所在地方建设主管部门审核；组织投标；组织现场踏勘，并回答投标人提出的问题；组织开标、评标及决算工作；与中标单位商签承包合同。

3.施工阶段的质量控制

从控制过程来看，是从对投入原材料的质量控制开始，直到完成工程的质量检验为止的施工全过程的质量控制。

4.施工阶段的合同管理

施工阶段合同管理的主要内容有：拟定本项目合同体系及合同管理制度，包括合同草案的拟定、会签、协商、修改、审批、签署、保管等工作制度及流程；协助业主拟定项目的各类合同条款，并参与各类合同的商谈；合同执行情况的分析和跟踪管理；协助业主处理与项目有关的索赔事宜及合同纠纷事宜。

（四）主要的监理措施举例

项目的监理措施应围绕投资、质量、进度三大控制目标。

1.投资控制的组织措施

建立健全监理组织，完善职责分工及有关制度，落实投资控制的责任。在设计阶段推行限额设计和优化设计；招标投标阶段合理确定标底及合同价。

2.投资控制的技术措施

准备供应阶段，通过质量价格比选，合理确定生产供应厂商；施工阶段通过审核施工组织设计和施工方案，合理开支施工措施费，以及按合理工期组织施工，尽量避免不必要的赶工费。

3.投资控制的经济措施

除及时进行计划费用与实际开支费用的比较分析外，监理人员对原设计或施工方案提出合理化建议所产生的投资节约，可按监理合同规定，予以一定的奖励。

4.投资控制的合同措施

按合同条款支付工程款，防止过早、过量的现金支付，全面履约，减少对方提出索赔的条件和机会，正确地处理索赔等。

5.质量控制的组织措施

建立健全质量控制组织结构，完善职责分工及有关质监制度，落实质量控制的责任。

6.质量控制的技术措施

设计阶段，协助设计单位开展优化设计和完善设计质量保证体系；材料设备供应阶段，通过质量价格比选，正确选择生产供应厂商，并协助其完善质量保证体系；施工阶段，严格事前、事中和事后的质量控制措施。

7.质量控制的经济措施及合同措施

严格质检和验收，不符合合同规定质量要求的拒付工程款，达到质量优良者，支付质量补偿金或奖金等。

8.进度控制的组织措施

落实进度控制责任，建立进度协调制度。

9.进度控制的技术措施

建立多级网络计划和施工作业计划体系，增加同时作业的施工面，采用高效能的施工机械设备，采用施工新工艺、新技术、缩短工艺过程和工序间的技术间歇时间。

10进度控制的经济措施

对工期提前者实行奖励，对应急工程实行较高的计件单价，以及确保资金的及时供应等。

按合同要求及时协调有关各方的进度，以确保项目形象进度的要求。

四、监理机构中的职责和制度

（一）监理机构的职责

根据被监理的工程大小、复杂和重要程度，组成监理班子，进行各类监理人员的分工，并明确岗位责任和责、权、利的规定。

（二）项目监理的各项工作制度

1.设计阶段的制度

设计大纲、设计要求编写及审核制度；设计委托合同管理制度；设计咨询制度；设计方案评审制度；工程估算、概算审核制度；施工图纸审核制度；设计费用支付签署制度；设计协调会及会议纪要制度；设计备忘录签发制度等。

2.施工招标阶段的制度

招标准备工作有关制度；编制招标文集有关制度；标底编制及审核制度；合同条件拟定及审核制度；组织招标务实有关制度等。

3.施工图纸会审及设计交底制度

施工组织设计审核制度；工程开工申请制度；工程材料、半成品质检制度；隐蔽工程、分项（部）工程质量验收制度；技术复核制度；单位工程、单项工程中间验收制度；技术经济签证制度；设计变更处理制度；现场协调会及会议纪要签发制度；施工备忘录签发制度；施工现场紧急情况处理制度；工程款支付签审制度；工程索赔签审制度等。

4.项目监理组织内部的工作制度

监理组织工作会议制度；对外行文审批制度；建立监理工作日志制度；监理周报、月报制度；技术、经济资料及档案管理制度；监理费用预算制度等。

第四节　工程建设监理的实施

一、实施关键是落实责任

根据已制定的监理规划建立健全监理组织，明确和完善有关人员的责任分工，落实监理工作的责任。

二、规划交底

由总监理工程师主持，对编就的监理规划应逐级分专业进行交底。要求监理人员明确：为什么做？做什么？怎样做？

业主对监理工作的要求是什么？监理工作达到的目标是什么？项目的投资控制、质量控制、工期目标是什么？找出了这些为什么就知道了为什么要做。了解了监理工作的目标中的目标，监理工作的范围和工作内容，就能解决做什么。掌握了在监理工作中具体采用的监理措施，如组织方面的措施、技术方面的措施、经济方面的措施、合同方面的措施，就知道了怎样做。

三、制定监理实施细则

监理实施细则是进行监理工作的"施工图设计"。它是在监理规划的基础上，对监理工作"做什么""如何做"的具体化和更详细的补充。应根据监理项目的具体情况，由专业监理工程师负责编写。

（一）设计阶段的实施细则

设计阶段实施细则的主要内容有：协助业主组织设计竞赛或设计招标，优选设计方案和设计单位；协助设计单位开展限额设计和设计方案的技术经济比较，优化设计，保证项目使用功能、安全可靠、经济合理；向设计单位提供满足功能和质量要求的设备，主要材料的有关价格、生产厂家的资料；组织好各设计单位之间的协调。

（二）施工招标阶段的实施细则

引进竞争机制，通过招标投标，正确选择施工承包单位和材料设备供应单位；合理确定工程承包和材料、设备合同价；正确拟定承包合同和订货合同条款等。

（三）施工阶段实施细则

1.投资控制实施细则

（1）在承包合同价款外，尽量减少所增工程费用。

（2）全面履约，减少对方提出索赔的机会。

（3）按合同支付工程款等。

2.质量控制实施细则

一方面，要求承包施工单位推行全面质量管理，建立健全选题保证体系，做到开工有报告，施工有措施，技术有交底，定位有复查，材料、设备有试验，隐蔽工程有记录，质量有自检、专检，交工有资料。另一方面，也应制定一套具体、细致的措施，特别是质量预控措施。

（1）对主要工程材料、半成品、设备质量的质量控制措施。

对主要工程材料、半成品、设备质量的质量控制措施与方法有：审核产品技术合格证及质保证明，抽样试验，考察生产厂家等。

（2）对重要工程部位及容易出现质量问题的分部（项）工程制定质量预控措施。

3.进度控制实施细则

在施工阶段的进度控制应围绕以下内容制定具体实施细则。

（1）严格审查施工单位编制的施工组织设计，要求编制网络计划，并切实按计划组织施工。

（2）由业主负责供应的材料和设备，应按计划及时到位，为施工单位创造有利条件。

（3）检查落实施工单位劳动力、机具设备、周转料、原材料的准备情况。

（4）要求施工单位编制月施工作业计划，将进度按日分解，以保证月计划的落实。

（5）检查施工单位的进度落实情况，按网络计划控制，做好计划统计工作；制定工程形象进度图表，每月检查一次上月的进度和安排下月的进度。

（6）协调各施工单位间的关系，使他们相互配合、相互支持、搞好衔接。

（7）利用工程付款签证权，督促施工单位按计划完成任务。

必须强调指出，当处于边设计、边供应、边施工的状态时，一定程度上决定工程进度的是设计工作的进度，即施工图的出图顺序和日期能否满足工程施工的需要。为此，要按项目施工进度的要求，与设计单位具体商定施工图的出图顺序和日期，并订立相应的协议，作为设计合同的补充。

四、实施监理过程中的检查和调查

监理规划在实施过程中要定期进行贯彻情况的检查，检查的主要内容有：

（一）监理工作进行情况

业主为监理工作创造的条件是否具备；监理工作是否按监理规划或实施细则展开；监理工作制度是否认真执行；监理工作还存在哪些问题或制约因素。

（二）监理工作的效果

在监理过程中，监理工作的效果只能分阶段表现出来，如工程进度是否符合计划要求，工程质量及工程投资是否处于受控状态等。

根据检查中发现的问题和原因的分析，以及监理实施过程中各方面发生的新情况和新变化，需要对原定的规划进行调整或修改。监理规划的调整或修改，主要是监理工作内容和进度，以及相应的监理工作措施。凡监理目标的调整或修改，除中间过程的目标外，若影响最终的监理目标，应与业主协商并取得业主同意和书面认可。

第五节　监理单位经营活动的基本要求和准则

一、监理单位必须依法进行经营活动

监理单位必须依法进行的经营活动主要是服务性质的活动，除工程建设监理外还可从事工程咨询活动。绝对不能承包工程，不得经营建材、构配件和建筑机械、设备；严格按照核定的监理业务范围和资质等级的规定从事工程建设监理服务；承揽监理业务时，应持监理申请批准书及其他有关证件向工程所在地的建设主管部门备案，并接受其指导和监督；不得发生伪造、涂改、出租、转借、出卖监理申请批准书、资质等级证书等违反市场秩序行为；认真履行工程建设监理合同和其他有关义务，不故意损害委托人、承建商的利益；不转让监理义务。

监理工程师必须经过国家规定的执业资格考试和注册后才能依法进行经营活动。为什么要这样严格要求呢？这是由监理工程师的工作性质决定的。监理工程师的基本工作是建设监理，是针对工程项目进行的监督管理活动。工程建设监理要把维护社会公众利益和国家利益落实到具体的监理工作当中。因此，开展工程建设监理需要一大批具有理论知识、丰富的工程建设经验和良好的职业道德水准的工程建设人员。正如国际咨询工程师联合会联合倡导的，监理工程师"必须以绝对的忠诚来履行自己的义务，并且忠诚地服务于社会的最高利益，以及维护职业荣誉和名望"的宗旨开展工程建设监理活动，必须有一批素质和水平合格的监理工程师。而采用资格考试和注册来确认和保证他们的资质水平，这是公认的行之有效的办法。

工程建设监理管理部门是政府对社会监理部门及监理队伍实施管理的需要，是推行、发展和完善建设监理制度的需要，是与国际接轨的需要，也是提高监理队伍水平和监理人员职业道德水准的需要，也是监理单位依法进行经营活动的需要。

二、监理工程师从事监理活动的基本要求

监理工程师应具有综合性的知识结构，有技术、经济、管理和法律等方面较广泛的理论知识。这是由监理工程师所从事的目标控制、合同管理和组织协调等工程建设监理工作的性质和内容决定的。基本要求主要有以下内容。

（一）监理工程师需要工程技术方面的理论知识

监理工程师应当掌握与工程建设有关的专业技术知识，并达到能够解决工程实际问题的程度。他们需要把建筑、结构、施工、安装、材料、设备、工艺等方面的理论知识融于监理工作之中，去发现和预测问题，提出解决方案，做出决策，贯彻实施。所以，监理工程师中，建筑师、结构工程师及其他专业工程师的所占比例较大，而且其他方面的专业人员也应具有必要的工程技术知识。

（二）监理工程师需要管理方面的理论知识

监理工程师所开展的工程建设监理实际上是工程项目管理性质的活动。在监理过程中，计划、组织、人事、领导和控制贯穿整个监理工作的始终，规划、决策、执行、检查等工作要不断地循环进行，风险管理、目标管理、合同管理、信息管理、业务管理、安全管理等无不涉及。同时，还要做好监理单位内部的企事业管理工作。所以，作为监理工程师首先应当是管理者，要成为"管理工程师"。

（三）监理工程师需要经济方面的理论知识

从根本上讲，工程项目的建成使用是一项投资目标的实现，是建设资金运用的结果。监理工程师要在项目业主的投资活动中运用自己的知识做好服务工作。在开展监理工作过程中，监理工程师要收集、加工、整理经济信息，协助业主确定项目投资目标或对目标进行论证；要对计划进行资源、经济、财务方面的可行性分析和优化；要对各种工程变更进行技术经济分析；还要做好投资控制的其他工作，诸如概预算审核、制订资金使用计划、价值分析、付款控制等。经济方面的理论知识是监理工程师必不可少的。

（四）监理工程师需要法律方面的理论知识

建设的监理制度是基于法制环境下的制度，工程建设的法律、法规是它的基本依据，工程建设合同是它工作的直接依据。没有相关的法律、法规作为工程建设监理的坚强后盾，建设监理事业将一事无成。因此，掌握一定的法律知识，特别是掌握和运用监理法规体系对开展工程建设监理是至关重要的。监理工程师尤其要注意通晓各种工程建设合同

条件，因为它在一定程度上起着工程项目实施手册的作用，对于开展各项工程建设建立活动，特别是合同管理有着极为重要的意义。所以，法律方面的理论知识对每个监理工程师都是必需拥有的。

当然，监理工程师有专业之分，不能要求他们成为精通各种理论的专家。但应当做到"一专多能"，例如，作为经济专业出身的监理工程师，除精通自己经济专业的理论知识外，还应当了解和熟悉管理、法律和工程技术的一般性理论知识。

（五）监理工程师应具有的工程建设实践经验

1.工程项目建设各阶段工作经验

根据全过程工程建设监理要求和提供工程咨询服务要求，监理工程师应当取得工程项目建设全过程各阶段工作全部或部分经验。例如，可行性研究阶段的工作经验、设计阶段的工程经验、工程招投标阶段的工作经验、施工阶段的工程经验、竣工验收阶段的工作经验和保修维修阶段的工作经验。

2.工程建设专业工作经验

监理工程师应当具有技术工作、经济工作、管理工作、组织协调工作的全部或部分经验。

3.各类工程项目建设经验

各类工程项目建设经验包括不同规模的项目建设经验，不同性质的项目建设经验，不同地区和国家的项目建设经验，不同环境的项目建设经验等。

4.担任不同职务经历的工作经验

一位监理工程师建设经验丰富的程度取决于这些经验积累得多少、宽窄与深厚程度、工作业绩情况工程经历时间的长短和职务高低等。

三、监理单位从事工程建设监理活动，必须遵守"守法、诚信、公正、科学"的准则

（一）守法

监理单位作为企业法人，就要依法经营。主要表现在以下四个方面：一是监理业务的性质；二是监理业务的等级。监理业务的性质是指可以监理什么专业的工程。例如，以建筑专业和一般结构专业人员为主组成的监理单位，则只能监理一般工业与民用建筑的工程项目的建设；以冶金类专业人员组建的监理单位，则只能监理冶金工程项目的建设。除建设监理工作外，根据监理单位的申请和能力，还可以核定其开展某些技术咨询服务。核定的技术咨询服务项目也要写入经营业务范围。核定的经营业务范围以外的任何业务，监

理单位不得承接；否则，就是违法经营。监理单位不得伪造、涂改、出租、出借、转让、出卖资质等级证书。工程建设监理合同一经双方签订，即具有一定的法律约束力（违背国家法律、法规的合同，即无效合同除外），监理单位应按照合同的规定认真履行职责，不得无故或故意违背自己的承诺。监理单位离开原住所承接监理业务，要自觉遵守当地人民政府颁发的监理法规和有关规定，并主动向监理工程所在地的省、自治区、直辖市建设主管部门备案登记，接受其指导和监督管理。遵守国家关于企业法人的其他法律、法规的规定，包括行政的、经济的和技术的。

（二）诚信

监理单位所有人员都要讲诚信，这也是考核企业荣誉的核心内容。监理单位向业主、向社会提供的是技术服务，按照市场经济的观念，监理单位提供的主要是自己的智力。一个高水平的监理单位可以运用自己的高智力最大限度地把投资控制和质量控制搞好。也可以以低水平的要求，把工作做得勉强能交代过去，能够做得更好而不愿意去做的就是不诚信。我国的建设监理事业已经蓬勃兴起，大到每个监理单位，小到每一个监理人员，都必须做到诚信。诚信是监理单位经营活动基本准则的重要内容之一。

（三）公正

公正主要是指监理单位在处理业主与承建商之间的矛盾和纠纷时，要做到"一碗水端平"。是谁的责任，就由谁承担；该维护谁的权益，就维护谁的权益。决不能因为监理单位受业主委托，就偏袒业主。监理单位要做到公正，就必须做到以下几点：①要培养良好的职业道德，不为私利而违心地处理问题；②要坚持实事求是的原则，不为私利而违心地处理问题；③要提高综合分析问题的能力，不为局部问题或表面现象而模糊自己的"视听"；④要不断提高自己的专业技术能力，尤其是要尽快提高综合理解、熟练运用工程建设有关合同条款的能力，以便以合同条款为依据，恰当地协调、处理问题。

（四）科学

科学是指监理单位的监理活动要依据科学的方案，运用科学的手段，采取科学的办法。工程项目监理结束后，还要进行科学的总结。总之，监理工作的核心是"预控"，所以必须有科学的思想、科学的计划、科学的手段和科学的方法。凡是处理业务要有可靠的依据和凭证；判断问题，要用数据说话。

第六章　施工阶段的监理

第一节　施工准备阶段的监理

一、项目监理机构

（一）项目监理机构的要求

项目监理机构是工程监理单位派驻工程施工现场、负责履行建设工程监理合同的组织机构。

工程监理单位履行施工阶段监理合同时，必须在施工现场建立项目监理机构。项目监理机构在完成委托监理合同约定的监理工作后可撤离施工现场。项目监理机构的组织形式和规模，应根据委托监理合同规定的服务内容、服务期限、工程类别、规模、技术复杂程度、工程环境等因素确定。

工程监理单位在参与监理项目投标时，应根据工程项目的规模，特点和招标文件要求，在投标文件中明确现场项目监理机构关键岗位人员（总监理工程师、专业监理工程师和监理员）的配备情况。关键岗位人员数量不得低于相应的规定，并应持有相应的岗位资格证书。

有的地方政府建设主管部门规定：评标过程中，评标委员会应将投标人现场项目监理机构关键岗位人员配备情况纳入评审内容。招标人在中标通知书中应注明现场项目监理机构关键岗位人员配备名单及证号。建设工程招投标监管机构应加强招标文件备案管理和评标过程监管。建设工程委托监理合同中应明确现场项目监理机构关键岗位人员的配备情况，且应与投标文件相符。建设工程合同主管部门应加强合同备案管理，对合同中未明确现场项目监理机构关键岗位人员配备或关键岗位人员与中标通知书不一致的，不予备案，并责令改正。

除不可抗力因素外，中标单位自投标截止之日起至完成合同约定工程量之日止，不得更换和撤离总监理工程师。对擅自更换或撤离的，按骗取中标处理，其中标结果无效，并承担由此造成的损失。

现场项目监理机构其他关键岗位人员应保持稳定。中标单位自投标截止之日起至完成合同约定工程量之日止，不得擅自更换和撤离关键岗位人员。下列情形除外：

（1）因身体原因无法坚持施工现场管理工作的；

（2）因不履行岗位职责、工作失误等原因不宜继续担任施工现场管理工作的；

（3）本人所承担的专业业务已完成的；

（4）非本单位原因工程项目延期开工或停工时间达3个月以上的；

（5）因违法违规行为不能继续担任施工现场管理工作的；

（6）因人员调动不能在本单位执业的。

更换人员的资格等级不得低于更换前，并应符合招标文件要求，人员更换的比例原则上不得超过现场项目监理机构关键岗位总人数的50%。

（二）项目监理机构的建立

项目监理机构的建立应遵循适应、精简、高效的原则，要有利于建设工程监理目标控制和合同管理，要有利于建设工程监理职责的划分和监理人员的分工协作，要有利于建设工程监理的科学决策和信息沟通。

项目监理机构的监理人员由1名总监理工程师、若干名专业监理工程师和监理员组成，且专业配套、数量满足监理工作和建设工程监理合同对监理工作深度及建设工程监理目标控制的要求。下列情况的项目监理机构可设置总监理工程师代表：

（1）工程规模较大、专业较复杂，总监理工程师难以处理多个专业工程时，可按专业设总监理工程师代表；

（2）一个建设工程监理合同中包含多个相对独立的施工合同，可按施工合同段设总监理工程师代表；

（3）工程规模较大、地域比较分散，可按工程地域设总监理工程师代表。

除总监理工程师、专业监理工程师和监理员外，项目监理机构还可根据监理工作需要，配备文秘、翻译、司机和其他行政辅助人员。

监理人员的组合应合理。例如，公路工程规定：总监理工程师办公室各专业部门负责人及驻地监理工程师等各类高级监理人员，一般应占监理总人数的10%以上；各类专业监理工程师等中级专业监理人员，一般应占监理总人数的40%；各类工程师助理及辅助人员等初级监理人员，一般应占监理总人数的40%；行政及事务人员一般应控制在监理总人数的10%以内。

监理人员的数量要满足对工程项目进行质量、进度、费用监理和合同管理的需要，一般应按每年计划完成的投资额并结合工程的技术等级、工程种类、复杂程度、设计深度、通行条件、当地气候、工地地形、施工工期、施工方法等实际因素，综合进行测算确定；若按道路工程的施工里程计算，平均每千米一般应按0.5~1.2人配备，其中高速公路和一级公路平均每千米应不少于1人。

工程监理单位在建设工程监理合同签订后，应及时将项目监理机构的组织形式，人员构成及对总监理工程师的任命书面通知建设单位。总监理工程师可同时担任其他建设工程的总监理工程师，但最多不得超过3项。

工程开工前，建设单位应将工程监理单位的名称，监理的范围、内容和权限及总监理工程师的姓名书面通知施工单位。

项目监理机构应根据建设工程不同阶段的需要配备监理人员的数量和专业，有序安排相关监理人员进场。工程监理单位调换总监理工程师的，事先应征得建设单位同意；调换专业监理工程师的，总监理工程师应书面通知建设单位。施工现场监理工作全部完成或建设工程监理合同终止时，项目监理机构可撤离施工现场。项目监理机构撤离施工现场前，应由工程监理单位书面通知建设单位，并办理相关移交手续。

二、监理人员的职责

本节所列各岗位监理人员的职责为其基本职责，在建设工程监理实施过程中，项目监理机构还应针对建设工程的实际情况，明确各岗位监理人员的职责分工，制订具体监理工作计划，并根据实施情况进行必要的调整。

（一）总监理工程师的职责

（1）确定项目监理机构人员及其岗位职责。

（2）组织编制监理规划，审批监理实施细则。

（3）根据工程进展情况安排监理人员进场，检查监理人员工作，调整监理人员。

（4）组织召开监理例会。

（5）组织审核分包单位资格。

（6）组织审查施工组织设计、（专项）施工方案，应急救援预案。

（7）审查开、复工报审表，签发开工令、工程暂停令和复工令。

（8）组织检查施工单位现场质量、安全生产管理体系的建立及运行情况。

（9）组织审核施工单位的付款申请，签发工程款支付证书，组织审核竣工结算。

（10）组织审查和处理工程变更。

（11）调解建设单位与施工单位的合同争议，处理索赔。

（12）组织验收分部工程，组织审查单位工程质量检验资料。

（13）审查施工单位的竣工申请，组织工程竣工预验收，组织编写工程质量评估报告，参与工程竣工验收。

（14）参与或配合工程质量安全事故的调查和处理。

（15）组织编写监理月报、监理工作总结，组织整理监理文件资料。

（二）总监理工程师代表的职责

总监理工程师代表是经工程监理单位法定代表人同意，由总监理工程师书面授权，代表总监理工程师行使其部分职责和权力，具有工程类注册执业资格或具有中级及以上专业技术职称、3年及以上工程监理实践经验的监理人员。总监理工程师作为项目监理机构负责人，监理工作中的重要职责，不得委托给总监理工程师代表。总监理工程师不得将下列工作委托给总监理工程师代表如下。

（1）组织编制监理规划，审批监理实施细则。

（2）根据工程进展情况安排监理人员进场，调整监理人员。

（3）组织审查施工，组织设计（专项）施工方案、应急救援预案。

（4）签发开工令、工程暂停令和复工令。

（5）签发工程款支付证书，组织审核竣工结算。

（6）调解建设单位与施工单位的合同争议、处理费用与工期索赔。

（7）审查施工单位的竣工申请，组织工程竣工预验收，组织编写工程质量评估报告，参与工程竣工验收。

（8）参与或配合工程质量安全事故的调查和处理。

（三）专业监理工程师的职责

（1）参与编制监理规划，负责编制监理实施细则。

（2）审查施工单位提交的涉及本专业的报审文件，并向总监理工程师报告。

（3）参与审核分包单位资格。

（4）指导、检查监理员工作，定期向总监理工程师报告本专业监理工作实施情况。

（5）检查进场的工程材料、设备、构配件的质量。

（6）验收检验批、隐蔽工程、分项工程。

（7）处置发现的质量问题和安全事故隐患。

（8）进行工程计量。

（9）参与工程变更的审查和处理。

（10）填写监理日志，参与编写监理月报。

（11）收集、汇总、参与整理监理文件资料。

（12）参与工程竣工预验收和竣工验收。

监理日志是项目监理机构在实施建设工程监理过程中形成的文件，不等同于监理人员的个人日记。

（四）监理员的职责

（1）检查施工单位投入工程的人力、主要设备的使用及运行状况。

（2）进行见证取样。

（3）复核工程计量有关数据。

（4）检查和记录工艺过程或施工工序。

（5）处置发现的施工作业问题。

（6）记录施工现场监理工作情况。

第二节　工程施工中的监理

一、施工阶段监理工作的性质

（一）公正性与独立性

如果想让监管部门在建筑工程中充分发挥监理的作用，那么监理工作人员就必须保证工作的公正性和独立性，在建筑工程施工当中合理地将各个部门的工作进行调配、平衡施工方与客户方的利益关系，都是监理部门需要做到的。因此，公平公正对于监理部门的工作人员来说极为重要，工作人员必须坚守公平公正原则与公正性相关的是及时独立性。监理人员若想做到公平公正，那么工作人员必须要具备独立性，不让工作被所外界主观因素影响。不论是在财务关系、业务关系还是交往关系，监理人员都必须在这些关系上保证自身的独立性。在建筑工程施工中，很多方面都会发生利益关系，监理人员不能与其中任意一方有财务往来。对于建筑工程施工阶段来说，建设部门的工作也会对监理工作产生影响，在建筑工程建设施工阶段，建设部门不可以干扰监理部门工作，相关法律合同一经确定就不能任意更改，同时监理部门应该按照合同的要求进行监理工作，发挥自己的功能。

（二）科学性和服务性

监理部门不同于建筑部门，对于监理部门来说，监理工作是一个智力密集的工作。监理工作本身不参与建筑工程建设，也不直接参与建筑的经营。监理部门存在的意义是为企业提供思想服务的。在建筑施工阶段，监理工程师需要做到监管、平衡、协商、管控等多种工作，在这些条件下才能保证建筑的质量，才能让建筑施工按照工作方案顺利完成，达到生产者的建筑目的更好地服务于社会。这也就证明了监理工作具有服务性。对于监理部门来说，工程的一切利益分配都与其无关。在施工阶段，监理工作人员需要及时发现施工阶段在技术、管理方面的问题，并且在第一时间找出解决办法，提供给施工部门，监管其他部门去完善这项工作。监管部门的工作需要有科学的工作方式。

二、监理工作的重要性

在建筑工程的施工阶段中，很多单位都参与了。监理部门、开发部门、设计部门和政府建设主管部门都是十分重要的部门。这些部门在很大程度上都会互相影响。如果想让建筑施工项目按照建设方案建造符合社会要求的建筑，这些部门就要发挥自身的职能，科学有效地完成工作，工程操作流程需要满足国家的相关规定。这些部门协同合作是为了将建筑工程顺利完成。建筑工程的工作周期有限制，企业要在工程周期内完成项目，并且要把建筑工程的前期资本投入尽可能降低，为企业带来更大的经济效益。要想实现对上述对建筑工程中的要求，那么就需要一个部门来统一协调施工工作，对于监理部门来说，其工作职责就是平衡各方利益关系，在部门之间调配工作，所以在建筑工程施工当中，监理工作十分重要。

伴随着建筑工程施工监理体制的完善，国家对建筑工程也制定了相关的政策，监理的主要工作方式也产生了很大的改变。目前建筑工程施工阶段的监理工作主要是"三控三管一协调"。这种新的工作模式可以有效地把工程当中的各个部门协调起来，发挥自己的监督作用让整个企业都系统地工作起来。在一个建筑工程项目中，有很多分散的要素，这些要素组合成了大的项目，监理部门就需要在这些要素之间找到平衡点，承担协调工作。

三、关于监理人员的问题

监理部门是由整个监理队伍组成的，只有整支监理队伍的专业素质提升，将建筑施工阶段的监理工作才能做好。对于每一位监理工作人员来说，必须清楚了解国家对建筑工程的相关规定，要规范自己的工作流程，不断学习专业知识，提升自己的专业素养。在实际工作中，要养成勤奋好学的习惯，不断提升自己对监理工作的理解，将工作经验不断积累，并在此基础上加以创新。

对于建筑工程施工阶段来说，监理工作与信息的管理密不可分。因此，在建筑工程当中，监理人员要配合好信息管理人员做好信息整合工作，主要包括对建筑过程中信息的整理、分析、储存、交接、利用等。对信息的处理要力求精准全面，而且信息要具有时效性。在建筑工程进入尾声时，业主与企业之间会有信息交流，在监理、设计业主、施工这四个模块之间都会通过信息交流来传递自己的看法。因此，监理部门加强工程建设信息的管理，以此来提高建筑项目的整体质量。

在建筑工程的施工阶段，监理人员对于建筑原材料的选择要严格把关，在选材时要身体力行；对于施工过程也要严加监管，避免不符合国家要求的操作出现。

第三节　施工合同管理

项目监理机构应依据合同的约定进行施工合同管理，处理工程变更、索赔及施工合同争议等事宜。施工合同终止时，项目监理机构应协助建设单位按施工合同约定处理施工合同终止的有关事宜。

一、工程变更的处理

（一）监理工作要求

（1）项目监理机构应按下列程序处理施工单位提出的工程变更。

1）总监理工程师组织专业监理工程师审查施工单位提出的工程变更申请，提出审查意见。

对涉及工程设计文件修改的工程变更，应由建设单位转交原设计单位修改工程设计文件。必要时，项目监理机构应组织建设、设计、施工等单位召开专题会议，论证工程设计文件的修改方案。

2）总监理工程师根据实际情况、工程变更文件和其他有关资料，在专业监理工程师对下列内容进行分析的基础上，对工程变更费用及工期影响做出评估：

①工程变更引起的增减工程量。

②工程变更引起的费用变化。

③工程变更对工期的影响。

3）总监理工程师组织建设单位、施工单位等共同协商确定工程变更费用及工期变化，会签工程变更单。

4）项目监理机构根据批准的工程变更文件监督施工单位实施工程变更。

（2）项目监理机构应在工程变更实施前与建设单位、施工单位等协商确定工程变更的计价原则、计价方法或价款。

（3）项目监理机构处理工程变更应符合下列要求。

1）项目监理机构处理工程变更应取得建设单位授权。

2）建设单位与施工单位未能就工程变更费用达成协议时，项目监理机构应提出一个暂定价格并经建设单位同意，作为临时支付工程款的依据。工程变更款项在最终结算时，应以建设单位与施工单位达成的协议为依据。

（4）项目监理机构应督促施工单位按照会签后的工程变更单组织施工。

（5）项目监理机构应对建设单位要求的工程变更提出评估意见。

（二）监理工作要点

在施工过程中如果发生工程变更，将对施工进度产生很大的影响。因此，监理工程师在其可能的范围内应尽量减少工程变更。如果必须对设计进行变更，应当严格按照国家的规定和合同约定的程序进行。

1.建设单位对原设计进行变更

施工中，建设单位如果需要对原工程设计进行变更，应不迟于变更前14天以书面形式向施工单位发出变更通知，变更超过原设计标准或者批准的建设规模时，须经原规划管理部门和其他有关部门审查批准，并由原设计单位提供变更的相应图纸和说明。

2.施工承包单位要求对原设计进行变更

施工承包单位应当严格按照图纸施工，不得随意变更设计。施工中，施工承包单位要求对原工程设计进行变更，须经监理工程师同意。监理工程师同意变更后，也须经原规划管理部门和其他有关部门审查批准，并由原设计单位提供变更的相应图纸和说明。施工承包单位未经监理工程师同意不得擅自变更设计，否则因擅自变更设计发生的费用和由此导致建设单位的直接损失，由施工承包单位承担，延误的工期不予顺延。

3.工程变更事项

能够构成工程变更的事项包括以下方面：

（1）更改有关部分的标高、基线、位置和尺寸；

（2）更改有关工程的性质、质量标准；

（3）增减合同中约定的工程量；

（4）改变有关工程的施工时间和顺序；

（5）其他有关工程变更需要的附加工作。

由于建设单位对原设计进行变更，以及经监理工程师同意的施工承包单位要求进行的设计变更，导致合同价款的增减及造成的施工承包单位损失，由建设单位承担，延误的工期相应顺延。

4.变更价款的确定程序

变更发生后，施工承包单位在变更确定后14天内，提出变更工程价款的报告，经监理工程师确认后调整合同价款。施工承包单位在确定变更后14天内不向监理工程师提出变更工程价款报告时，视为该项设计变更不涉及合同价款的变更。

监理工程师收到变更工程价款报告之日起7天内予以确认。监理工程师无正当理由不确认时，自变更价款报告送达之日起14天后，变更工程价款报告自行生效。

监理工程师不同意施工承包单位提出的变更价格，则按照合同约定的争议解决方法处理。变更合同价款应按照下列方法进行：

①合同中已有适用于变更工程的价格，按合同已有的价格计算、变更合同价款。

②合同中只有类似变更工程的价格，可以参照此价格确定变更价格，变更合同价款。

③合同中没有适用或类似变更工程的价格，由施工承包单位提出适当的变更价格，经监理工程师确认后执行。

二、费用索赔的处理

（一）监理工作要求

（1）项目监理机构应及时收集、整理有关工程费用的原始资料，为处理费用索赔提供证据。

（2）项目监理机构处理费用索赔主要依据包括：

1）法律法规；

2）勘察设计文件、施工合同文件；

3）工程建设标准；

4）索赔事件的证据。

（3）项目监理机构处理施工单位费用索赔程序：

1）受理施工单位在施工合同约定的期限内提交费用索赔意向通知书；

2）收集与索赔有关的资料；

3）受理施工单位在施工合同约定的期限内提交费用索赔报审表；

4）审查费用索赔报审表。需要施工单位进一步提交详细资料的，应在施工合同约定的期限内发出通知；

5）与建设单位和施工单位协商一致后，在施工合同约定的期限内签发费用索赔报审表，并报建设单位。

（4）项目监理机构批准施工单位费用索赔应同时满足下列三个条件：

1）施工单位在施工合同约定的期限内提出费用索赔；

2）索赔事件是因非施工单位原因造成的，不可抗力除外；

3）索赔事件造成施工单位直接经济损失。

（5）当施工单位的费用索赔要求与工程延期要求相关联时，项目监理机构应提出费用索赔和工程延期的综合处理意见，并与建设单位和施工单位协商。

（6）因施工单位原因造成建设单位损失，建设单位提出索赔的，项目监理机构应与建设单位和施工单位协商处理。

（二）监理工作要点

1.有关规定

（1）承包人必须依据合同有关规定索取额外的费用。

（2）承包人在出现引起索赔的事件后，按合同规定的期限向监理工程师提交索赔意向，并同时抄送建设单位。

（3）承包人承诺继续按规定向监理工程师提交说明索赔数额和索赔依据等的详细材料，并根据监理工程师地需求随时提供有关证明。

（4）承包人在索赔事件终止后，按合同规定的期限，向监理工程师提交正式的索赔申请。

2.费用索赔的主要类型

（1）难以预见的情况所引起的。

1）异常恶劣的气候条件。

2）外界障碍（化石、古物、地下建筑等）。

3）战争入侵、叛乱、暴乱等。

4）通常无法预测和防范的任何一种自然力。

（2）建设单位责任引起的。

1）未按合同规定和承包人合理的工程进度计划，提供对现场的占有权和出入权。

2）未按规定向承包人付款。

3）延误提供图纸。

4）提前占用或提前使用永久性工程区段而造成损失或损害。

5）因工程设计不当而造成的损失与损害。

6）违约使合约中途终止。

（3）监理工程师的责任引起。

1）延误签发图纸、指令。

2）负责提供的书面数据不准确。

3）要求进行合同中未规定的检验。

3.受理程序

（1）收集资料、做好记录。监理工程师应在收到承包人索赔意向后，应立即通知有关的监理人员，做好工地实际情况的调查和日常记录，收集来自现场以外的各种文件资料与信息。

（2）审查承包人的索赔申请。监理工程师收到承包人的正式索赔申请后，应主要从以下几个方面进行审查：

1）索赔申请的格式满足监理工程师的要求。

2）索赔申请的内容符合要求，即已列明索赔发生的原因及申请所依据的合同条款；附有索赔数额计算的方法价格与数量的来源细节和索赔涉及的有关证明、文件、资料、图纸等。

审查通过后，可开始下一步的评估，否则应对承包人的申请予以退回。

（3）索赔评估应主要从以下几个方面进行：

1）承包人提交的索赔申请资料必须真实、齐全，满足评审的需要。

2）申请索赔的合同依据必须正确。

3）申请索赔的理由必须正确与充分。

4）申请索赔数额的计算原则与方法应恰当；数量应与监理工程师掌握的资料一致，价格与取费的来源能被建设单位接受。否则应修订承包人的计算方法与索赔数额并与建设单位和承包人进行协商。

第四节　设备采购监理与设备临造

一、设备采购监理

（一）监理工作要求

（1）监理单位应依据与建设单位签订的设备采购阶段的委托监理合同，成立由总监理工程师和专业监理工程师组成的项目监理机构。监理人员应专业配套，数量应满足监理工作的需要，并应明确监理人员的分工及岗位职责。

（2）总监理工程师应组织监理人员熟悉和掌握设计文件对拟采购设备的各项要求、技术说明和有关的标准。

（3）项目监理机构应编制设备采购方案，明确设备采购的原则、范围、内容、程序、方式和方法，并报建设单位批准。

（4）项目监理机构应根据批准的设备采购方案编制设备采购计划，并报建设单位批准。采购计划的主要内容应包括采购设备的明细表，采购的进度安排、估价表，采购的资金使用计划等。

（5）项目监理机构应根据建设单位批准的设备采购计划组织或参加市场调查，并应协助建设单位选择设备供应单位。

（6）当采用招标方式进行设备采购时，项目监理机构应协助建设单位按照有关规定组织设备采购招标。

（7）当采用非招标方式进行设备采购时，项目监理机构应协助建设单位进行设备采购的技术及商务谈判。

（8）项目监理机构应在确定设备供应单位后参与设备采购订货合同的谈判，协助建设单位起草及签订设备采购订货合同。

（9）在设备采购监理工作结束后，总监理工程师应组织编写监理工作总结。

（二）监理工作要点

（1）监理单位在设备采购阶段是作为建设单位设备采购的咨询服务单位开展工作的，协助建设单位选择合适的设备供应单位和签订完整有效的设备订货合同是本阶段委托监理合同的重要工作内容。

（2）设备采购的原则应包括：拟采购的设备应完全符合设计要求和有关标准；设备质量可靠，价格合理，交货期有保证等。

（3）考察潜在设备供应单位的内容包括资质情况、营业执照、生产许可证、生产能力和单位信誉等。对于需要承担设计并制造专用设备的供应单位或者承担制造并安装设备的供应单位，则还应审查有关的设计资格证书或安装资格证书。

（4）招标文件应明确招标的标的，即设备名称、型号、规格、数量、技术性能、制造和安装验收标准应要求交货的时间及方式、地点。对设备的外购配套零部件与元器件及材料有专门要求时，应在标书中明确。

（5）设备采购合同的主要合同条款一般应包括定义、使用范围、技术规范或标准、专利权、包装、装运条件和装运通知、保险支付、技术资料、价格、质量保证，检验、索赔、延期交货与核定损失额、不可抗力、税费、履约保证金、仲裁、违约终止合同、破产终止合同、变更指示、合同修改、转让与分包、使用法律、主导语言与计量单位、通知、合同文件资料的使用、合同生效和其他等。

（6）监理工作总结一般应包括采购设备的基本情况及主要技术性能要求、监理组织机构、监理人员组成及监理合同履行情况、监理工作成效、出现的问题及处理情况和建议。

二、设备监造

（一）监理工作要求

（1）监理单位应依据与建设单位签订的设备监造阶段的委托监理合同，成立由总监理工程师和专业监理工程师组成的项目监理机构。项目监理机构应进驻设备制造现场。

（2）总监理工程师应组织专业监理工程师熟悉设备制造图纸及有关技术说明和标准，掌握设计意图和各项设备制造的工艺规程及设备采购订货合同中的各项规定，并应组织或参加建设单位组织的设备制造图纸的设计交底。

（3）总监理工程师应组织专业监理工程师编制设备监造规划，经监理单位技术负责人审核批准后，在设备制造开始前10天内报送建设单位。

（4）总监理工程师应审查设备制造单位报送的设备制造生产计划和工艺方案，提出审查意见。符合要求后予以批准，并报建设单位。

（5）总监理工程师应审核设备制造分包单位的资质情况、实际生产能力和质量保证体系，符合要求后予以确认。

（6）专业监理工程师应审查设备制造的检验计划和检验要求，确认各阶段的检验时间、内容、方法、标准，以及检测手段、检测设备和仪器。

（7）专业监理工程师必须对设备制造过程中拟采用的新技术、新材料、新工艺的鉴定书和试验报告进行审核，并签署意见。

（8）专业监理工程师应审查主要及关键零件的生产工艺设备、操作规程和相关生产人员的上岗资格，并对设备制造和装配场所的环境进行检查。

（9）专业监理工程师应审查设备制造的原材料、外购配套件、元器件、标准件，以及坯料的质量证明文件及检验报告，检查设备制造单位对外购器件、外协作加工件及材料的质量验收，并由专业监理工程师审查设备制造单位提交的报验资料，符合规定要求的予以签认。

（10）专业监理工程师应对设备制造过程进行监督和检查，对主要及关键零部件的制造工序应进行抽检或检验。

（11）专业监理工程师应要求设备制造单位按批准的检验计划和检验要求进行设备制造过程的检验工作，做好检验记录，并对检验结果进行审核。专业监理工程师认为质量不符合要求时，指令设备制造单位进行整改，返修或返工。当发生质量失控或重大质量事故时，必须由总监理工程师下达暂停制造指令，提出处理意见，并及时报告建设单位。

（12）专业监理工程师应检查和监督设备的装配过程，符合要求后予以签认。

（13）在设备制造过程中如需要对设备的原设计进行变更，专业监理工程师应审核设计变更，并审查因变更引起的费用增减和制造工期的变化。

（14）总监理工程师应组织专业监理工程师参加设备制造过程中的调试、整机性能检测和验证，符合要求后予以签认。

（15）在设备运往现场前，专业监理工程师应检查设备制造单位对待运设备采取的防护和包装措施，并应检查是否符合运输、装卸、储存、安装的要求，以及相关的随机文件、装箱单和附件是否齐全。

（16）设备全部运到现场后，总监理工程师应组织专业监理工程师参加由设备制造单位按合同规定与安装单位的交接工作，开箱清点，检查、验收、移交。

（17）专业监理工程师应按设备制造合同的规定审核设备制造单位提交的进度付款单，提出审核意见，并由总监理工程师签发支付证书。

（18）专业监理工程师应审查建设单位或设备制造单位提出的索赔文件，提出意见后报总监理工程师，由总监理工程师与建设单位、设备制造单位进行协商，并提出审核报告。

（19）专业监理工程师应审核设备制造单位报送的设备制造结算文件，并提出审核意见，报总监理工程师审核，由总监理工程师与建设单位、设备制造单位进行协商，并提出审核报告。

（20）在设备监造工作结束后，总监理工程师应组织编写设备监造工作总结。

（二）监理工作要点

（1）设备监造规划一般应包括监造的概况要求，监造工作的范围和内容，监理工作的目标，监理工作的依据，项目监理机构的组织形式，人员配备及岗位职责，监理工作的程序、方法及措施，监理工作控制的重点，监理工作制度和监理设施等。

（2）设备制造生产计划和工艺方案必须经总监理工程师批准后方可实施。监理人员应重点掌握主要和关键零件的生产工艺规程及检验要求。

（3）审核设备制造分包单位的实际生产能力时，应重点对其制造设备、检测手段、测量和测验设备、生产制造人员技能、生产环境等进行审核。

（4）检验工作包括对原材料进货、制造加工、组装、中间产品试验、除锈、强度试验、严密性试验、整机性能考核试验、油漆、包装直至完成出厂并具备装运条件的检验。另外，应对检验所配备的检测手段、设备仪器、试验方法、标准、时间、频率等进行审查。

（5）对生产制造人员的上岗资格应审查其能力、培训记录和相关证书。对设备制造和装配场所的环境检查包括时间、温度、湿度、压力、清洁度等内容。

（6）过程监督检查主要是监督零件加工制造是否按工艺规程的规定进行，检查零件制造是否经检验合格后才转入下一道工序，主要和关键零件的材质和工序是否符合图纸、工艺的规定，零件加工制造的进度是否符合生产计划的要求。对重要零部件的重要工艺操作过程应实行旁站。

（7）总监理工程师下达停工令后，应提出如下处理意见：

①要求设备制造单位做出原因分析；

②要求设备制造单位提出整改措施；

③确定复工条件。

（8）在设备装配过程中，应检查配合面的配合质量，零部件的定位质量及它们的连接质量，运动件的运动精度等装配是否符合设计及标准要求。

（9）对原设计进行变更时，专业监理工程师应进行审核，并督促办理相应的设计修改手续和移交修改函件或技术文件等。对可能引起的费用增减和制造工期的变化按设备制造合同规定进行调整。

（10）防护和包装措施应考虑运输、装卸、储存、安装的要求，一般包括防潮湿、防雨淋、防日晒、防振动、防高温、防低温、防泄漏、防锈蚀、须屏蔽及放置形式等内容。

（11）监理人员可在制造单位备料阶段、加工阶段、完工交付阶段控制费用支出，或按合同规定审核进度款，由总监理工程师签发进度款支付证书。

（12）结算工作应依据合同规定进行。

（13）设备监造工作总结应包括制造设备的情况及主要技术性能指标、监理工作的范围及内容、监理组织机构、监理人员组成及监理合同履行情况、监理工作成效、出现的问题及处理情况和建议。

第五节 竣工验收与质量保修期的监理

一、房屋建筑工程中开展施工监理控制的意义

对建筑施工过程进行严格监理控制，具有一系列的作用和价值。具体来说，可以通过这些角度进行分析：①从建设工程单位角度来讲，通过对房屋施工过程中质量的严格监督，全面掌握整个施工过程，对资源进行更加合理的分配，使得施工成本降低，避免了个别施工人员为获取个人利益偷工减料、偷梁换柱等不法行为的出现；②从建筑工程质量监管角度来看，企业派出相关的监管人员，将监督管理任务具体的分配到施工场地中，使投资方、承包商等的利益得到最大限度的保证，而且从环境角度保证可以顺利完成房屋建筑工程；③从建筑行业发展角度来讲，通过实行各种有效的措施，开展质量监管控制活动，可以对其发展产生积极作用，并且与国家政策要求相符合，也可以提高建筑工程整体的施工水平。

进入新时期后，社会、国家、政府等部门非常重视建筑工程的质量监督工作。虽然我国引入工程监理制度相对较晚，但是经过我们前辈的不懈努力，如今行业规范、监管制度等越来越完善。但是，我们还是需要清晰地认识到仍然有一些问题存在于房屋建筑工程监督过程中。若要更好地做好监理工作，首先，需要进一步提升监督人员的综合素质，对于相关素质不够的人员，应该更换监督人员（由其他岗位调配）；其次，目前缺乏完善的工程管理制度，房屋施工过程中没有严格依据相关法律来开展，无法追究相关人员和部门的责任；最后，没有切实明确监理人员的责任，部分监理人员为了获取更大利益，可能会做出违反法律的行为。

二、建设项目监督、验收的过程

（一）施工前准备

在建筑工程施工之前，必须特别注意以下部分：①检查设计图纸的合理性。在工程施工之前，监理人员必须仔细检查图纸，看看图纸的设计和施工场地是否存在冲突，且应运用自己的专业知识分析设计图纸施工过程中与实际环境冲突的地方，监督人员提醒有关单位及时做出改变，保证房屋项目建设的安全性和质量。②检查有关建筑的材料、配件和施

工设备。建筑工程的质量与建筑材料和配件的质量有直接关系，而建筑设备的改进，可以使建设过程更加高效。因此，相关的管理人员必须对这个项目的建筑材料和配件进行严格的检查，确定材料部件的规格、来源和编号，防止一些工人利用漏洞将高质量的材料和配件换成不合格的材料配件，以此来获取个人利益。③有关人员需要对核心施工人员的资格证书进行严格的审核。因为这类工程要求比较高，需要核心施工人员熟悉建筑专业知识，确保核心施工人员证书真实有效，防止非专业人员在施工过程中因错误指导，影响施工质量。

（二）对施工过程的监督

在施工过程中可能存在的问题、人员的部署，所有紧急情况，都是监督员需要集中注意力关注的地方，这一阶段的管理过程分为四个部分：①需要全程监理，这对于整个建筑工程很重要，特别是在实施比较隐蔽的项目时需要监督人员全天进行监督，尤其是在施工过程中点结构支持、内部划分、程序顺序等地方防止出现错误，从而影响施工的质量和出现设计图纸不符的现象，以及建筑工程质量不合格的现象。为最大化防止错误的出现，监督时可以在建造过程中执行轮换的方法，扩大监督力度，消除影响施工质量的因素。②审查监督员需要不定期对建筑材料进行抽查，重视建设工程中的材料问题，确保采购的材料和施工过程中使用的材料是同一批次，以防止个别施工人员为了个人利益偷工减料或者偷梁换柱，导致影响监督人员对材料质量的判断。这种随机抽查是一种避免员工存在侥幸心理，刺激负责人提高警惕性，确保建筑工程质量的方法。③抓住重点项目。施工的技术、特点和规模典型的监督人员必须熟练掌握，因为关键的项目非常繁杂，必须把握尺度，重心必须正确放置在建筑物的建造中，构件的尺寸和材料的称重、复合轴线及标高等，这都是监理人员的职责；另外，工序的交接等都要在接受严格的检测后没有发现问题才能进行工序的下一阶段，最好对团队有一个特定的处理方案。④在经过检测后，如果建设工程进行的项目全部符合要求的质量标准，那么监督人员须根据合同的有关条款开具支付证明书，这时承包商可以向业主要求支付项目余款，这种有效监督承包商对施工项目的监督，可以分担监管人员的部分负担，也能更好地保障住房建设的质量。

（三）施工后的验收

施工后的验收大致分为两步：

（1）每个住宅项目都由几个部分组成，所以，在施工单位自我检查后，监理人员继续进行分支测试以确保每个部门都能完整的构建。监查人员根据工程设计图纸对比建筑工程的外观，设计人员根据工程设计进行设计。为了确保每个项目都是这样，我们在一步一步地审核质量，确保都达到标准后，可以根据合同相关条例签发证书，而签发证书是基于国家标准做出的具有质量等级评定的证书。检测时发现的问题应及时发送给建筑单位，要求其对建筑工程重新装修、修复，直到所有的缺陷全部弥补完好。

（2）工程的检验和验收应由监理人员在收集必要的图纸和文件后，协助政府的质量监督部门对现场进行初步检查，以完成整个工程质量等级的评比。

三、关于质量监督和验收的建议

（一）提高监理管理人员的素质

监督人员良好的素质和高水平的专业知识是监理人员顺利完成建筑工程建设监理的必要条件。因此，为了确保每个建设工程高质量地完成，公司必须狠抓质量监督，对监督人员的专业知识进行严格的考试，以确保监理工程师是高质量、高技能、高实践能力的人才。同时，公司在对监督人员进行专业培训的同时要进行一定的道德培训，建筑工程质量与安全问题关系着居住者的安全，所以只有监督人员严格按照规定检查，才能避免出现贿赂、虚假的建设情况，不出现"豆腐渣"工程，以确保数百万居民的生命安全，让人们安逸、自在地生活。

（二）完善监督和验收制度

在建筑工程中，完善监督和验收制度具有以下意义。

（1）一个完善的监督制度可以确保施工过程中的合法性和规范性。监督人员可以定期巡查工程现场，检查施工质量和安全情况，并对施工单位进行监督指导。这有助于及时发现和纠正施工过程中出现的问题，保证建筑质量和工程安全。

（2）严格的验收制度可以保证建筑工程的质量和功能符合规定标准。验收人员对已完工的建筑进行全面检查和评估，确保各项指标符合建筑设计和相关法规标准。只有通过细致入微的验收过程，才能保证建筑结构的安全可靠、使用功能和性能的卓越。

而要完善监督和验收制度，需要采取一系列有效措施。首先，政府部门应加强监管力度，提高监督人员的专业素质和实施能力。其次，建立健全的监督机制，加强与建筑施工单位的沟通协调，及时收集施工过程中的信息和反馈。最后，加强对验收人员的培训，确保他们具备充足的专业知识和实践经验，能够做出客观公正的评估。

第六节　FIDIC合同条件下的监理

一、FIDIC（国际咨询工程师联合会）合同条件中的一些规定

（一）合同履行中涉及时间阶段的概念

1.合同工期

合同工期是所签合同内注明的完成全部工程或分步移交工程的时间，加上合同履行过程中非承包商应负责原因导致变更和索赔事件发生后，监理工程师批准顺延工期之和。合同内约定的工期是指承包商在投标书附录中承诺的竣工时间。合同工期的日历天数作为衡量承包商是否按合同约定期限履行施工义务的标准。

2.施工期

施工期是指从监理工程师按合同约定发布的"开工令"中指明的应开工之日起，至工程移交证书注明的竣工日止的日历天数为承包商的施工期。将施工期与合同工期比较，以判定承包商的施工是提前竣工还是延误竣工。

3.缺陷责任期

缺陷责任期即国内施工文本所指的工程保修期，是指自工程移交证书中写明的竣工日开始，至监理工程师颁发解除缺陷责任书为止的日历天数。尽管工程移交前进行了竣工检验，但只是证明承包商的施工工艺达到了合同规定的标准。设置缺陷责任期的目的是考验工程在动态运行条件下是否达到了合同中技术规范的要求。因此，从开工之日起至颁发解除缺陷责任证书日止，承包商要对工程的施工质量负责。合同工程的缺陷责任期及分阶段移交工程的缺陷责任期，应在专用条件内具体约定。次要部位工程通常为半年，主要工程及设备大多为一年，个别重要设备也可以约定为一年半。

4.合同有效期

自合同签字日起至承包商提交给业主（建设单位）的"结清单"生效日止，施工合同对业主和承包商均具有法律约束力。颁发解除缺陷责任证书只是表示承包商的施工义务终止，合同约定的权利义务并未完全结束，还有管理和结算等手续未履行。结清单生效是是指业主已按监理工程师签发的最终支付证书中的金额付款，并退还承包商的履约保函。结清单一经生效，承包商在合同内享有的索赔权利也自行终止。

（二）合同价格

合同条件中，合同价格指的是中标通知书中写明的，按照合同规定，为了工程的实施、完成及其任何缺陷的修补应付给承包商的金额。但应注意，中标通知书中写明的合同价格仅指业主接受承包商投标书未完成全部招标范围内工程报价的金额，不能简单地理解为承包商完成施工任务后应得到的结算款项。因为合同条件内很多条款都规定，监理工程师根据现场情况发布非承包商应负责原因的变更指令后，如果导致施工中发生额外费用所应给予的补偿，以及批准承包商索赔给予补偿的费用，都应增加到合同价格上去，所以签约时原定的合同价格在实施过程中会有所变化。大多数情况下，承包商完成合同规定的施工义务后，累计获得的工程款也不等于原定合同价格与批准的变更和索赔补偿款之和，可能比其多，也可能比其少。究其原因，涉及以下几个方面因素的影响。

1.合同类型特点

FIDIC合同条件适用于大型复杂工程，采用单价合同的承包方式。为了缩短建设周期，通常在初步设计完成后就开始施工招标，在不影响施工进度的前提下陆续发放施工图，因此，承包商据以报价的工程量清单中各项工作内容项下的工程量一般为概算工程量。合同履行过程中，承包商实际完成的工程量可能多于或少于清单中的估计量。单价合同的支付原则是，按承包商实际完成工程量乘以清单中相应工作内容的单价，结算该部分工作的工程款。

2.可调价合同

大型复杂工程的施工期较长，通用条件中包括合同工期内因物价变化对施工成本产生影响后计算调价费用的条款，每次支付工程进度款时均要考虑约定可调价范围内项目当地市场价格的涨落变化。而这笔调价款没有包含在中标价格内，仅在合同条款中约定了调价原则和调价费用的计算方法。

3.发生应由业主承担责任的事件

合同履行过程中，可能因业主的行为或其他应承担风险责任的事件发生后，导致承包商施工成本增加，合同相应条款都规定应对承包商受到的实际损害给予补偿。

4.承包商的质量责任

合同履行过程中，如果承包商没有完全地或正确地履行合同义务，业主可凭监理工程师出具的证明，从承包商应得工程款内扣减该部分给业主带来损失的款额。合同条件内明确规定的情况包括：

（1）不合格材料和工程的重复检验费用由承包商承担。监理工程师对承包商采购的材料和施工的工程通过检验后发现质量没达到合同规定的标准，承包商应自费改正并在相同条件下进行重复检验，重复检验所发生的额外费用由承包商承担。

（2）承包商没有改正忽视质量的错误行为。当承包商不能在监理工程师限定的时间内将不合格的材料或设备移出施工现场，以及在限定时间内没有或无力修复缺陷工程，业主可以雇用其他人完成，该项费用应从承包商处扣回。

（3）折价接收部分有缺陷工程。某项处于非关键部位的工程施工质量未达到合同规定的标准，如果业主和监理工程师经过适当考虑后，确信该部分的质量缺陷不会影响总体工程的运行安全，为了保证工程按期发挥效益，可以与承包商协商后折价接收。

5.承包商延误工期或提前竣工

（1）因承包商责任的延误竣工。签订合同时双方需约定日拖期赔偿限额和最高赔偿限额。如果因承包商应负责原因使竣工时间迟于合同工期，将按日拖期赔偿额乘以延误天数计算拖期违约赔偿金，但以约定的最高赔偿限额为赔偿业主延迟发挥工程效益的最高款额。

（2）提前竣工。承包商通过自己的努力使工程提前竣工是否应得到奖励，在土木工程施工合同条件中列入可选择条款一类。业主要看提前竣工的工程或区段是否能让其得到提前使用的收益而决定该条款的取舍。如果招标工程内容仅为整体工程中的部分工程，且这部分工程的提前不能单独发挥效益，则没有必要鼓励承包商提前竣工，可以不设奖励条款。若选用奖励条款，则需在专用条件中具体约定奖金的计算办法。FIDIC合同条件应用指南中说明，当合同内约定有部分区段工程的竣工时间和奖励办法时，为了使业主能够在完成全部工程之前占有并启用工程的某些区段提前发挥效益，约定的区段完工日期应固定不变。也就是说，除合同中另有规定外，不因该区段的施工过程中出现非承包商应负责原因，监理工程师批准顺延合同工期而对计算奖励的应竣工时间予以调整。

6.包含在合同价格之内的暂定金额

某些项目的工程量清单中包括"暂定金额"款项，尽管这笔款额计入在合同价格内，但其使用却归监理工程师控制。暂定金额实际上是一笔业主方的备用金，监理工程师有权依据工程进展的实际需要，用于施工或提供物资、设备，以及技术服务等内容的开支，也可以作为供意外用途的开支。他有权全部使用、部分使用或完全不用。监理工程师可以发布指示，要求承包商或其他人完成暂定金额项内开支的工作，因此只有当承包商按监理工程师的指示完成暂定金额项内开支的工作任务后，才能从中获得相应支付款项。由于暂定金额是用于招标文件规定承包商必须完成的承包工作之外的费用，承包商报价时不将承包范围内发生的间接费、利润、税金等摊入其中，所以他未获得暂定金额内的支付并不损害其利益。

（三）指定分包商

1.指定分包商的概念

FIDIC合同条件规定，业主有权将部分工程项目的施工任务或涉及提供材料、设备、服务等工作内容分包给指定分包商实施。所谓"指定分包商"是由业主（或监理工程师）指定、选定、完成某项特定工作内容并与承包商签订分包合同的特殊分包商。

合同内规定有承担施工任务的指定分包商，大多因业主在招标阶段划分合同分包时，考虑到某部分施工的工作内容有较强的专业技术要求，一般承包单位不具备相应的技术能力，但如果以一个单独的合同对待又限于现场的施工条件，监理工程师无法合理地进行协调管理，为避免各独立承包商之间的施工干扰，只能将这部分工作发包给指定分包商实施。由于指定分包商是与承包商签订的分包合同，因而在合同关系和管理关系方面与一般分包商处于同等地位，对其施工过程中的监督、协调工作纳入承包商的管理之中。指定分包工作内容可能包括部分工程的施工，供应工程所需的货物、材料、设备、设计、提供技术服务等。

2.指定分包商的特点

虽然指定分包商与一般分包商处于相同的合同地位，但二者并不完全一致，主要差异体现在以下几个方面：

（1）选择分包单位的权利不同。承担指定分包工作任务的单位由业主或监理工程师选定，而一般分包商则由承包商选择。

（2）分包合同的工作内容不同。指定分包工程属于承包商无力完成，不在合同约定应由承包商必须完成范围之内的工作，即承包商投标报价时没有摊入间接费、管理费、利润、税金的工作，因此不损害承包商的合法权益。而一般分包商的工作则为承包商承包工作范围的一部分。

（3）工程款的支付开支项目不同。为了不损害承包商的利益，给指定分包商的付款应从暂定金额内开支。而对一般分包商的付款，则从工程量清单中相应工作内容项内支付。由于业主选定的指定分包商要与承包商签订分包合同，并需指派专职人员负责施工过程中的监督、协调、管理工作，因此也应在分包合同内具体约定双方的权利和义务，明确收取分包管理费的标准和方法。

业主对分包商利益的保护不同。尽管指定分包商与承包商签订分包合同后，按照权利与义务关系而直接对承包商负责，但由于指定分包商终究是业主选定的，而且其工程款的支付从暂定金额内开支，因此在合同条件内列有保护指定分包商的条款。如承包商在每个月月末报送工程进度款支付报表时，监理工程师有权要求他出示以前已按指定分包合同支付指定分包商款项的证明。如果承包商没有合法理由而扣押了指定分包商上月应得工程款的话，业主有权按监理工程师出具的证明从本月应得款内扣除这笔金额直接付给指定分包商。对于一般分包商则无此类规定，业主和监理工程师不介入一般分包合同履行的监督。

承包商对分包商违约行为承担责任的范围不同。除非由于承包商向指定分包商发布了错误的指示要承担责任外，指定分包商的任何违约行为给业主或第三者造成损害而导致索赔或诉讼时，承包商不承担责任。如果一般分包商有违约行为，业主会将其视为承包商的违约行为，按照总包合同的规定追究承包商的责任。

（四）风险责任的划分

合同履行过程中可能发生的某些风险是有经验的承包商在准备投标时无法合理预见的，就业主利益而言，不应要求承包商在其报价中计入这些不可合理预见风险的损害补偿费，以取得有竞争性的合理报价。合同履行过程中发生此类风险事件后，按承包商受到的实际影响给予补偿。

业主应承担的风险义务如下所述。

1.合同条件规定的业主风险

（1）战争、敌对行动、入侵、外敌行动。

（2）叛乱、革命、暴动或军事政变，篡夺政权或内战。

（3）核爆炸、核废料、有毒气体的污染等。

（4）超声速或亚音速飞行物产生的压力波。

（5）暴乱、骚乱或混乱，但不包括承包商及分包商的雇员因执行合同而引起的行为。

（6）因业主在合同规定外，使用或占用永久工程的某一区段或某一部分而造成的损失或损害。业主提供的设计不当造成的损失。

（7）一个有经验承包商通常无法预测和防范的任何自然力作用。

（8）前五种都是业主或承包商无法预测、防范和控制的事件，损害的后果又很严重，因此合同条件又进一步将它们定义为"特殊风险"。因特殊风险事件发生导致合同的履行被迫终止时，业主应对承包商受到的实际损失（不包括利润损失）给予补偿。

2.其他不能合理预见的风险

（1）如果遇到了现场气候条件以外的外界条件或障碍影响了承包商按预定计划施工，经监理工程师确认该事件属于有经验的承包商无法合理预见的情况，则承包商实际施工成本的增加和工期损失应得到补偿。

（2）汇率变化对支付外币的影响。当合同内约定给承包商的全部或部分付款为某种外币，或约定整个合同期内始终以投标截止日期前第28天承包商报价所依据的投标汇率为不变汇率按约定百分比支付某种外币时，汇率的实际变化对支付外币的计算不产生影响。

若合同内规定按支付日当天中央银行公布的汇率为标准，则支付时需随汇率的市场浮动进行换算。由于合同期内汇率的浮动变化是双方签约时无法预计的情况，所以不论采用何种方式，业主均应承担汇率实际变化对工程总造价影响的风险，可能对其有利，也可能不利。

（3）法令、政策变化对工程成本的影响。如果投标截止日期前第28天后，由于法律、法令和政策变化引起承包商实际投入成本的增加，应由业主给予补偿。若导致施工成本的减少，也由业主获得其中的好处。

二、工程计量与支付管理

（一）工程计量

（1）工程计量程序。FIDIC条款规定，当监理工程师要求对任何部位进行计量时，他应适时地通知承包商授权的代理人，代理人应立即参加或派出一名合格的代表协助监理工程师进行上述计量，并提供监理工程师所要求的一切详细资料。如承包商不参加，或由于疏忽遗忘而未派上述代表参加，则由监理工程师单方面进行的计量应被视为对工程该部分的正确计量。如果对永久工程采取记录和图纸的方式计量，监理工程师应在工作过程中准备好记录和图纸，当承包商被通知要求进行该项计量时，应在14天内参加审查，并就此类记录和图纸与监理工程师达成一致，并在上述文件上签字。如果承包商不出席此类记录和图纸的审查与确认，则认为这些记录和图纸是正确无误的。如果在审查上述记录和图纸之后，承包商不同意上述记录和图纸，或不签字表示同意，它们仍将被认为是正确的，除非承包商在上述审查后14天内向监理工程师提出申诉，申明承包商认为上述记录与图纸中并不正确的各个方面。在接到这一申诉通知后，监理工程师应复查这些记录和图纸，予以确认或修改。

在某些情况下，也可由承包商在监理工程师的监督和管理下，对工程的某些部分进行计量。

（2）工程计量的依据。计量依据一般有质量合格证书、工程量清单前言和技术规范中的"计量支付"条款、设计图纸。

①质量合格证书。对于承包商已完工的工程，并不是全部进行计量，而示值对质量达到合同标准的已完工程才予以计量，所以工程计量必须经过监理工程师检验，工程质量达到合同规定的标准后，由监理工程师签发中间交工证书（质量合格证书），有了质量合格证书的工程才能予以计量。

②工程量清单前言和技术规范。工程量清单前言和技术规范是确定计量方法的依据。因为工程量清单前言和技术规范的"计量支付"条款规定了清单中每一项工程的计量

方法，同时规定了按规定的计量方法确定的单价所包括的内容和范围。

③计量的几何尺寸要以设计图纸为依据。单价合同以实际完成的工程量进行结算，但被监理工程师计量的工程数量，并不一定是承包商实际施工的数量。监理工程师对承包商超出设计图纸要求增加的工程量和自身原因造成返工的工程量不予计量。

（二）支付结算管理

FIDIC合同条件规定的支付结算为：每个月末支付工程进度款、竣工移交时办理竣工结算、解除缺陷责任后进行最终决算三大类型。支付结算过程中涉及的费用又可以分为两大类：一类是工程量清单中列明的费用；另一类属于工程量清单内虽未注明，但条款有明确规定的费用，如变更工程款、物价浮动调整款、预付款、保留金、逾期付款利息、索赔款、违约赔偿款等。

1.工程进度款支付管理

（1）保留金。保留金是指按合同约定从承包商应得工程款中相应扣减的一笔保留在业主手中的金额，作为约束承包商严格履行合同义务的措施之一。当承包商有一般违约行为使业主受到损失时，可从该项金额内直接扣除损害赔偿费。例如，承包商未能在监理工程师规定的时间内修复缺陷工程部位，业主雇用其他人完成后，这笔费用可从保留金内扣除。

①保留金的扣留。从首次支付工程进度款开始，用该月承包商有权获得的所有款项中减去调价款后的金额，乘以合同约定的保留金最高限额为止（通常为合同总价的5%）。

②保留金的返还。颁发工程移交证书后，退还承包商一半保留金。如果颁发的是部分工程移交证书，也应退还该部分永久工程占合同工程相应比例保留金的一半。颁发解除缺陷责任证书后，退还剩余的全部保留金。在业主同意的前提下，承包商可以提交与保留金一半等额缺陷责任期内的保留金。在颁发移交证书后，业主将全部保留金退还承包商。

（2）预付款。

①动员预付款。业主为了解决承包商进行施工前期工作时资金短缺，从未来的工程款中提前支付一笔款项。通用条件对动员预付款没有做出明确规定，因此业主同意给动员预付款时，须在专用条件中详细列明支付和扣还的有关款项。

动员预付款的支付。动员预付款的数额由承包商在投标书中确认，一般在合同价的10%~15%。承包商须首先将银行出具的预付款保函交给业主并通知监理工程师，在14天内监理工程师应签发"动员预付款支付证书"，业主按合同约定的数额和外币比例支付动员预付款。预付款保函金额始终保持与预付款等额，即随着承包商对预付款的偿还逐渐递减至保函金额。

动员预付款的扣还。自承包商获得工程进度款累计总额达到合同总价的20%时，当月起扣，到规定竣工日期前3个月扣清，在此期间每个月按等值从应得工程进度款内扣留。若某月承包商应得工程进度款较少，不足以扣除应扣预付款时，其余额计入下月应扣款内。

②材料预付款。由于合同条件是针对包工包料承包的单位合同编制，因此条款规定由承包商自筹资金去订购其应负责采购的材料和设备，只有当材料和设备用于永久工程后，才能将这部分费用计入工程进度款内支付。

材料预付款的支付。为了帮助承包商解决订购大宗主要材料和设备的资金周转，订购物资运抵施工现场经监理工程师确认合格后，按发票价值乘以合同约定的百分比（60％~90％）作为材料预付款，包括在当月应支付的工程进度款内。

材料预付款的扣还。对扣还方式FIDIC合同中没有明确规定，通常在专用条件下约定的方式有，在约定的后续月内每月按平均值扣还或从已计量支付的工程量内扣除其中的材料费等。工程完工时，累计支付的材料预付款应与逐月扣还的总额相等。

（3）计日工费。

计日工费，是指承包商在工程量清单的附件中，按工种或设备填报单价的日工劳务费和机械台班费，一般用于工程量清单中没有合适项目，且不能安排大批量的流水施工的零星附加工作。只有当监理工程师根据施工进度的实际情况，指示承包商实施以日工计价的工作时，承包商才有权获得用日工计价的付款。实施计日工作过程中，承包商每天应向监理工程师送交一式两份报表，报表的内容如下所述：

①列明所有参加计日工作的人员姓名、职务、工种和工时的确切清单；

②列明用于计日工的材料和承包商所用设备的种类及数量的报表；

③监理工程师经过核实批准后在报表上签字，并将其中一份退还承包商。如果承包商需要为完成计日工作购买材料，应先向监理工程师提交订货报价单请他批准，采购后还要提供付款的收据或其他凭证；

④每个月的月末，承包商应提交一份除日报表以外所涉及计日工计价工作的所有劳务、材料和使用承包商设备的报表，作为申请支付的依据。如果承包商未能按时申请，能否取得这笔款项取决于申请的原因和监理工程师的决定。

（4）因物价浮动的调价款。长期合同订有调价条款时，每次支付工程进度款均应按合同约定的方法计算价格调整费用。如果工程施工因承包商延误工期，则在合同约定的全部工程应竣工日后的施工期间，不再考虑价格调整，各项指数采用应竣工日当月所采用值；对不属于承包商责任的施工延期，在监理工程师批准的展延期限内仍应考虑价格调整。

（5）工程量计量。工程量清单中所列的工程量仅是对工程的估算量，不能作为承包商完成合同规定施工义务的结算依据。每次支付工程进度款前，均需通过测量来核实实际完成的工程量，以计量值作为支付依据。

（6）支付工程进度款。

1）承包商提供报表。

每个月的月末，承包商应按监理工程师规定的格式提交一式六份本月支付报表。内容包括以下五个方面：

①本月实施的永久工程价值。

②工程量清单中列有的包括临时工程、计日工费等任何项目应得款。

③材料预付款。

④按合同约定方法计算的，因物价浮动而需增加的调价款。

⑤按合同有关条款约定，承包商有权获得的补偿款。

2）监理工程师签证。

监理工程师接到报表后，要审查款项内容的合理性和计算的正确性。在核实承包商本月应得款的基础上，再扣除保留金、动员预付款、材料预付款，以及所有承包商责任而应扣减的款项后，据此签发中期支付的临时支付证书。如果本月承包商应获得支付的金额小于投标书附件中规定的中期支付最小金额时，监理工程师可不签发本月进度款的支付证书，这笔款接转下月一并支付。监理工程师的审查和签证工作，应在收到承包商报表后的28天内完成。工程进度款支付证书属于临时支付证书，监理工程师有权对以前签发过的证书进行修正；若对某项工作的完成情况不满意时，也可以在证书内删去或减少这项工作的价值。

3）业主支付。

承包商的报表经过监理工程师认可并签发工程进度款的支付证书后，业主应在接到证书的28天内给承包商付款。如果逾期支付，将按投标书附录约定的利率计算延期付款利息。

2.竣工结算

（1）竣工结算程序。

颁发工程移交证书后的84天内，承包商应按监理工程师规定的格式报送竣工报表。报表内容包括三个方面：

①到工程移交证书中指明的竣工日止，根据合同完成全部工作的最终价值。

②承包商认为应该获得的其他款项，如要求的索赔款、应退还的部分保留金等。

③承包商认为根据合同应支付其估算总额。

所谓"估算总额"，是指这笔金额还未经过监理工程师审核同意。估算总额应在竣工结算报表中单独列出，以便监理工程师签发支付证书。

监理工程师接到竣工报表后，应对照竣工图进行工程量的详细核算，对其他支付要求进行审查，然后再依据检查结果签署竣工结算的支付证书。此项签发工作，监理工程师也应在收到竣工报表后28天内完成。业主依据监理工程师的签证予以支付价款。

（2）对竣工结算总金额的调整。

一般情况下，承包商在整个施工期内完成的工程量乘以工程量清单中的相应单价后，再加上其他有权获得的费用的总和，即为工程竣工结算总额。但当颁发工程移交证书后发现由于施工期内累计变更的影响和实际完成工程量与清单内估计工程量的差异，导致承包商按合同约定方式计算的实际结算款总额，比原定合同价格增加或减少过多时，均应对结算价款总额予以相应调整。

进行竣工结算时，将承包商实际施工完成的工程量按合同约定费率计算的结算款，扣除暂定金额项内的付款、计日工付款的物价浮动调价款后，于中标通知书中注明的合同价格扣除工程量清单内所列暂定金额、计日工费两项后与"有效合同价"进行比较。不论增加还是减少的额度超过合同价15%时，均要对承包商的竣工结算总额加以调整。调整处理的原则是：

①增减差额超过有效合同价15％的原因是由于累计变更过多导致的，不包括其他原因。即合同履行过程中不属于工程变更范围内所给承包商的补偿费用，不应包括在计算竣工结算款调整费之列。如业主违约或应承担风险事件发生后的补偿款，因法规、税收等政策变化的补偿款，汇率变化的调整费等。

②增加或减少超过有效合同价15％后的调整，是针对整个合同而言。对于某项具体工作内容或分阶段移交工程的竣工结算，虽然也有可能超过该部分工程合同价格的15%，但不应考虑对该部分的结算价格做调整。

③增加或减少幅度在有效合同价15％之内，竣工结算款不应做调整。因为工程量清单所列的工程量是估计工程量，允许实施过程中与它有差异，而且施工中的变更也是不可避免的，所以在此范围内的变化按双方应承担的风险对待。

④增加款额部分超过有效合同价15％时，应将承包商按合同约定方式计算的竣工结算款总额适当减少；反之，减少款额部分超过有效合同价15%时，则在承包商应得结算款基础上，增加一定的补偿费。

⑤进行此项调整的原因，是基于单价合同的特点。承包商在工程量清单中所报单价既包括直接费部分，还包括间接费、利润、公司管理费等在该部分工程款中的摊销。为了使承包商的实际收入与支出之间达到总体平衡，因此要对摊销费中不随工程量实际增减变化的部分予以调整。调整范围仅限于超过有效合同价15％的部分。

3.最终结算

最终结算是指颁发解除缺陷责任证书后，对承包商完成全部工作价值的详细结算，以及根据合同条件对应付给承包商的其他费用进行核实，确定合同的最终价格。

颁发解除缺陷责任证书后的56天内，承包商应向监理工程师提交最终报表草案，以及监理工程师要求提交的有关资料。最终报表草案要详细说明根据合同完成的全部工程价值和承包商依据合同认为还应支付给他的任何款项，如剩余的保留金及缺陷责任期内发生的索赔费用等。

监理工程师审核后与承包商协商，对最终报表草案进行适当的补充或修改后形成最终报表。承包商将最终报表送交监理工程师的同时，还需向业主提交一份"结清单"，以进一步证实最终报表中的支付总额，作为同意与业主终止合同关系的书面文件。监理工程师在接到最终报表和结清单附件后的28天内签发最终支付证书，业主应在收到证书后的56天内支付。只有当业主按照最终支付证书的金额予以支付并退还履约保函后，结清单才生效，承包商的索赔权也即行终止。

4.动态结算公式法

（1）动态结算公式法的步骤：确定计算物价指数的品种。

（2）要明确以下两个问题：一是合同价格条款中，应写明经双方商定的调整因素，在签订合同时要写明考核的几种物价波动到何种程度才进行调整；二是考核的地点和时点，地点一般在工程所在地，或指定的某地市场价格，时点指的是某月某日的市场价格。

确定每个品种的系数和固定系数。品种的系数要根据该品种价格对总造价的影响程度而定。各品种系数之和加上固定系数应该等于1。

（三）工程变更

1.FIDIC合同条件下工程变更的控制

（1）提出变更要求，工程变更可能由承包商提出，也可能由业主提出。

（2）监理工程师审查变更。监理工程师审批变更时应与业主和承包商进行适当的协商，尤其是一些费用增加较多的工程变更项目，更要与业主进行充分的协商，在征得业主的事先同意后才能批准。

（3）编制工程变更文件，工程变更文件包括以下四种。

①工程变更令，主要说明变更的理由和工程变更的概况；工程变更估价及对合同价的影响。

②工程量清单，工程变更的工程量清单与合同中的工程量清单相同，并需附工程量的计算记录及有关确定单价的资料。

③设计图纸（包括技术规范）。

④发出变更指标。

（4）发出变更指示，监理工程师的变更指示应以书面形式发出。如果监理工程师认为有必要以口头形式发出指示，指示发出后应尽快加以书面确认。

2.FIDIC合同条件下工程变更的估价

如监理工程师认为适当，应以合同中规定的费率及价格进行估价。如合同中未包括适用于该变更工程的费率或价格，则应在合理的范围内使用合同中的费率和价格作为估价的基础。若合同清单中既没有与变更项目相同，也没有相似项目时，在监理工程师与业主和承包商适当协商后，由监理工程师和承包商商定一合适的费率或价格作为结算的依据，当双方意见不一致时，监理工程师有权单方面确定其认为合适的费率或价格。

为了方便支付，在费率和价格未取得一致意见前，监理工程师应确定暂行费率或价格，以便有可能作为暂付款包含在期中付款证书中。

如果监理工程师在颁发整个工程的移交证书时，发现由于工程变更和工程量表上实际工程量的增加或减少（不包括暂定金额、计日工和价格调整），使合同价格增加或减少上午合计超过有效合同价（指不包括暂定金额和计日工补贴的合同价格）的15%时，在监理工程师与业主和承包商协商后，应在合同价格中加上或减去承包商和监理工程师议定的一笔款额。若双方未能取得一致意见，则由监理工程师在考虑承包商的现场费用和上级公司管理费后确定此款额。该款额仅以超过或低于"有效合同价"15%的那一部分为基础。

第七章　工程项目质量管理

百年大计，质量为本。建筑工程质量目标是工程项目建设目标中尤为重要的一个，是工程项目施工阶段项目管理的核心工作之一。施工阶段根据设计图纸的要求实施，形成过程实体。其质量要求与前几个阶段的质量要求是不同的，如果说可行性研究阶段解决"能否做、做什么"的问题，设计阶段解决"如何做"的问题，那么施工阶段则要解决的是"做出来、做好"的问题。前几个阶段都与决策有关，施工阶段则是生产实践，是关于生产和操作的质量问题。质量控制工作量最大的阶段就是施工阶段。所有与建设活动有关的单位都要在此时参与质量形成的活动。所以，施工阶段的质量控制是工程项目质量控制的重点，也是最重要的阶段，是为达到工程项目质量要求所采取的作业技术和活动。其质量要求主要表现为工程合同、设计文件、规范规定的质量标准。因此，工程质量控制就是为了保证达到工程合同规定的质量标准而采取的一系列措施、手段和方法。

第一节　工程项目质量管理的基本概念

一、项目质量管理的有关概念

（一）质量的定义

根据国家标准《质量管理体系基础和术语》（GB/T 19000—2008）的定义：质量是一组固有特性满足要求的程度。就工程质量而言，其固有特性通常包括使用功能、寿命、可靠性、安全性、经济性等；这些特性满足要求的程度越高，质量就越好。

当今社会，食品质量、工程质量、服务质量已经成为人们日益关注的话题。

（二）质量管理的定义

质量管理就是在质量方面指挥和控制组织协调的活动。这些活动通常包括制定质量方针和质量目标，以及质量策划、质量控制、质量保证和质量改进等一系列工作。

良好的质量管理是实现质量目标的必需手段。

（三）质量控制的定义

质量控制是质量管理的一部分但不是全部，质量控制是在明确的质量目标和具体的条件下，通过行动方案和资源配置的计划、实施、检查和监督，进行质量目标的事前预控、事中控制和事后纠偏控制，实现预期质量目标的系统过程。

（四）质量目标的定义

GB/T 19000—2008标准对"质量目标"的定义是"在质量方面所追求的目的"。从质量管理学理论的角度来说，质量目标的理论依据是行为科学和系统理论。

质量目标是一个项目在质量方面努力的方向，且经过一定的努力可以实现。

二、建设工程质量的特性

建设工程质量地特性主要表现在以下六个方面。

（一）适用性

适用性，即功能，是指工程满足使用目的的各种性能，包括理化性能、结构性能、使用性能和外观性能等。

（二）耐久性

耐久性，即寿命，是指工程在规定的条件下，满足规定功能要求使用的年限，也就是工程竣工后的合理使用寿命周期。

（三）安全性

安全性是指工程建成后在使用过程中保证结构安全、人身和环境免受危害的程度。

（四）可靠性

可靠性是指工程在规定的时间和规定的条件下完成规定功能的能力。

（五）经济性

经济性是指工程从规划、勘察、设计、施工到整个产品使用寿命周期内的成本和消耗的费用。

（六）与环境的协调性

与环境的协调性是指工程与其周围生态环境相协调、与所在地区经济环境相协调及与周围已建工程相协调，以适应可持续发展的要求。

上述六个方面的质量特性彼此之间是相互依存的。总体而言，适用、耐久、安全、可靠、经济及与环境相协调，都是必须达到的基本要求，缺一不可；但是对于不同门类、不同专业的工程可根据其所处的特定的环境条件、技术经济条件有不同的侧重面。

第二节　项目质量管理体系

一、项目质量的形成过程和影响因素分析

（一）建设工程项目质量的基本特性

建设工程项目从本质上说是一项拟建或在建的建筑产品，它和一般产品具有同样的质量内涵，即一组固有特性满足要求的程度。这些特性是指产品的适用性、耐久性、安全性、可靠性、经济性及与环境的协调性等。在工程管理实践和理论研究中，也有人把建设工程项目质量的基本特性概括如下。

1.反映使用功能的质量特性

反映使用功能的质量特性主要表现为质量的适用性。

2.反映安全可靠的质量特性

反映安全可靠的质量特性主要表现为质量承重荷载和结构许用荷载。

3.反映艺术文化的质量特性

反映艺术文化的质量特性主要表现为艺术欣赏的特性，给人以美的感受。

4.反映建筑环境的质量特性

反映建筑环境的质量特性主要表现为建筑与环境的协调性，并能够推进城市环境

建设。

（二）建设工程项目质量的形成过程

建设工程项目质量的形成过程，贯穿整个建设项目的决策过程和各个工程项目的设计与施工过程，体现了建设工程项目质量从目标决策、目标细化到目标实现的系统过程。

1.质量需求的识别过程

必须指出，由于建筑产品采取定制式的承发包生产，因此其质量目标的决策是建设单位（业主）或项目法人的质量职能，尽管业主可以采用社会化、专业化的方式，委托咨询机构、设计单位或建设工程总承包企业进行建设项目的前期工作，但这一切并不会改变业主或项目法人的决策性质。业主的需求和法律法规的要求，是决定建设工程项目质量目标的主要依据。

2.质量目标的定义过程

建设工程项目质量目标的具体定义过程，一方面是在建设工程设计阶段。由此可见，建设工程项目设计的任务就在于将建设工程项目的质量目标具体化。通过建设工程的方案设计、初步设计扩大、技术设计和施工图设计等环节，对建设工程项目各细部的质量特性指标进行明确定义，即确定质量目标值，为建设工程项目的施工安装作业活动及质量控制提供依据。另一方面，承包商为了创品牌工程或根据业主的创优要求及具体情况来确定工程的总体质量目标，策划精品工程的质量控制。

3.质量目标的实现过程

建设工程项目质量目标实现的最重要和最关键的过程是在施工阶段，包括施工的准备过程和施工作业技术地活动过程。

在这个过程中，业主方的项目管理，担负着对整个建设工程项目质量总目标的策划、决策和实施监控的任务；而建设工程项目各参与方，则直接承担着相关建设工程项目质量目标的控制职能和相应的质量责任。

（三）建设工程项目质量的影响因素

建设工程项目质量的影响因素主要是指在建设工程项目质量目标策划、决策和实现过程中的各种客观因素和主观因素，包括人的因素、技术因素、管理因素、环境因素和社会因素等。

1.人的因素

人的因素对建设工程项目质量形成的影响，包括两个方面的含义：一是指直接承担建设工程项目质量职能的决策者、管理者和作业者个人的质量意识及质量活动能力；二是指承担建设工程项目策划、决策或实施的建设单位、勘察设计单位、咨询服务机构、工程承包企业等实体组织。

2.技术因素

科技的发展、技术的进步，对工程质量有着深远的影响。例如，大模板的应用在一定程度上减少了钢模拼装接缝对砼质量的影响。

3.管理因素

影响建设工程项目质量的管理因素，主要是决策因素和组织因素。管理因素中的组织因素，包括建设工程项目实施的管理组织和任务组织。

4.环境因素

对建设工程项目质量控制而言，作为直接影响建设工程项目质量的环境因素，一般是指建设工程项目所在地点的水文、地质和气象等自然环境，施工现场的通风、照明、安全卫生防护设施等劳动作业环境，以及由多单位、多专业交叉协同施工的管理关系、组织协调方式、质量控制系统等构成的管理环境。

5.社会因素

不难理解，人、技术、管理和环境因素对于建设工程项目而言是可控因素；社会因素存在于建设工程项目系统之外，一般情形下对建设工程项目管理者而言，属于不可控因素。

二、项目质量管理体系的建立和运行

（一）全面质量管理思想和方法的应用

1.全面质量管理（TQC）的思想

（1）全面质量管理。建设工程项目的全面质量管理，是指建设工程项目参与各方所进行的工程项目质量管理的总称，其中包括工程（产品）质量和工作质量的全面管理。

（2）全过程质量管理。全过程质量管理主要是在建设工程产品实现的全过程进行质量管理。

（3）全员参与质量管理。开展全员参与质量管理的重要手段就是运用目标管理方法，将组织的质量总目标逐级进行分解，使之形成自上而下的质量目标分解体系和自下而上的质量目标保证体系。全员参与管理是质量管理的保证。

2.质量管理的PDCA循环

在长期的生产实践过程和理论研究中形成的PDCA循环，是确立质量管理和建立质量体系的基本原理。

"PDCA"中的P即策划，D即实施，C即检查，A即改进。

（1）计划P（Plan）。质量管理的计划职能包括确定或明确质量目标和制定实现质量目标的行动方案两个方面。

（2）实施D（Do）。实施职能在于将质量的目标值通过生产要素的投入、作业技术活动和产出过程，转换为质量的实际值。为保证工程质量的产出或形成过程能够达到预期的结果，在各项质量活动实施前，要根据质量管理计划进行行动方案的部署和交底。

（3）检查C（Check）。这里的"检查"是指对计划实施过程进行各种检查，包括作业者的自检、互检和专职管理者的专检。各类检查也都包含两大方面：一是检查是否严格执行了计划的行动方案、实际条件是否发生了变化，以及不执行计划的原因；二是检查计划执行的结果。

（4）改进A（Action）。对于质量检查所发现的质量问题，应及时进行原因分析，采取必要的措施予以纠正，保持工程质量形成过程的受控状态。改进包括处置分纠偏和预防改进两个方面。

为了有效地进行系统、全面的质量控制，必须由建设工程项目实施的总负责单位负责质量控制系统的建立和运行，实施质量目标的控制。

（二）建设工程项目质量管理体系的性质、特点和构成

1.工程项目质量管理体系的性质

建设工程项目质量管理体系既不是业主方也不是施工方的质量管理体系或质量保证体系，而是建设工程项目目标控制的一个工作系统。其具有下列所描述的性质。

（1）建设工程项目质量控制系统是以工程项目为对象，由工程项目实施的总组织者负责建立的面向对象开展质量控制的工作体系。

（2）建设工程项目质量管理体系是建设工程项目管理组织的一个目标控制体系，它是与项目投资控制、进度控制、职业健康安全与环境管理等目标控制体系共同依托同一项目管理的组织机构。

（3）建设工程项目质量控制系统根据工程项目管理的实际需要而建立，随着建设工程项目的完成和项目管理组织的解体而消失。因此，建设工程项目质量控制系统是一个一次性的质量控制工作体系，不同于企业的质量管理体系。

2.工程项目质量管理体系的特点

如前所述，建设工程项目质量管理体系是面向对象而建立的质量控制工作体系。它与建筑企业或其他组织机构按照GB/T19001标准建立的质量管理体系相比较，有如下5点不同。

（1）建立的目的不同。建设工程项目质量管理体系只适用于特定的建设工程项目质量控制，而不适用于建筑企业或组织的质量管理。

（2）服务的范围不同。建设工程项目质量管理体系涉及建设工程项目实施过程所有

的质量责任主体，而不只是某一个承包企业或组织机构。

（3）控制的目标不同。建设工程项目质量管理体系的控制目标是建设工程项目的质量标准，并非某一具体建筑企业或组织的质量管理目标。

（4）作用的时效不同。建设工程项目质量管理体系与建设工程项目管理组织体系相融合，是一次性的质量工作体系，并非永久性的质量管理体系。

（5）评价的方式不同。建设工程项目质量管理体系的有效性一般由建设工程项目管理的总组织者进行自我评价与诊断，不需要第三方认证。

3.工程质量管理体系的结构

（1）多层次结构。多层次结构是相对于建设工程项目工程体系纵向垂直分解的单项、单位工程项目质量管理体系而言。在大、中型建设工程项目，尤其是群体工程的建设工程项目中，第一层次的质量管理体系应由建设单位的建设工程项目管理机构负责建立，在委托代建、委托项目管理或实行交钥匙式工程总承包的情况下，应由相应的代建方项目管理机构、受托项目管理机构或工程总承包企业项目管理机构负责建立。第二层次的质量管理体系，通常是指由建设工程项目的设计总负责单位、施工总承包单位等建立的相应管理范围内的质量管理体系。第三层次及其以下是承担工程设计、施工安装、材料设备供应等各承包单位的现场质量自控体系，或称各自的施工质量保证体系。

（2）多单元结构。多单元结构是相对于建设工程项目工程体系横向分解的质量管理体系。

（三）建设工程项目质量管理体系的建立

1.建立的原则

（1）分层次规划的原则。

（2）总目标分解的原则。

（3）质量责任制的原则。

（4）系统有效性的原则。

2.建立的程序

工程项目质量管理体系的建立过程，一般可按以下环节依次展开工作：

（1）确立质量控制网络。确立质量控制网络首先明确系统各层面的建设工程质量控制负责人。

（2）制定质量控制制度。其内容包括质量控制例会制度、协调制度、报告审批制度、质量验收制度和质量信息管理制度等，形成建设工程项目质量控制系统的管理文件或手册，作为承担建设工程项目实施任务各方主体共同遵循的管理依据。

（3）分析质量控制界面。建设工程项目质量控制系统的质量责任界面，包括静态界面和动态界面。我们一般说的静态界面是根据法律法规、合同条件、组织内部职能分工来确定的。动态界面是指在项目实施过程中，设计单位之间、施工单位之间、设计与施工单位之间的衔接配合关系及其责任划分，必须通过分析研究、确定管理原则与协调方式。

（4）编制质量控制计划。

3.建立质量管理体系的责任主体

根据建设工程项目质量管理体系的性质、特点和结构，一般情况下其质量管理体系应由建设单位或建设工程项目总承包企业的工程项目管理机构负责建立。在分阶段依次对勘察、设计、施工、安装等任务进行分别招标发包的情况下，通常应由建设单位或其委托的建设工程项目管理企业负责建立。

（四）建设工程项目质量管理体系的运行

1.运行环境

（1）建设工程的合同结构。通过建立建设工程的合同结构的质量管理，用合同来约束和指导各项质量管理工作。

（2）质量管理的资源配置。人员和资源的合理配置是质量控制系统得以运行的基础条件。

（3）质量管理的组织制度。建设工程项目质量控制系统内部的各项管理制度和程序性文件的建立健全，为质量控制系统各个环节的运行，提供了必要的行动指南、行为准则和评价基准，是系统有序运行的基本保证。

2.运行机制

（1）动力机制。动力机制是建设工程项目质量控制系统运行的核心机制，它来源于公正、公开、公平的竞争机制和利益机制的制度设计或安排。

（2）约束机制。约束机制取决于各主体内部的自我约束能力和外部的监控效力。

（3）反馈机制。反馈机制在于及时反馈质量现状和质量发展趋势。

（4）持续改进机制。持续改进机制是指在不断改进质量管理的目标下，持续改进质量管理工作的各个方面。

三、施工企业质量管理体系的建立与认证

（一）质量管理八项原则

（1）以购房者为关注焦点。组织应当理解购房者当前的和未来的需求，满足购房者的要求并争取超出购房者的期望。组织的生存与发展都依赖于购房者。没有购房者，组织如无水之鱼、无源之水。

（2）领导作用。领导作为一个企业发展的策划者和引领者，其带头作用使得员工能够有激情、有动力地参与到质量管理活动中来。

（3）全员参与。只有全体员工的努力、智慧和汗水的结晶，才能推进质量管理全面有序展开。

（4）过程方法。将质量管理的各项工作识别为过程，用过程方法来进行管理。

（5）管理的系统方法。质量管理中的各个过程有着各种各样的联系。只有将各个过程从系统的角度来分析和解决问题，才能做好质量管理工作。

（6）持续改进。

（7）基于事实的决策方法。决策源于事实和对事实正确的分析。

（8）与供方互利的关系。合作共赢，是当今社会分工越来越细化的必然选择。

（二）企业质量管理体系的文件构成

1.质量方针和质量目标

质量方针是一个企业发展的纲领；质量目标是企业质量方面发展的目标。

2.质量手册

质量手册是规定企业组织建立质量管理体系的文件，质量手册须对企业质量管理体系做出系统、完整和概要的描述。其内容一般包括：企业的质量方针、质量目标；组织机构及质量职责；体系要素或基本控制程序；质量手册的评审、修改和控制的管理办法。

质量手册作为企业质量管理系统的纲领性文件，应具备指令性、系统性、协调性、先进性、可行性和可检查性。

3.程序文件

质量体系程序文件是质量手册的支持性文件，是企业各职能部门为落实质量手册要求而规定的细则。企业为落实质量管理工作而建立的各项管理标准、规章制度都属程序文件范畴。各类企业都应在程序文件中制定与质量管理工作相关的细则。

（1）文件控制程序。

（2）质量记录管理程序。

（3）内部审核程序。

（4）不合格品控制程序。

（5）纠正措施控制程序。

（6）预防措施控制程序。

4.质量记录的要求

质量记录是产品质量水平和质量体系中各项质量活动及结果的客观反映。

质量记录应完整地反映质量活动实施、验证和评审的情况，并记载关键活动的过程参数，具有可追溯性的特点。质量记录以特定的形式和程序进行，并由实施、验证、审核人员等签署意见。

在建设工程管理中，质量记录要与工程进度同步。

（三）企业质量管理体系的认证与监督

1.企业质量管理体系认证的意义

质量认证制度是由公正的第三方认证机构对企业的产品及质量管理体系做出正确、可靠的评价。

2.企业质量管理体系认证的程序

申请认证→合同受理→阶段审核→问题整改→二阶段审核→不合格整改→证书发放→获得证书后保持和监督。

3.获准认证后的维持与监督管理

企业获准认证的有效期为三年。获准认证后的质量管理体系应被维持与监督管理内容如下所述。

（1）企业通报。认证合格的企业质量管理体系在运行中出现较大变化时，需向认证机构通报。认证机构接到通报后，视情况采取必要的监督检查措施。

（2）监督检查。获证后，每年一次监督检查。

（3）认证注销。注销是企业的自愿行为。在企业质量管理体系发生变化或证书有效期届满时未提出重新申请等情况下，认证持证者提出注销的，认证机构予以注销，并收回体系认证证书。

（4）认证暂停。认证能够是认证机构对获证企业质量管理体系发生不符合认证要求情况时采取的警告措施。

（5）认证撤销。当获证企业发生质量管理体系存在严重不符合规定，或在认证暂停的规定期限未予整改，或发生其他构成撤销体系认证资格的情况时，认证机构做出撤销认证的决定。若企业不服，可提出申诉。撤销认证的企业一年后可重新提出认证申请。

（6）复评。认证合格有效期满前，如果企业希望继续延长期限，可向认证机构提出复评申请。

（7）重新换证。三年再认证通过后，重新换发证书。

第三节　工程施工质量管理

一、施工质量管理的目标、依据与基本环节

（一）施工阶段质量管理的目标

建设工程项目施工质量控制的总目标，是实现由建设工程项目决策、设计文件和施工合同所决定的预期使用功能和质量标准。

1.建设单位的控制目标

建设单位在施工阶段，通过对施工全过程、全面的质量监督管理，保证整个施工过程及其成果达到项目决策所确定的质量标准。

2.设计单位的控制目标

保证设计质量是设计单位的控制目标。

3.施工单位的控制目标

我国《建设工程质量管理条例》规定：施工单位对建设工程的施工质量负责；分包单位应当按照分包合同的约定对其分包工程的质量向总承包单位负责，总承包单位与分包单位对分包工程的质量承担连带责任。

4.供货单位的控制目标

保证按时、保质、保量供货是供货单位的质量控制目标。

5.监理单位的控制目标

施工质量的自控和监控是相辅相成的系统过程。自控主体的质量意识和能力是关键，是施工质量的决定因素；各监控主体所进行的施工质量监控是对自控行为的推动和约束。但自控主体不能因为监控主体的存在和监控职能的实施而减轻或免除其质量责任。

（二）施工质量控制的依据

（1）工程合同文件。

（2）设计文件。

（3）国家及政府有关部门颁布的有关质量管理方面的法律、法规性文件。

（4）有关质量检验与控制的专门技术法规性文件。

（三）施工质量控制的基本环节

施工质量控制应贯彻全方位、全过程、全员参与质量管理的思想，运用动态控制的原理，进行质量的事前预控、事中控制和事后控制。

1.事前质量控制

事前质量控制，即在正式施工前进行的事前主动质量控制，通过编制施工质量计划，明确质量目标，制定施工方案，设置质量管理点，落实质量责任，分析可能导致质量偏离的各种影响因素，针对这些影响因素制定有效的预防措施，防患于未然。

事前质量控制要求针对质量控制的对象的控制目标、活动条件、影响因素进行周密分析，找出薄弱环节，制定有效的控制措施和对策。

2.事中质量控制

事中质量控制也称作业活动过程质量控制，包括质量活动主体的自我控制和他人监控的控制方式。

事中质量控制的目标是确保工序质量合格，杜绝质量事故发生。

3.事后质量控制

事后质量控制也称事后质量把关，其目标是不让不合格的工序或产品流入后道工序、市场。事后质量控制的任务是对质量活动结果进行评价、认定，对工序质量偏差进行纠正，对不合格产品进行整改和处理。

二、施工质量计划的内容和编制方法

（一）施工质量计划的形式和内容

1.施工质量计划的形式

现行的施工质量计划有以下三种形式：

（1）工程项目施工质量计划。

（2）工程项目施工组织设计（含施工质量计划）。

（3）施工项目管理实施规划（含施工质量计划）。

2.施工质量计划的基本内容

（1）工程特点及施工条件分析（合同条件、法规条件和现场条件）。

（2）质量总目标及其分析目标。

（3）质量管理组织机构和职责、人员及资源配置计划。

（4）确定施工工艺与操作方法的技术方案和施工任务流程的组织方案。

（5）施工材料、设备物资的质量管理及控制措施。

（6）施工质量检验、检测；试验工作的计划安排及其实施方法与接收准则。

（7）质量控制点及其跟踪控制方式与要求。

（8）质量记录的要求等。

（二）施工质量计划的编制和审批

1.施工质量计划的编制主体

施工质量计划应由自控主体，即施工承包企业进行编制。施工总承包方有责任对分包施工质量计划的编制进行指导和审核，并承担相应施工质量的连带责任。

2.施工质量计划涵盖的范围

施工质量计划涵盖的范围，按整个工程项目质量控制的要求，应与建筑安装工程施工任务的实施范围一致。

3.施工质量计划的审批

（1）企业内部的审批。

（2）监理工程师的审查。

在工程开工前，总监理工程师应组织专业监理工程师审查承包单位报送的施工组织设计（方案）报审表，提出意见，并经总监理工程师审核，签认后报建设单位。

（3）审批关系的处理原则。

①充分发挥质量自控主体和监控主体的共同作用。

②施工质量计划在审批过程中，对监理工程师审查所提出的建议、希望、要求等是否采纳及采纳的程度，应由负责质量计划编制的施工单位自主决策。

③经过按规定程序审查批准的施工质量计划，在实施过程中因条件变化需要对某些重要决定进行修改时，其修改内容仍应按照相应程序经过审批后执行。

（三）施工质量控制点的设置与管理

质量控制点是指对本工程质量的性能、安全、寿命、可靠性等有严重影响的关键部位或对下道工序有严重影响的关键工序。只有这些点的质量得到了有效控制，建设工程质量才有了保证。

1.质量控制点的设置

将国家颁布的建筑工程质量检验评定标准中规定应检查的项目和建设项目工程质量检验评定标准中规定应检查的项目，作为检查本工程质量的质量控制点；参照上述规定，同时结合建设工程的特点和建筑公司在以往总承包工程中的经验，提出质量控制点及等级划分表，经业主、监理工程师、施工分承包商共同商讨后，发布实施。

一般来说，我们可以根据各控制点对工程质量的影响程度，将质量控制点分为A、

B、C三级。

（1）A级为最重要的质量控制点，必须由施工单位项目经理部、业主、监理工程师、施工分承包商四方质检人员共同检查确认。

（2）B级为重要的质量控制点，由施工单位项目经理部、监理与施工分承包商三方检查人员检查确认。

（3）C级为一般质量控制点，由施工分承包商质检人员检查确认。

（4）在A、B、C三级中需提交检查记录者的签名，并在其后加R，如AR、BR、CR级。

质量控制点的设置举例如表7-1、表7-2和表7-3所示。

表7-1 房屋建筑工程施工质量控制点及等级划分举例

A1：房屋建筑			
序号	质量控制点的名称	等级	备注
一	建设勘察		
1	基准点	AR	
2	参考线/参考点	AR	
3	放线	B	
二	平整场地		
1	标高、边坡尺寸的检查	CR	
三	土石方工程		
1	填方土质的检查	A/BR	
2	回填标高、密实度、平整度的检查	BR	
3	挖方坑、槽边坡、底边尺寸	C	
4	标高、平整度	BR	
四	地沟工程		
1	挖方坑、槽边坡、底边尺寸	C	
2	标高、平整度	BR	
3	砖石砌筑方法、砂浆饱满度	B	
4	砂浆配比、强度	BR	
5	砌体结构的允差	B	
6	混凝土模板及支撑强度、刚度、稳定性	C	

续表

序号	质量控制点的名称	等级	备注
7	模板拼缝	C	
8	混凝土模板的组装、预埋铁件、预留孔偏差	C	
9	钢筋、电焊条的材质	CR	
10	焊接接头的外观	B	
11	焊接接头机械性能试验	BR	
12	钢筋的加工允差	B	
13	钢筋绑扎、点焊骨架安装允差	A/BR	
14	混凝土原材料的检查	CR	
15	混凝土强度	BR	
16	混凝土的外观	C	
17	混凝土的坍落度	C	
18	浇筑混凝土允差的	BR	
19	防水抹灰原材料的质量、配合比	CR	
20	防水抹灰允差	BR	
21	防水抹灰的细部处理	C	
22	地沟回填土土质的检查	CR	
23	回填标高、密实度、平整度的检查	CR	
五	桩基工程		
1	挖孔桩定位轴线、标高检查的	A/B	
2	桩孔尺寸、几何尺寸的检查	C	
3	钢筋、电焊条的材质	CR	
4	焊接接头的外观	B	
5	焊接接头机械性能试验	BR	
6	钢筋加工的允差	BR	
7	钢筋绑扎、点焊骨架的安排允差	A/BR	
8	护壁模板及支撑强度、刚度、稳定性	C	

序号	质量控制点的名称	等级	备注
9	模板拼缝	C	
10	混凝土模板的组装、预埋铁件、预留孔偏差	CR	
11	护壁、桩混凝土原材料地检查	CR	
12	混凝土的强度	BR	
13	混凝土地坍落度	C	
14	桩测试	AR	
15	桩基验收	A/BR	
16	机械成孔桩定位轴线、标高检查	A/BR	
17	试成孔检查	A	
18	钢筋笼钢筋、电焊条的材质	CR	
19	焊接接头外观	B	
20	焊接接头机械性能试验	BR	
21	钢筋笼加工地允差	BR	
22	钢筋绑扎、点焊骨架安装的允差	A/BR	
23	桩混凝土原材料地检查	CR	
24	混凝土的强度	BR	
25	混凝土地坍落度	C	
26	桩测试	AR	
27	桩基试验	AR	
28	预制桩定位轴线、标高的检查	A/B	
29	预制桩地分批检查	A/BR	
30	桩测试	AR	
31	桩基验收	AR	
六	钢筋混凝土基础		
1	现浇钢筋砼基础地基标高、底边尺寸的检查	CR	
2	钢筋、电焊条材质地检查	CR	

续表

序号	质量控制点的名称	等级	备注
3	焊工合格证及焊接试验检查	BR	
4	钢筋的加工允差	BR	
5	钢筋安装、焊接隐蔽检查	A/BR	
6	模板及支撑强度、风度、稳定性	C	
7	模板拼缝	C	
8	砼模板组装、预埋铁件、预留孔偏差	CR	
9	混凝土原材料检查	CR	
10	混凝土坍落度	C	
11	混凝土强度	BR	
12	混凝土外观检查	C	
13	混凝土外观允差	BR	
14	基础隐蔽检查	B	
15	混凝土土质、标高、密实度、平整度检查	C	
16	预制钢筋砼基础地基标高、底边尺寸检查	C	
17	预制基础分批检查	BR	
18	预制基础安装允差	BR	
七	混凝土基础		
1	基础地基高、底边尺寸检查	CR	
2	钢筋、电焊条材质检查	CR	
3	焊工合格证及焊接试验检查	BR	
4	钢筋的加工允差	BR	
5	钢筋安装、焊接隐蔽检查	A/BR	
6	模板及支撑强度、刚度、稳定性	C	
7	模板拼缝	C	
8	模板组装、预埋铁件、预留孔偏差	CR	
9	混凝土原材料检查	CR	

序号	质量控制点的名称	等级	备注
10	混凝土坍落度	C	
11	混凝土强度	BR	
12	混凝土外观检查	C	
13	混凝土外观允差	BR	
14	基础隐蔽检查	B	
15	回填土土质、标高、密实度、平整度检查	C	
八	砖石基础		
1	基础地基标高、底边尺寸检查	CR	
2	砖石强度检查	CR	
3	砌筑方法、砂浆饱满度	B	
4	砂浆配比、强度	BR	
5	砌体结构允差	BR	
6	回填土土质、标高、密实度、平整度检查	C	
九	现浇钢筋混凝土结构		
1	钢筋、电焊条材质检查	CR	
2	焊工合格证及焊接试验检查	BR	
3	钢筋的加工允差	BR	
4	钢筋安装、焊接隐蔽检查	A/BR	
5	模板及支撑强度、刚度、稳定性	C	
6	模板拼缝	C	
7	模板组装、预埋铁件、预留孔偏差	CR	
8	混凝土原材料检查	CR	
9	混凝土坍落度	C	
10	混凝土强度	BR	
11	混凝土养护检查	C	
12	混凝土外观检查	C	

续表

序号	质量控制点的名称	等级	备注
13	混凝土外观允差	BR	
十	预制钢筋混凝土构件		
1	预制钢筋混凝土构件的分批检查	BR	
2	预应力筋原材料的规格、品种、机械性能检查	BR	
3	预应力筋焊接接头机械性能	BR	
4	锚夹具性能	CR	
5	预应力筋张拉	CR	
6	混凝土抗压性能	BR	
7	后张孔道灌浆强度和试验	BR	
8	预应力结构试验	BR	
9	预应力构件允差	BR	
10	构件运输安装前合格证及强度检查	BR	
11	安装前型号、尺寸、堵孔等检查	C	
12	构件焊接质量	CR	
13	吊装允差	BR	
14	接头灌浆及灌浆混凝土地抗压强度	BR	
15	构件运输安装前合格证及强度检查	BR	
16	安装前的型号、尺寸、堵孔等检查	C	
17	构件焊接质量	CR	
18	吊装允差	BR	
19	接头灌浆及灌浆混凝土抗压强度	BR	
20	地脚螺栓原材料检查	CR	见出厂合格证
21	地脚螺栓加工允差检查	BR	
22	铁件原材料检查、焊条检查	CR	见出厂合格证
23	焊接质量检查	C	
24	标高竣工测量检查	AR	结构部分

续表

序号	质量控制点的名称	等级	备注
25	定位竣工测量检查	AR	结构部分
十一	钢结构		
1	钢材、电焊条材质检查	CR	
2	焊工合格证及焊接试验检查	BR	
3	钢构件加工允差	BR	
4	构件放样检查	B/C	
5	构件组对检查	B/C	
6	一般构件出厂（场）检查	CR	
7	重要构件出厂（场）检查	BR	
8	Ⅰ、Ⅱ级焊缝地外观，探伤	AR	
9	螺栓拧紧外观检查	C	
10	构件合格证检查	CR	
11	安装前型号（编号）尺寸检查	C	
12	构件焊接接头检查	CR	
13	安装前制作合格矫正检查	C	
14	重要结构安装方案检查	C	
15	安装基础底座交接检查	BR	
16	连接螺栓、安装节点检查	CR	
17	钢结构防腐、防火检查	CR	
18	钢结构安装验收	AR	
十二	墙体砌砖		
1	砖石强度检查	CR	
2	砌筑方法、砂浆饱满度	B	
3	砂浆配比、强度	BR	
4	清水墙勾缝（砌体接槎方法）	C	
5	门窗洞、预留洞标高尺寸	C	

续表

序号	质量控制点的名称	等级	备注
6	砌体结构允差（预埋拉接钢筋）	BR	
十三	楼地面		
1	基层处理情况检查	C	
2	基层与面层黏结情况	C	
3	面层质量外观及允许偏差	B/CR	
十四	瓦屋面		
1	平瓦质量检查验收	CR	
2	平瓦铺设及允差	CR	
十五	卷材屋面		
1	基层处理检查	C	
2	保温（隔热）层铺设检查	C	
3	找平层的坡度	C	
4	找平层的质量	B	
5	卷材、黏结材料的质量	CR	见出厂合格证
6	各黏结层地质量	C	
7	细部处理	C	
8	排水坡度	C	
9	保护层	C	
10	卷材搭接宽度	CR	
11	卷材的铺贴方法及搭接宽度	B	
12	渗漏试验	AR	
十六	金属、木门窗		
1	木门窗木材的含水率	CR	
2	木门窗地外观	B/C	
3	窗纱	C	
4	胶合制品的质量	C	

序号	质量控制点的名称	等级	备注
5	木门窗地表面质量	C	
6	木门窗的制作允差	CR	
7	木门窗框与墙体嵌固牢固程度	C	
8	木门窗五金件	C	
9	木门窗留缝宽度及间隙	CR	
10	木门窗安装偏差	BR	
11	钢门窗的规格、质量	BR	见出厂合格证
12	钢门窗安装前地矫正变形	C	
13	钢门窗框与墙体嵌固牢固程度	C	
14	钢门窗开启	C	
15	钢门窗的油漆质量	B	
16	钢门窗的安装质量	BR	
17	玻璃的安装外观	C	
18	油灰	C	
19	压条	C	
十七	抹灰		
1	各级抹灰主要工序检查	C	
2	高级抹灰的外观质量	B	
3	中级抹灰的外观质量	C	
4	普通抹灰的外观质量	C	
5	基层与抹灰层的黏结强度	C	
6	抹灰颜色、图案、花纹检查	B	
7	各层抹灰厚度、总厚度检查	B	
8	抹灰质量允差	BR	
十八	装饰抹灰		
1	各层黏结、外观检查	C	

续表

序号	质量控制点的名称	等级	备注
2	水刷石	B	
3	干粘石	B	
4	水磨石	B	
5	剁斧石	B	
6	拉毛灰	C	
7	洒毛灰	C	
8	抹水泥	C	
9	装饰抹灰允差	BR	
十九	镶贴面层		
1	品种、规格、颜色、图案与设计是否一致，其他缺陷	A/B	
2	与基层黏结的牢固程度	C	
3	凸出物的细部处理	C	
4	表面质量	C	
5	饰面板（砖）安装允差	A/BR	
二十	喷刷浆		
1	颜色	B	
2	外观检查要求	BR	
二十一	细木装饰		
1	木材含水率	CR	
2	与基层连接牢固程度	C	
3	细木外观质量	C	
4	细木安装允差	BR	
二十二	防腐蚀——玻璃衬里工程		
1	玻璃布原材料质量检查及其去蜡处理的	CR	见出厂合格证
2	黏结材料（各种树脂）配比	C	
3	基层处理	C	

续表

序号	质量控制点的名称	等级	备注
4	与基层的黏结牢固程度	B	
5	搭接长度	B	
6	表面质量	BR	
二十三	防腐蚀——耐酸砖、板衬里工程		
1	耐酸砖、板品种、规格检查	BR	见出厂合格证
2	黏结胶泥配比、原材料检查	C	
3	与基层的黏结牢固程度	C	
4	凸出物细部处理	C	
5	表面质量	BR	
6	耐酸砖、板安装允差	A/BR	
二十四	防腐蚀——橡胶板及塑料板衬里工程		
1	黏结胶泥配比、原材料检查	C	见出厂合格证
2	与基层黏结的牢固程度	C	
3	搭接长度检查	C	
4	表面质量	C	
5	橡胶板及塑料粘贴允差	A/BR	
6	防腐蚀工程竣工验收	AR	
二十五	建（构）筑物沉降观测检查		
1	沉降观测点的设置检查	AR	
2	观测记录与观测偏差检查	AR	

表7-2 水暖、通风、空调安装工程施工质量的控制点及等级划分举例

A2：水暖、通风、空调安装工程			
序号	质量控制点名称	等级	备注
一	给排水		
（一）	排水管安装		

序号	质量控制点的名称	等级	备注
1	材料交接检查	C	
2	管道安装偏差检查	B	
3	管道试压	AR	
（二）	给水管安装		
1	材料交接检查	C	
2	管道清洁度检查	C	
3	焊口位置及外观检查	B	
4	管道清洁度检查	BR	
5	试压、吹扫	AR	
（三）	栓类安装		
1	材料交接检查	C	
2	栓类安装检查	C	
3	栓类试压	AR	
（四）	阀门安装		
1	材料交接检查	C	
2	阀门安装检查	C	
3	阀门试压	AR	
（五）	低压器具水表安装		
1	材料交接检查	B	
2	安装检查	C	
3	外观检查	BR	
4	通水试验	A	
（六）	卫生器具安装		
1	材料交接检查	B	
2	安装检查	C	
3	外观检查	B	

序号	质量控制点的名称	等级	备注
4	通水试验	AR	
（七）	供暖器具		
1	材料交接检查安装	B	
2	散热器试压检查	BR	
3	散热器安装检查	B	
4	管道清洁度检查	C	
5	焊口外观检查	B	
6	管道安装偏差检查	B	
7	试压、吹扫	AR	
二	通风		
（一）	通风管		
1	材料交接检查	C	
2	通风管制作检查	CR	
3	通风管安装检查	CR	
（二）	风口制作		
1	材料交接检查	B	
2	风口制作检查	C	
3	风口安装检查	C	
（三）	风帽制安		
1	材料交接检查	B	
2	风帽制作检查	C	
3	风帽安装检查	C	
（四）	罩类制安		
1	材料交接检查	B	
2	罩类制作检查	C	
3	罩类安装检查	C	

续表

序号	质量控制点的名称	等级	备注
（五）	消音器制安		
1	材料交接检查	B	
2	消音器制作检查	C	
3	消音器安装检查	C	
（六）	调节阀制安		
1	材料交接检查	B	
2	调节阀制作检查	C	
3	调节阀安装检查	C	
三	空调		
（一）	空调部件制安		
1	材料交接检查	B	
2	空调部件制作检查	C	
3	空调部件安装检查	C	
（二）	通风空调设备安装		
1	设备、材料交接检查	BR	见合格证
2	基础检查	BR	
3	主机及附件安装	C	
4	管道内部清洁度检查	B	
5	试车前检查	B	
6	试运行	AR	
（三）	金属通风管及部件制安		
1	材料交接检查	B	
2	金属通风管及部件制作检查	CR	
3	金属通风管及部件安装检查	CR	
（四）	塑料通风及部件制安		
1	材料交接检查	B	

续表

序号	质量控制点的名称	等级	备注
2	塑料通风及部件制作检查	CR	
3	塑料通风及部件安装检查	CR	
（五）	玻璃钢通风管及部件制安		
1	材料交接检查	B	
2	玻璃钢通风管及部件制作检查	CR	
3	玻璃钢通风管及部件安装检查	CR	

表7-3　金属结构工程施工质量控制点及等级划分举例

序号	质量控制点的名称	等级	备注
A3：金属结构工程			
一	建筑物地金属结构		
1	材料交接检查	CR	见出厂合格证
2	焊接质量外观	C	
3	重要焊接部位无损伤	BR	
4	铆接质量外观	C	
5	连接螺栓拧紧程度	BR	
6	钢结构防腐处理	BR	
7	构件端部铣平处理	BR	
8	构件制作允差	BR	
9	焊缝外观检查	BR	
10	堆放检查	B	
11	安装前钢结构检查矫正	C	
12	安装焊接质量	BR	
13	螺栓连接拧紧程度	BR	
14	构件安装检查	BR	
15	钢结构油漆检查	C	
二	金属结构安装		

续表

序号	质量控制点名称	等级	备注
1	金属结构制作（质量控制点同"一、1~10"）		
2	金属结构安装（质量控制点同"一、11~15"）		

2.质量控制点的管理

对于危险性较大的分部、分项工程或特殊施工过程，除按一般过程的质量控制规定执行外，还应由专业技术人员绘制专项施工方案或作业指导书，经项目技术负责人审批及监理工程师签字执行。

施工单位应根据现场工程监理机构的要求，对施工作业质量控制点按照不同的性质和管理要求，细分为"见证点"和"待检点"进行施工质量的监督和检查。凡属"见证点"的施工作业，如重要部位、特种作业、专门工艺等，施工方必须在该项作业开始前24h，书面通知现场监理机构到位旁站，见证施工作业过程；凡属"待检点"的施工作业，如隐蔽工程等，施工方必须在完成施工质量自检的基础上，提前24h通知项目监理机构进行检查验收之后，才能进行工程隐蔽或下道工序的施工。

三、施工生产要素的质量控制

（一）施工人员的质量控制

对施工人员的控制要通过建立组织机构图，明确各部门、各岗位人员的职责，对人员进行岗前培训，并对其工作质量进行检查。

（二）材料设备的质量控制

材料设备费用占项目经费的60%，材料设备的质量直接影响着建筑产品实物的质量，因此材料设备管理的质量直接影响着工程实物的质量。

（三）工艺方案的质量控制

对施工工艺方案的质量控制主要包括以下内容：

（1）深入、正确地分析工程特征、技术关键及环境条件等资料，明确质量目标、验收标准、控制的重点和难点。

（2）制定合理有效的、有针对性的施工技术方案和组织方案，前者包括施工工艺、施工方法，后者包括施工区段划分、施工流向及劳动组织等。

（3）合理选用施工机械设备和施工临时设施，合理布置施工总平面图和各阶段施工平面图。

（4）选用和设计保证质量与安全的模具、脚手架等施工设备。

（5）编制工程所采用的新材料、新技术、新工艺的专项技术方案和质量管理方案。

（6）针对工程的具体情况，分析气象、地质等环境因素对施工的影响，并制定应对措施。

（四）施工机械的控制

（1）对于施工所用的机械设备，应根据工程需要，从设备选型、主要性能参数及使用操作要求等方面加以控制。

（2）模板、脚手架等施工设施，除按适用的标准定型选用外，一般需按设计及施工要求进行专项设计，对设计方案及制作质量的控制及验收应作为重点进行控制。

（3）按现行施工管理制度要求，工程所用的施工机械、模板、脚手架，特别是危险性较大的现场安装的起重机械设备，施工单位不仅要履行设计安装方案的审批手续，而且在安装完毕启用前必须经专业管理部门验收合格后方可使用。

（五）施工环境的控制

要消除环境对施工质量的不利影响，主要采取的是预测、预防的控制方法。

四、施工准备工作的质量控制

（一）施工技术准备工作的质量控制

施工技术准备工作是指在正式开展施工作业活动前进行的技术准备工作。这类工作内容繁多，主要在办公室进行，如熟悉施工图纸，组织设计交底和图纸审查，进行工程项目检查验收的项目划分和编号，审核相关质量文件，细化施工技术方案和施工人员、机具的配置方案，编制施工作业技术指导书，绘制各种施工详图（如测量放线图、大样图及配筋、配板、配线图表），进行必要的技术交底和技术培训。

（二）现场施工准备工作的质量控制

1.计量控制

施工过程中的计量包括施工生产时的投料计量、施工测量、监测计量，以及对项目、产品或过程的测试、检验、分析计量等。

2.测量控制

工程测量放线是建设工程产品由设计转化为实物的第一步。施工单位在开工前应编制测量控制方案，经项目技术负责人批准后实施。监理人员对建设单位提供的原始坐标点、基准线和水准点等测量控制点进行复核，并将复测结果上报监理工程师审核。批准后，施工单位才能建立施工测量控制网，进行工程定位和标高基准的控制。

3.施工平面图控制

建设单位应按照合同约定并充分考虑施工的实际需要，事先划定并提供施工用地和现场临时设施用地范围，协调平衡和审查批准各施工单位的施工平面设计。

（三）工程质量检查验收的项目划分

根据《建筑工程施工质量验收统一标准》（GB 50300—2001）的规定，建筑工程质量验收应逐级划分为单位（子单位）工程、分部（子分部）工程、分项工程和检验批，具体划分原则如下所述。

（1）单位（子单位）工程的划分应按下列原则确定。

①具备独立施工条件并能形成独立使用功能的建筑物或构筑物为一个单位工程。

②建筑规模较大的单位工程，可将其能形成独立使用功能的部分划分为若干个子单位工程。

（2）分部（子分部）工程的划分应按下列原则确定。

①分部工程的划分应按专业性质、建筑部位确定。

②当分部工程较大或较复杂时，可按材料种类、施工特点、施工程序、专业系统及类别等划分为若干子分部工程。

（3）分项工程应按主要工种、材料、施工工艺、设备类别等进行划分。

（4）分项工程可由一个或若干个检验批组成，检验批可根据施工及质量控制和专业验收的需要按楼层、施工段、变形缝等进行划分。

（5）室外工程可根据专业类别和工程规模划分单位（子单位）工程。一般室外单位工程可划分为室外建筑环境工程和室外安装工程。

五、施工过程的作业质量控制

施工过程的作业质量控制，是指在工程项目质量实际形成过程中的事中质量控制。

从项目管理的立场看，工序作业质量的控制，首先是质量生产者即作业者的自控。在施工生产要素合格的条件下，作业者的能力及其发挥的状况是决定作业质量的关键。其次是来自作业者外部的各种作业质量检查、验收和对质量行为的监督，这也是不可缺少的设防和把关的管理措施。

（一）工序施工质量控制

工序的质量控制是施工阶段质量控制的重点。工序施工质量控制包括工序施工条件质量控制和工序施工效果质量控制。

1.工序施工条件质量控制

对于工序施工条件质量控制，主要采取的控制手段有检查、测试、试验、跟踪监督等。控制的依据主要是设计质量标准、材料质量标准、机械设备技术性能标准、施工工艺标准及操作规程等。

2.工序施工效果质量控制

简单来说，对工序施工效果的控制就是控制工序产品的质量特征和特性指标达到设计质量标准及施工质量验收标准的要求。

工序施工效果控制属于事后质量控制，因此其控制的主要途径是现场实测获取数据，依据所获取的数据进行统计分析，然后判断认定质量等级，必要时纠正质量偏差。

按照有关验收规范的规定，下列工序质量必须进行现场质量检测，合格后才能进行下道工序。

（1）地基与基础工程需要进行检测的项目如下所述。

①地基及复合地基承载力静载检测。对于地基基础设计等级为甲级或地质条件复杂、成桩质量可靠性低的灌注桩，应采用静载荷试验的方法进行检验。一般规定，检验桩数不应少于总数的1%，且不应少于3根。

②桩的承载力检测。当设计等级为甲级、乙级的桩基或地质条件复杂、桩施工质量可靠性低时，该地区采用的新桩型或新工艺的桩基应进行承载力检测。检测数量在同一条件下不应少于3根，且不宜少于总桩数的1%。

③桩身完整性检测。根据设计要求，检测桩身缺陷及其位置，判定桩身完整性类别，应采用低应变法；判定单桩竖向抗压承载力是否满足设计要求，分析桩侧和桩端阻力，应采用高应变法。

（2）主体结构工程需要进行检测的项目如下所述。

①混凝土、砂浆、砌体强度现场检测。安排检测同一强度等级、同条件养护的试块强度，可以此检测结果代表工程实体的结构强度。

混凝土的检测方法：按统计方法评定混凝土强度的基本条件时，同一强度等级、同条件养护试件的留置数量不宜少于10组；按非统计方法评定混凝土强度时，留置数量不应少于3组。

砂浆抽检数量：每一检验批不超过250m³砌体的各种类型及强度等级的砌筑砂浆，每台搅拌机应至少抽检一次。

砌体的检测方法：普通砖15万块、多孔砖5万块、灰砂砖及粉灰砖10万块各为一检验批，抽检数量为一组。

②钢筋保护层厚度检测。钢筋保护层厚度检测的结构部位，应由监理单位（建设单位）、施工单位等各方根据结构构件的重要性共同选定。对梁类、板类构件，应各抽取构件数量的2%且不少于5个构件进行检验。

③混凝土预制构件结构性能检测。对于成批生产的构件，应将同一工艺正常生产的不超过1000件且不超过3个月的同类型产品作为一批，在每批中随机抽取一个构件作为试件进行检验。

（3）建筑幕墙工程。

（4）钢结构和管道工程。

（二）施工作业质量的自控

1.施工作业质量自控的意义

施工承包方和供应方在施工阶段是质量自控的主体，他们不能因为监控主体的存在和监控责任的实施而减轻或免除其质量责任。

2.施工作业质量自控的程序

施工作业质量的自控过程是由施工作业组织的成员进行的，其基本的控制程序包括作业技术交底、作业活动的实施和作业质量的自检自查、互检互查，以及专职管理人员的质量检查等。

（1）施工作业的交底。施工作业交底是最基层的技术和管理交底活动，施工总承包方和工程监理机构都要对施工作业交底进行监督。

（2）施工作业活动的实施。

（3）施工作业质量的检验。施工作业质量的检验是贯穿整个施工过程的最基本的质量控制活动，包括：施工组织内部的工序作业质量自检、互检、专检和交接检查；现场监理机构的旁站检查、平行检测等。

3.施工作业质量自控的要求

（1）预防为主。

（2）重点控制。

（3）坚持标准。

（4）记录完整。

4.施工作业质量自控推荐采用的制度

根据实践经验总结，施工作业质量自控的有效制度如下所述：

（1）质量自检制度。

（2）质量例会制度。

（3）质量会诊制度。

（4）质量样板制度。

（5）质量挂牌制度。

（6）每月质量讲评制度等。

（三）施工作业质量的监控

1.施工作业质量的监控主体

依据《中华人民共和国建筑法》，建设单位、监理单位、设计单位及政府工程质量监督部门在施工阶段应依据法律法规和工程施工合同，对施工单位的质量行为和质量状况实施监督控制。

建设单位在领取施工许可证或开工报告前，应当按照国家有关规定办理工程质量监督手续。

作为监控主体之一的项目监理机构，在施工作业实施过程中，根据其监理规划与实施细则，采取现场旁站、巡视、平行检验等形式，对施工作业质量进行监督检查。如果发现工程施工不符合工程设计要求、施工技术标准和合同约定的，其有权要求建筑施工企业改正。

2.现场质量检查

现场质量检查是控制工程实务质量常用且有效的手段。

（1）现场质量检查。

①开工前的检查。开工前的检查是在开工以前对质量准备工作进行的检查。

②工序交接检查。对于重要的工序或对工程质量有重大影响的工序，应严格执行"三检"制度（自检、互检、专检）；未经监理工程师（或建设单位技术负责人）检查认可，不得进行下道工序的施工。

（2）现场质量检查的方法。

①目测法。目测法就是通常所说的观感质量检查——凭借感官进行检查，常用手段可概括为"看、摸、敲、照"4个字。

②实测法。实测法就是通过实测数据与施工规范、质量标准的要求及允许偏差值进行对照，以此判断质量是否符合要求，常用手段可概括为"靠、量、吊、套"4个字。

③试验法。试验法是指通过必要的试验手段对质量进行判断的检查方法，主要包括理化试验和无损检测。

3.技术核定与见证取样送检

（1）技术核定。在建设工程项目施工过程中，因施工方对施工图纸的某些要求，或图纸内部的某些矛盾，或施工配料调整与代用及改变建筑节点构造、管线位置或走向等不甚明白，需要通过设计单位明确或确认的，施工方必须以技术核定单的方式向监理工程师提出，报送设计单位核准确认。

（2）见证取样送检。为了保证建设工程质量，我国规定对工程所使用的主要材料、半成品、构配件，以及施工过程留置的试块、试件等应实行现场见证取样送检。见证人员由建设单位及工程监理机构中有相关专业知识的人员担任。送检的试验室应具备经国家或地方工程检验检测主管部门核准的相关资质，并且在该实验室的批准试验范围内进行检测试验。见证取样送检必须严格按规定的程序进行，包括取样见证并记录、样本编号、填单、封箱、送试验室、核对、交接、试验检测、报告等。

（四）隐蔽工程验收与施工成品质量保护

1.隐蔽工程验收

隐蔽工程验收是现场质量控制非常重要的环节，由于其事后不能进行复查，因此必须严格控制质量。

例如，地基基础工程、钢筋工程、预埋管线等均属隐蔽工程。加强隐蔽工程质量验收，是施工质量控制的重要环节。其程序要求施工方首先应完成自检并合格，然后填写专用的隐蔽工程验收单。

2.施工成品质量保护

对施工成品进行质量保护，目的是避免施工成品受到来自后续施工及其他方面的污染或损坏。成品形成后可采取防护、覆盖、封闭、包裹等相应措施进行保护。

加强成品保护，要从两个方面着手：一是应加强教育，提高全体员工的成品保护意识；二是要合理安排施工顺序，采取有效的保护措施。

成品保护的措施包括以下几个方面：

（1）防护。

防护就是提前保护，可防止成品被污染或损伤。例如，外檐水刷石大角或柱子要立板固定保护；为了防止清水墙面污染，在相应部位提前钉上塑料布或纸板。

（2）包裹。

包裹简称"包"，可防止成品被污染及损伤。例如，在喷浆前对电气开关、插座、灯具等设备进行包裹；铝合金门窗应用塑料布包扎。

（3）覆盖。

覆盖就是表面覆盖，可防止成品堵塞、损伤。例如，高级水磨石地面或大理石地面完成后，应用苫布覆盖；落水口、排水管安好后加覆盖，以防堵塞。

（4）封闭。

封闭就是局部封闭。例如，室内塑料墙纸、木地板油漆完成后，应立即锁门封闭；屋面防水完成后，应封闭上屋面的楼梯门或出入口。

六、施工质量与设计质量的协调

（一）项目设计质量控制

（1）功能性质量控制。

（2）可靠性质量控制。

（3）观感性质量控制。

（4）经济性质量控制。

经济性质量控制是指不同设计方案的选择对建设投资的影响。

（二）施工与设计的协调

施工与设计之间的协调工作主要包括以下几个方面。

1.设计联络

项目建设单位、施工单位和监理单位应组织施工单位到设计单位进行设计联络，其任务主要有以下几点：

（1）了解设计意图、设计内容和特殊技术要求。

（2）了解设计进度，提出设计出图的时间和顺序。

（3）从施工质量控制的角度提出合理化建议，优化设计，为保证和提高施工质量创造更好的条件。

2.设计交底和图纸会审

建设单位和监理单位应组织设计单位向所有的施工实施单位进行详细的设计交底，使实施单位充分理解设计意图，了解设计内容和技术要求，明确质量控制的重点和难点；同时认真地进行图纸会审，深入发现和解决各专业设计之间可能存在的矛盾，消除施工图的差错。

3.设计现场服务和技术核定

建设单位和监理单位应要求设计单位派出得力的设计人员到施工现场进行设计服务，解决施工中发现和提出的与设计有关的问题，及时做好相关设计的核定工作。

4.设计变更

设计变更主要是因为投资者对投资规模进行了压缩或扩大，从而需要重新设计的情况。设计变更的另一个原因是对已交付的设计图纸提出新的设计要求，这需要对原设计进行修改。

在施工期间，无论是建设单位、设计单位还是施工单位提出需要进行局部设计变更的内容，都必须按照规定的程序，先将变更意图或请求报送监理工程师审查，经设计单位审核认可并签发设计变更通知书后，再由监理工程师下达变更指令。

七、建设工程项目质量的政府监督

（一）政府对项目质量的监督职能

1.监督管理部门职责的划分

国务院建设行政主管部门对全国的建设工程质量实施统一监督管理。

2.政府质量监督的性质与职能

（1）政府质量监督的性质属于行政执法行为。

（2）政府质量监督的职能包括以下几个方面。

①监督检查工程建设的各方主体（包括建设单位、施工单位、材料设备供应单位、设计勘察单位和监理单位等）的质量行为。

②监督检查工程实体的施工质量，尤其是地基基础、主体结构、专业设备安装等涉及结构安全和使用功能的施工质量。

③监督工程质量验收。

3.政府质量监督的委托实施

工程质量监督机构受政府委托实施质量监督，其本质是行政执法机构。行政执法的主要表现包括行政监督检查、行政处理决定、行政强制执行三个方面。

（二）政府对项目质量监督的内容

1.受理质量监督申报

建设单位凭工程质量监督文件，向建设行政主管部门申领施工许可证。

2.开工前的质量监督

开工前召开项目参与各方参加的首次监督会议，公布监督方案，提出监督要求，并进行第一次监督检查。检查的重点是参与工程建设各方主体的质量保证体系和相关证书、手续等。其具体内容如下所述。

（1）检查项目各施工方的质保体系，包括组织机构、质量控制方案及质量责任制等制度。

（2）审查项目各参与方的工程经营资质证书和相关人员的资格证书。

（3）审查按建设程序规定的开工前必须办理的各项建设行政手续是否齐全完备。

（4）审查施工组织设计、监理规划等文件及审批手续。

（5）将检查的结果记录保存。

3.施工的质量监督

（1）常规检查。

（2）主要部位的验收监督。对建设工程项目结构的主要部位（如桩基、基础、主体结构）除做常规检查外，还要在分部工程验收时进行监督。建设单位应将施工、设计、监理、建设方分别签字的质量验收证明在验收后3天内报监督机构备案。

（3）质量问题查处。对施工过程中发生的质量问题、质量事故进行查处；根据质量检查状况，对查实的问题签发"质量问题整改通知单"或"局部暂停施工指令单"，对问题严重的单位也应根据问题情况发出"临时收缴资质证书通知书"等处理意见。

第八章　施工项目安全管理

第一节　建筑工程安全管理的基础

一、概述

（一）安全

安全涉及的范围广泛，从军事战略到国家安全，到依靠警察维持的社会公众安全，再到交通安全、网络安全等，都属于安全问题。安全既包括有形实体安全，如国家安全、社会公众安全、人身安全等，也包括虚拟形态安全，如网络安全等。

顾名思义，安全就是"无危则安，无缺则全"。安全意味着不危险，这是人们长期以来在生产中总结出来的一种传统认识。安全工程观点认为，安全是指在生产过程中免遭不可承受的危险、伤害，包括两个方面的含义，一是预知危险，二是消除危险，两者缺一不可。也就是说，安全与危险是相互对应的，是我们对生产、生活中免受人身伤害的综合认识。

（二）安全管理

管理是指某组织中的管理者为了实现组织既定目标而进行的计划、组织、指挥、协调和控制的过程。

安全管理可以定义为管理者为实现安全生产目标对生产活动进行的计划、组织、指挥、协调和控制的一系列活动，以保护员工在生产过程中的安全与健康。其主要任务是：加强劳动保护工作、改善劳动条件、加强安全作业管理、搞好安全生产、保护职工的安全和健康。

建筑工程安全管理是安全管理原理和方法在建筑领域的具体应用，所谓建筑工程安全管理，是指以国家的法律、法规、技术标准和施工企业的标准及制度为依据，采取各种手段，对建筑工程生产的安全状况实施有效制约的一切活动，是管理者对安全生产进行建章立制，进行计划、组织、指挥、协调和控制的一系列活动，是建筑工程管理的一个重要部分。建筑工程安全管理的目的是在生产过程中保护职工的安全与健康，保证人身、财产安全。它包括宏观安全管理和微观安全管理两个方面。

宏观安全管理主要是指国家安全生产管理机构及建设行政主管部门从组织、法律法规、执法监察等方面对建设项目的安全生产进行管理。它是一种间接的管理，也是微观管理的行动指南。实施宏观安全管理的主体是各级政府机构。

微观安全管理主要是指直接参与对建设项目的安全管理，包括建筑企业、业主或业主委托的监理机构、中介组织等对建筑项目安全生产的计划、组织、实施、控制、协调、监督和管理。微观管理是直接的、具体的，它是安全管理思想、安全管理法律法规及标准指南的体现。实施微观安全管理的主体主要是施工企业及其他相关企业。

宏观和微观的建筑安全管理对建筑安全生产都是必不可少的，它们是相辅相成的。为了保护建筑业从业人员的安全，保证生产的正常进行，就必须加强安全管理，消除各种危险因素，确保安全生产。只有抓好安全生产，才能提高生产经营单位的安全程度。

（三）安全管理在项目管理中的地位

建筑工程安全管理对国家发展、社会稳定、企业盈利、人民安居有着重大意义，是工程项目管理的内容之一。质量、成本、工期、安全是建筑工程项目管理的四大控制目标，其中安全是基础。

1.安全是质量的基础

只有拥有良好的安全措施保证，作业人员才能较好地发挥技术水平，质量也就有了保障。

2.安全是进度的前提

只有在安全工作完全落实的条件下，建筑企业在缩短工期时才不会出现严重的不安全事故。

3.安全是成本的保证

安全事故的发生定必会对建筑企业和业主带来巨大的经济损失，致使工程建设也无法顺利进行。

（四）安全生产

安全生产是指在劳动过程中，努力改善劳动条件，克服不安全因素，防止伤亡事故的发生，使劳动生产在保证劳动者安全健康和国家财产，以及人民生命财产安全的前提下顺利进行。

安全生产一直以来是我国的重要国策。安全与生产的关系可用"生产必须安全，安全促进生产"这句话来概括。二者是一个有机的整体，不能分割更不能对立。

对国家来说，安全生产关系着国家稳定、国民经济健康持续发展，以及构建和谐社会目标的实现。

对社会来说，安全生产是社会进步与文明的标志。一个伤亡事故频发的社会不能称为文明的社会。社会的团结需要人民的安居乐业、身心健康。

对企业来说，安全生产是企业获得效益的前提，一旦发生安全生产事故，将会给企业造成有形和无形的经济损失，甚至会给企业带来致命的打击。

对家庭来说，一次伤亡事故，可能造成一个家庭的支离破碎。这种打击往往会给家庭成员带来经济、心理、生理等多方面创伤。

对个人来说，最宝贵的便是生命和健康，而频发的安全生产事故使二者都受到严重的威胁。

由此可见，安全生产的意义非常重大。"安全第一，预防为主"已成为我国安全生产管理的基本方针。

二、特征

建筑工程的特点给安全管理工作带来了较大的困难和阻力，决定了建筑安全管理的特点，这在施工阶段尤为突出。

（一）流动性

建筑产品依附土地而存在，在同一个地方只能修建一个建筑物，建筑企业需要不断地从一个地方移动到另一个地方进行建筑产品生产。而建筑安全管理的对象是建筑企业和工程项目，也必然要不断地随企业的转移而转移，不断地跟踪建筑企业和工程项目的生产过程。其流动性体现在以下三个方面。

一是施工队伍的流动性。建筑工程项目具有固定性，这决定了建筑工程项目的生产是随项目的不同而流动的，施工队伍需要不断地从一个地方换到另一个地方进行施工，流动性大、生产周期长、作业环境复杂、可变因素多。

二是人员的流动性。由于建筑企业超过80%的工人都是农民工，人员流动性也较大。大部分农民工没有与企业形成固定的长期合同关系，因此往往在一个项目完工后即意味着原劳务合同的结束，需与新的项目签订新的合同，这样就造成了施工作业培训不足，使得违章操作的现象时有发生，这使不安全行为成为主要的事故发生隐患。

三是施工过程的流动性。建筑工程从基础、主体到装修各阶段，因分部分项工程、工序的不同，施工方法的不同，现场作业环境、状况和不安全因素都在变化，作业人员经常更换工作环境，特别是在需要采取临时性措施时，因此规则性往往较差。

安全教育与培训往往跟不上生产的流动和人员的大量流动，造成安全隐患大量存在，安全形势不容乐观，这要求项目的组织管理对安全管理应具有高度的适应性和灵活性。

（二）动态性

在传统的建筑工程安全管理中，人们希望将计划制定得很精确，但是从项目环境和项目资源的限制上看，过于精确的计划，往往会使其失去指导性，与实际产生冲突，造成实施中的管理混乱。

建筑工程的流水作业环境使得安全管理更富于变化。与其他行业不同，建筑业的工作场所和工作内容都是动态的、变化的。建筑工程安全生产的不确定因素较多，为适应施工现场环境的变化，安全管理人员必须具有不断学习、开拓创新、系统而持续地整合内外资源以应对环境变化和安全隐患挑战的能力。因此，现代建筑工程中的安全管理更强调灵活性和有效性。

另外，由于建筑市场是在不断发展变化的，政府行政管理部门需要针对出现的新情况、新问题做出反应，包括各种新的政策、措施及法规的出台等。也就是说，既需要保持相关法律法规及相关政策的稳定性，也需要根据不断变化的环境条件进行适当调整。

（三）协作性

多个建设主体的协作。建筑工程项目的参与主体涉及业主、勘察、设计、施工以及监理等多个单位，它们之间存在较为复杂的关系，需要通过法律法规及合同来进行规范。这使得建筑安全管理的难度增加、管理层次多、管理关系复杂。如果组织协调不好，极易出现安全问题。

多个专业的协作。在完成整个项目的过程中，涉及管理、经济、法律、建筑、结构、电气、给排水、暖通等相关专业。各专业的协调组织也对安全管理提出了更高的要求。

各级建设行政管理部门在对建筑企业进行安全管理的过程中应合理确定权限，避免多头管理的发生。

（四）密集性

首先是劳动密集。我国建筑业工业化程度较低，需要大量人力资源的投入，是典型的劳动密集型行业。由于建筑业集中了大量的农民工，很多没有经过专业技能培训，给安全管理工作提出了挑战。因此，建筑安全生产管理的重点是对人的管理。

其次是资金密集。建筑项目的建设需以大量资金投入为前提，资金投入大决定了项目受制约的因素多，如施工资源的约束、社会经济的波动影响、社会政治的影响等。资金的密集性也给安全管理工作带来了较大的不确定性。

（五）法规性

宏观的安全管理所面对的是整个建筑市场、众多的建筑企业，安全管理必须保持一定的稳定性，通过一套完善的法律法规体系来进行规范和监督，并通过法律的权威性来统一建筑生产的多样性。

作为经营个体的建筑企业可以在有关法律框架内自行管理，根据项目自身的特征灵活采取合适的安全管理方法和手段，但不得违背国家、行业和地方的相关政策和法规，以及行业的技术标准要求。

综上所述，以上特点决定了建筑工程安全管理的难度较大，表现为安全生产过程中的不可控，安全管理需要从系统的角度整合各方面资源来有效地控制安全生产事故的发生。因此，对施工现场的人和环境系统的可靠性，必须进行经常性的检查、分析、判断、调整，强化动态中的安全管理活动。

三、意义

建筑工程安全管理的意义有如下几点。

（1）做好安全管理是防止伤亡事故和职业危害的根本对策。

（2）做好安全管理是贯彻落实"安全第一、预防为主"方针的基本保证。

（3）有效的安全管理是促进安全技术和劳动卫生措施发挥应有作用的动力。

（4）安全管理是施工质量的保障。

（5）做好安全管理，有助于改进企业管理，全面推进企业各方面工作的进步，促进经济效益的提高。安全管理是企业管理的重要组成部分，与企业的其他管理密切联系、互相影响、互相促进。

第二节　安全管理中的不安全因素识别

一、安全事故致因理论

（一）综合因素论

综合因素论认为，在分析事故原因、研究事故发生机制时，必须充分了解构成事故的基本要素。研究的方法是从导致事故的直接原因入手，找出事故发生的间接原因，并分清其主次地位。

直接原因是最接近事故发生的时刻、直接导致事故发生的原因，包括不安全状态（条件）和不安全行为（动作）。这些物质的、环境的及人的原因构成了生产中的危险因素（或称为事故隐患）。所谓间接原因，是指管理缺陷、管理因素和管理责任，它使直接原因得以产生和存在。造成间接原因的因素称为基础原因，包括经济、文化、学校教育、民族习惯、社会历史、法律等社会因素。

管理缺陷与不安全状态相结合，就构成了事故隐患。当事故隐患形成并偶然被人的不安全行为触发时，就必然发生事故。通过对大量事故的剖析，可以发现事故发生的一些规律。据此可以得出综合因素论，即在生产作业过程中，由社会因素产生管理缺陷，进一步导致物的不安全状态或物的不安全行为，进而引发伤亡和损失。调查分析事故的过程正好相反：通过事故现象查询事故经过，进而了解由物和人的原因等直接造成事故的原因；依此追查管理责任（间接原因）和社会因素（基础原因）。

（二）因果连锁论

1.人的不安全行为或物的不安全状态

所谓人的不安全行为或物的不安全状态是指那些曾经引起过事故，或可能引起事故的行为，或机械、物质的状态，它们是造成事故的直接原因。例如，在起重机的吊物下停留，不发信号就启动机器，工作时间打闹或拆除安全防护装置等，都属于人的不安全行为；没有防护的传动齿轮，裸露的带电体或照明不良等，都属于物的不安全状态。

2.遗传因素及社会环境

遗传因素及社会环境是造成人的性格缺陷的主要原因。遗传因素可能造成鲁莽、固执等不良性格；社会环境可能妨碍教育，助长性格上的缺陷。

3.事故

事故是由于物体、物质、人或放射线的作用或反作用，使人员受到伤害或可能受到伤害的、出乎意外的、失去控制的事件。

4.人的缺点

人的缺点是使人产生不安全行为或造成机械、物质不安全状态的原因，包括鲁莽、固执、过激、神经质、轻率等性格的先天的缺点以及缺乏安全生产知识和技能等后天的缺点。

5.伤害

伤害是指由于事故而造成的人身伤害。

人们用多米诺骨牌来形象地描述这种事故因果的连锁关系。在多米诺骨牌系列中，一张骨牌被碰倒了，就会发生连锁反应，导致倾倒方向的骨牌相继被碰倒。如果移去连锁中的一张骨牌，则连锁被破坏，事故过程终止。海因里希认为，企业事故预防工作的中心就是防止人的不安全行为，消除机械的或物质的不安全状态，即抽取第三张骨牌就有可能避免第四、第五张骨牌的倒下，中断事故连锁的进程而避免事故的发生。

二、不安全因素

由于具体的不安全对象不同或受安全管理活动限制等原因，不安全因素在作业过程中处于变化的状态。由于事故与原因之间的关系是复杂的，不安全因素的表现形式也是多种多样的。根据前述事故致因理论和对我国安全事故发生的主要原因进行分析，可以得到不安全因素主要包括人（Man）、物（Matter）、管理（Management）和环境（Medium）四个方面（"4M"要素）。

（一）人的因素

所谓人，包括操作人员、管理人员、事故现场的在场人员和其他人员等。人的因素是指由人的不安全行为或失误导致生产过程中发生的各类安全事故，是事故产生的最直接因素。各种安全生产事故，其原因不管是直接的还是间接的，都可以说是由人的不安全行为或失误引起的，可能导致物的不安全状态，导致不安全的环境因素被忽略，也可能出现管理上的漏洞和缺陷，还可能造成事故隐患并触发事故的发生。

人的失误是人的行为结果偏离了预定的标准。人的失误有两种类型，即随机失误和系统失误。随机失误是由人的行为、动作的随机性引起的，与人的心理、生理原因有关，它往往是不可预测、也不重复出现的。系统失误是由于系统设计不足，或人的不正常状态引发的，与工作条件有关，类似的条件可能引发失误重复发生。造成人失误的原因是多方面的，施工过程中常见的失误原因包括以下方面。

1.感知过程与人为失误

施工人员的失误涉及感知错误、判断错误、动作错误等，是造成建筑安全事故的直接原因。感知错误的原因主要是心理准备不足、情绪过度紧张或麻痹、知觉水平低、反应迟钝、注意力分散和记忆力差等。感知错误、经验缺乏和应变能力差，往往导致判断错误，从而导致操作失误。错综复杂的施工环境会使施工人员产生紧张和焦虑情绪，当应急情况出现时，施工人员的精神进入应急状态，容易出现不应有的失误现象，甚至出现冲动性动作等，为建筑安全事故的发生埋下了极大的隐患。

2.动机与人为失误

动机是决定施工人员是否追求安全目标的动力源泉。有时，安全动机与其他动机产生冲突，而动机的冲突是造成人际失调和配合不当的内在动因。出于某种动机，施工班组成员可能产生畏惧心理、逆反心理或依赖心理。畏惧心理具体表现为施工班组成员缺乏自信，胆怯怕事，遇到紧急情况手足无措。逆反心理是由于自我表现动机、嫉妒心导致的抵触心态或行为方式的对立。依赖心理是由于对施工班组其他成员的期望值过高而产生的。这些心理障碍影响施工班组成员之间的配合，极易造成人为失误。

3.社会心理品质与人为失误

社会心理品质涉及价值观、社会态度、道德感、责任感等，直接影响工人的行为表现，与建筑施工安全密切相关。在建筑项目施工过程中，个别班组成员的社会心理品质不良、缺乏社会责任感、漠视施工安全操作规程、以自我为中心处理与班组其他成员的关系、行为轻率，容易出现人为失误。

4.个性心理特征与人为失误

施工人员的个性心理特征主要包括气质、性格和能力。个性心理特征对人为失误有明显的影响。比如，多血质型的施工人员如果从事单调乏味的工作则容易情绪不稳定；胆汁质型的施工人员固执己见、脾气暴躁，情绪冲动时难以克制；黏液质型的施工人员遇到特殊情况时反应慢、反应能力差。现在的施工单位在招聘劳务时，很少进行考核，更不用说进行心理方面的测试了，所以对施工人员的个性心理特征也就无从了解，分配施工任务时也就随意安排了。

5.情绪与人为失误

情绪是人对客观事物是否满足自身需要的态度的体验。在不良的心境下，施工人员可能情绪低落，容易产生操作行为失误，最终导致建筑安全事故。过分自信、骄傲自大是安全事故的陷阱。施工人员的麻痹情绪、情绪上的长期压力和适应障碍，会使心理疲劳频繁出现而诱发失误。

6.生理状况与人为失误

疲劳是产生建筑安全事故的重大隐患。疲劳的主要原因是缺乏睡眠和昼夜节奏紊乱。如果施工人员服用一些治疗失眠的药物，也可能为建筑安全事故的发生埋下隐患。因此，经常进行教育、训练，合理安排工作，消除心理紧张因素，有效控制心理紧张的外部原因，使人保持最优的心理紧张度，对消除人为失误现象是很重要的。

（二）物的因素

对建筑行业来说，物是指生产过程中发挥一定作用的设备、材料、半成品、燃料、施工机械、生产对象及其他生产要素。物的因素主要指物的故障原因而导致物处于一种不安全状态。故障是指物不能执行所要求功能的一种状态，物的不安全状态可以看作一种故障状态。

物的故障状态主要有以下几种情况：机械设备、工器具存在缺陷或缺乏保养；存在危险物和有害物；安全防护装置失灵；缺乏防护用品或其有缺陷；钢材、脚手架及其构件等原材料的堆放和储存不当；高空作业缺乏必要的保护措施等。

（三）管理因素

大量的安全事故表明，人的不安全行为、物的不安全状态及恶劣的环境状态，往往只是事故直接和表面的原因，深入分析可以发现发生事故的根源在于管理的缺陷。

常见的管理缺陷有制度不健全、责任不分明、有法不依、违章指挥、安全教育不够、处罚不严、安全技术措施不全面、安全检查不够等。

人的不安全行为和物的不安全状态是可以通过适当的管理控制，予以消除或把影响程度降到最低。环境因素的影响是不可避免的，但是，通过适当的管理行为，选择适当的措施也可以把影响程度降到最低。人的不安全行为可以通过安全教育、安全生产责任制及安全奖罚机制等管理措施减少甚至杜绝。物的不安全状态可以通过提高安全生产的科技含量、建立完善的设备保养制度、推行文明施工和安全达标等管理活动予以控制。对作业现场加强安全检查，就可以发现并制止人的不安全行为和物的不安全状态，从而避免事故的发生。

（四）环境因素

事故的发生都是由人的不安全行为和物的不安全状态直接引起的。但不考虑客观的情况而一概指责施工人员的"粗心大意""疏忽"却是片面的，有时甚至是错误的。还应当进一步研究造成人的过失的背景条件，即不安全环境。环境因素主要指施工作业过程所在的环境，包括温度、湿度、照明、噪声和振动等物理环境，以及企业和社会的人文环境。

不良的生产环境会影响人的行为，同时对机械设备产生不良的作用。

不良的物理环境会引起物的故障和人的失误，物理环境又可分为自然环境和生产环境。例如，施工现场到处是施工材料、机具乱摆放、生产及生活用电私拉乱扯，不但给正常生产生活带来不便，而且会引起人的烦躁情绪，从而增加事故发生概率；温度和湿度会影响设备的正常运转，引起故障；噪声、照明影响人的动作准确性，造成失误；冬天的寒冷，往往造成施工人员动作迟缓或僵硬；夏天的炎热，往往造成施工人员的体力透支，注意力不集中；还有下雨、刮风、扬沙等天气，都会影响人的行为和机械设备的正常使用。

第三节　安全文明施工——一般项目

一、综合治理

施工现场应在生活区内适当设置工人业余学习和娱乐的场所，以使劳动后的员工也能有合理的休息方式。施工现场应建立治安保卫制度、治安防范措施，并将责任分解落实到人，杜绝发生盗窃事件，并由专人负责检查落实情况。

（一）综合治理检查

综合治理检查包括以下几个方面。

1.治安、消防安全检查

公司对各生活区、施工现场、重点部位（场所）采用平时检查（不定期地下基层、工地）与集中检查（节假日、重大活动等）相结合的办法实施检查、督促。项目部对所属重点部位至少每月检查一次，对施工现场的检查，特别是消防安全检查，每月不少于两次，节假日、重大活动的治安、消防检查应由领导带队。

2.夜间巡逻检查

有专职夜间巡逻的单位要坚持每天进行巡逻检查，并灵活安排巡逻时间和路线；无专职夜间巡逻队的单位要教育门卫、值班人员加强巡逻和检查，保卫部门应适时组织夜间突击检查，每月不少于一次。

3.分包单位管理

分包单位治安负责人要经常对本单位宿舍、工具间、办公室的安全防范工作进行检查，并落实防范措施。分包单位治安负责人联谊会每月召开一次。治安、消防责任制的检查，参照本单位治安保卫责任制进行。

（二）法治宣传教育和岗位培训

加强职工思想道德教育和法治宣传教育，倡导"爱祖国、爱人民、爱劳动、爱科学、爱社会主义"的社会风尚，努力培养"有理想、有道德、有文化、守纪律"的社会主义劳动者。

积极宣传和表彰社会治安综合治理工作的先进典型，以及为维护社会治安做出突出贡献的先进集体和先进个人，在工地范围内创造良好的社会舆论环境。

定期召开职工法治宣传教育培训班（可每月举办一次），并组织法治知识竞赛和考试，对优胜者给予表扬和奖励。

清除工地内部各种诱发违法犯罪的文化环境，杜绝职工看黄色录像、打架斗殴等现象的发生。

加强对特殊工种人员的培训，充分保证各工种人员持证上岗。

积极配合公安部门开展法治宣传教育，共同做好刑满释放、解除劳教人员和失足青年的帮助教育工作。

（三）住处管理报告

公司综合治理领导小组每月召开一次各项目部治安责任人会议，收集工地内部违法、违章事件。每月和当地派出所、街道综合治理办公室开碰头会，及时反映社会治安方面存在的问题。工地内部发生紧急情况时，应立即报告分公司综合治理领导小组，并会同公安部门进行处理、解决。

（四）社区共建

项目部综合治理领导小组每月与驻地街道综合治理部门召开一次会议，讨论、研究工地文明施工、环境卫生、门前三包等措施。各项目部严格遵守市建委颁布的不准夜间施工的规定，大型混凝土浇灌等项目尽量与居民取得联系，充分取得居民的谅解，搞好邻里关系。认真做好竣工工程的回访工作，对在建工程加强质量管理。

（五）值班巡逻

值班巡逻的护卫队员、警卫人员，必须按时到岗，严守岗位，不得迟到、早退和擅离职守。

当班的管理人员应会同护、警卫人员加强警戒范围内巡逻检查，并尽职尽责。

专职值勤巡逻的护、警卫人员要勤巡逻，勤检查，每晚不少于5次，要害、重点部位要重点察看。

若巡查中发现可疑情况，要及时查明。发现报警要及时处理，查出不安全因素要及时反馈，发现罪犯要奋力擒拿、及时报告。

（六）门卫制度

外来人员一律凭证件（介绍信或工作证、身份证）并有正当的理由，经登记后方可进出，外部人员不得借内部道路通行。

机动车辆进出应主动停车接受查验，因公的外来车辆，应按指定位置停靠，自行车进出一律下车推行。

物资、器材出门，一律凭出门证（调拨单）并核对无误后方可出门。

外单位来料加工（包括材料、机具、模具等）必须经门卫登记。出门时有主管部门出具的证明，经查验无误注销后方可放行。物、货出门凡无出门证的，门卫有权扣押并报主管部门处理。

严禁无关人员在门卫室长时间逗留、看报纸杂志、吃饭和闲聊，更不得寻衅滋事。

门卫人员应严守岗位职责，发现异常情况及时向主管部门报告。

（七）物资仓库消防治安保卫管理

物资仓库为重点部位。要求仓库管理人员岗位责任制明确，严禁脱岗、漏岗、串岗和擅离职守，严禁无关人员入库。

各类入库材料、物资，一律凭进料入库单经核验无误后入库，发现短缺、损坏、物单不符等一律不准入库。

各类材料、物资应按品种、规格和性能堆放整齐。易燃、易爆和剧毒物品应专库存放，不得混存。

发料一律凭领料单。严禁先发料后补单，仓库料具无主管部门审批一律不准外借。退库的物资材料，必须事先分清规格，鉴定新旧程度，列出清单后再办理退库手续；报废材料亦应分门别类地放置，统一处理。

仓库人员应严格执行各类物资、材料的收、发、领、退等核验制度，做到日清月结，账、卡、物三者相符，定期检查，发现差错应及时查明原因，分清责任，报部门处理。

仓库严禁火种、火源。禁火标志明显，消防器材完好，仓库人员应熟悉和掌握其性能及使用方法。

仓库人员应提高安全防范意识，定期检查门窗和库内电器线路，发现不安全因素进行及时整改。离库和下班后应关锁好门窗，切断电源，确保安全。

二、公示标牌

施工现场必须设置明显的公示标牌，标明工程的项目名称、建设单位、设计单位、施工单位、项目经理和施工现场总代表人的姓名、开工和竣工日期、施工许可证批准文号等。施工单位负责施工现场标牌的保护工作，施工现场的主要管理人员在施工现场应当佩戴证明其身份的证卡。

施工现场的进口处应有整齐明显的"五牌一图"，即工程概况牌、工地管理人员名单牌、消防保卫牌、安全生产牌、文明施工牌、施工现场平面图。图牌应设置稳固、规格统一、位置合理、字迹端正、线条清晰、表示明确。

标牌是施工现场重要标志的一项内容，不但内容应有针对性，同时标牌的制作、悬挂也应规范整齐，字体工整，为企业树立形象、创建文明工地打好基础。

为进一步对职工做好安全宣传工作，要求施工现场在明显处，应有必要的安全宣传图牌，主要施工部位、作业点和危险区域，以及主要通道口都应设有合适的安全警告牌和操作规程牌。

施工现场应该设置读报栏、黑板报等宣传园地，丰富学习内容，表扬好人好事。在施工现场明显处悬挂"安全生产，文明施工"的宣传标语牌。

三、社区服务

加强施工现场环保工作的组织领导，成立以项目经理为首，由技术、生产、物资、机械等部门组成的环保工作领导小组，设立专职环保员一名。建立环境管理体系，明确职责、权限。建立环保信息网络，加强与当地环保局的联系。不定期组织工地的业务人员学习国家、环境法律法规和本公司环境手册、程序文件、方针、目标、指标知识等内部标准，使每个人都了解ISO 14001环保标准的要求和内容。认真做好施工现场环境保护的监督检查工作，包括每月3次噪声监测记录及环保管理工作自检记录等，做到数据准确、记录真实。施工现场要经常采取多种形式的环保宣传教育活动，施工队进场要集体进行环保教育，不断提高职工的环保意识和法治观念，未通过环保考核者不得上岗。在普及环保知识的同时，不定期地进行环保知识的考核检查，鼓励环保革新发明活动。要制定出防止大气污染、水污染和施工噪声污染的具体制度。

积极全面地开展环保工作，建立项目部环境管理体系，成立环保领导小组，定期或不定期进行环境监测监控。加强环保宣传工作，提高全员环保意识。现场采取图片、表扬、评优、奖励等多种形式进行环保宣传，将环保知识的普及工作落实到每位施工人员身上。对上岗的施工人员实行环保达标上岗考试制度，做到凡是上岗人员均须通过环保考试。现场建立环保义务监督岗制度，保证及时反馈信息，对环保做得不周之处及时提出整改方案，积极改进并完善环保措施。每月进行三次环保噪声检查，发现问题及时解决。严格按照施工组织设计中的环保措施开展环保工作，其针对性和可操作性的可行性要强。

施工单位应当遵守国家有关环境保护的法律规定，采取措施控制施工现场的各种粉尘、废气、废水、固体废物，以及噪声、振动对环境的污染和危害。

施工由于受技术、经济条件限制，对环境的污染不能控制在规定范围内的，建设单位应当会同施工单位事先报请当地人民政府建设行政主管部门和环境行政主管部门批准。必须进行夜间施工时，要进行申报，批准后按批复意见施工，并注意对周围的影响，尽量做到不扰民；并与当地派出所、居委会取得联系，做好治安保卫工作，严格执行门卫制度，防止工地出现偷盗、打架、职工外出惹事等意外事件发生，防止出现扰民现象（特别是高考期间）。认真学习和贯彻国家、环境法律法规和遵守本公司环境方针、目标、指标及相关文件要求。

四、生活设施

生活设施应纳入现场管理总体规划，工地必须有环境卫生及文明施工的各项管理制度、措施要求，并落实责任到人。有卫生专职管理人员和保洁人员，并落实卫生包干区和宿舍卫生责任制度，生活区应设置醒目的环境卫生宣传标语、宣传栏、各分片区的责任人牌，在施工区内设置饮水处、吸烟室，生活区内种花草，美化环境。

生活区应有除"四害"措施，物品摆放整齐，清洁，无积水，防止蚊蝇滋生。生活区的生活设施（如水龙头、垃圾桶等）有专人管理，生活垃圾一日至少要早、晚清倒两次，禁止乱扔杂物，生活污水应集中排放。

生活区应设置符合卫生要求的宿舍、男女浴室或清洗设备、更衣室、男女水冲式厕所，工地有男女厕所，并保持清洁。高层建筑施工时，可隔几层设置移动式的简单厕所，以切实解决施工人员的实际问题。施工现场应按作业人员的数量设置足够使用的沐浴设施，沐浴室在寒冷季节应有暖气、热水，且应有相应的管理制度和专人管理。

施工现场作业人员的饮水应符合卫生要求，有固定的盛水容器，并有专人管理。现场应有合格的可供食用的水源（如自来水），不准把集水井作为饮用水，也不准直接饮用河水。茶水棚（亭）的茶水桶应做到加盖加锁，并配备茶具和消毒设备，保证茶水供应，严禁食用生水。夏季要确保施工现场的凉开水、清凉开水或清凉饮料的供应，暑伏天可增加绿豆汤，防止中暑、脱水现象发生。积极开展除"四害"运动，消灭病毒传染体。现场落实消灭蚊蝇滋生的承包措施，与承包单位签订检查约定，确保措施落实。

第四节　安全文明施工——保证项目

一、围挡现场

工地四周应设置连续、密闭的围挡，其高度与材质应满足如下要求。

（1）市区主要路段的工地周围设置的围挡高度不低于2.5m；一般路段的工地周围设置的围挡高度不低于1.8m。市政工地可按工程进度分段设置围挡或按规定使用统一的、连续的安全防护设施。

（2）围挡材料应选用砌体，砌筑60cm高的底脚并抹光，禁止使用彩条布、竹笆、安全网等易变形的材料，做到坚固、平稳、整洁、美观。

（3）围挡的设置必须沿工地四周连续进行，不能有缺口。

（4）围挡外不得堆放建筑材料、垃圾和工程渣土、金属板材等硬质材料。

二、封闭管理

施工现场实施封闭式管理。施工现场进出口应设置大门，门头要设置企业标志，企业标志是标明集团、企业的规范简称；设门卫室，制定值班制度；设警卫人员，制定警卫管理制度，切实起到门卫作用；为加强对出入现场人员的管理，规定进入施工现场的人员都必须佩戴工作卡，且工作卡应佩戴整齐；在场内悬挂企业标志旗。

未经有关部门批准，施工范围外不得堆放任何材料、机械，以免影响秩序，影响市容，损坏行道树和绿化设施。夜间施工要经有关部门批准，并将噪声控制到最低限度。

工地、生活区应有卫生包干平面图，根据要求落实专人负责，做到定岗、定人，做好公共场所、厕所、宿舍卫生打扫、茶水供应等生活服务工作。工地、生活区内道路平整，无积水，要有水源、水斗、灭害措施、存放生活垃圾的设施，要做到勤清运，确保场地整洁。

宣传企业材料的标语应字迹端正、内容健康、颜色规范，工地周围不随意堆放建筑材料。围挡周围整洁卫生；不非法占地，建设工程施工应当在批准的施工场地内组织进行，需要临时征用施工场地或者临时占用道路的，应当依法办理有关批准手续。

建设工程施工需要架设临时电网、移动电缆等，施工单位应当向有关主管部门报批，并事先通告受影响的单位和居民。

施工单位在进行地下工程或者基础工程施工时发现文物、古化石、爆炸物、电缆等，应当暂停施工，保护好现场，并及时向有关部门报告，按有关规定处理后，方可继续施工。

施工场地道路平整畅通，材料、机具分类并按平面布置图堆放整齐、标志清晰。

三、施工场地

遵守国家有关环境保护的法律规定，应有效控制现场各种粉尘、废水、固体废弃物，以及噪声、振动对环境的污染和危害。

工地地面要做硬化处理，做到平整、不积水、无散落物。道路要畅通，并设排水系统、汽车冲洗台、三级沉淀池，有防泥浆、污水、废水措施。建筑材料、垃圾和泥土、泵车等运输车辆在驶出现场之前，必须冲洗干净。工地应严格按防汛要求，设置连续、通畅的排水设施，防止泥浆、污水、废水外流或堵塞下水道和排水河道。

工地道路要平坦、畅通、整洁、不乱堆乱放；建筑物四周浇捣散水坡施工场地应有循环干道且保持畅通，不堆放构件、材料；道路应平整坚实，施工场地应有良好的排水设施，保证畅通排水。项目部应按照施工现场平面图设置各项临时设施，并随着施工阶段进行调整，合理布置。

现场要有安全生产宣传栏、读报栏、黑板报，主要施工部位作业点和危险区域及主要道路口都要设置醒目的安全宣传标语或合适的安全警告牌。主要道路两侧用钢管作扶栏，高度为1.2m，两道横杆间距为0.6m，立杆间距不超过2m，每间隔40cm刷黄黑漆作色标。

四、材料管理

（一）材料堆放

施工现场场容规范化。需要在现场堆放的材料、半成品、成品、器具和设备，必须按已审批过的总平面图的指定位置进行堆放。应当贯彻文明施工的要求，推行现代管理方法，科学组织施工，做好施工现场的各项管理工作。施工应当按照施工总平面布置图规定的位置和线路设置，建设工程实行总包和分包的，分包单位确需改变施工总平面布置图活动的，应当先向总包单位提出申请，不得任意侵占场内道路，并应当按照施工总平面布置图设置各项临时设施现场堆放材料。

各种物料堆放必须整齐，高度不能超过1.6 m，砖成垛，沙、石等材料成方，钢管、钢筋、构件、钢模板应堆放整齐，用木方垫起，作业区及建筑物楼层内，应做到工完料清。除去现浇筑混凝土的施工层外，下部各楼层凡达到强度的拆模要及时清理运走，不能马上运走的必须码放整齐。各楼层内清理的垃圾不得长期堆放在楼层内，应及时运走，施工现场的垃圾应分类集中堆放。

所有建筑材料、预制构件、施工工具、构件等均应按施工平面布置图规定的地点分类堆放，并整齐稳固。必须按品种、分规格堆放，并设置明显标志牌（签），标明产地、规格等，各类材料堆放不得超过规定高度，严禁靠近场地围护栅栏及其他建筑物的墙壁堆置，且其间距应在50 cm以上，两头空间应予以封闭，防止有人入内，发生意外伤害事故。油漆及其稀释剂和其他对职工健康有害的物质，应该存放在通风良好、严禁烟火的仓库。

（二）库房安全管理

库房安全管理包括以下内容。

（1）严格遵守物资入库验收制度，对入库的物资要按名称、规格、数量、质量认真检查。加强对库存物资的防火、防盗、防汛、防潮、防腐烂、防变质等管理工作，使库存物资布局合理、存放整齐。

（2）严格执行物资保管制度，对库存物资做到布局合理、存放整齐，并做到标记明确、对号入座、摆设分层码垛、整洁美观，对易燃、易爆、易潮、易腐烂及剧毒的危险物品应存放于专用仓库或隔离存放，定期检查，做到勤检查、勤整理、勤清点、勤保养。

（3）存放爆炸物品的仓库不得同时存放性质相抵触的爆炸物品和其他物品，并不得超过规定的储存数量。存放爆炸物品的仓库必须建立严格的安全管理制度，禁止使用油灯、蜡烛和其他明火照明，不准把火种、易燃物品等容易引起爆炸的物品和铁器带入仓库，严禁在仓库内住宿、开会或加工火药，并禁止无关人员进入仓库。收存和发放爆炸物品必须建立严格的收发登记制度。

（4）在仓库内存放危险化学品应遵守以下规定：仓库与四周建筑物必须保持相应的安全距离，不准堆放任何可燃材料；仓库内严禁烟火，并禁止携带火种和引起火花的行为；明显的地点应放置警告标志；加强货物入库验收和平时的检查制度，卸载、搬运易燃易爆化学物品时应轻拿轻放，防止剧烈震动、撞击和重压，确保危险化学品的储存安全。

五、现场办公与住宿

施工现场必须将施工作业区与生活区、办公区严格应分开来，不能混用，应有明显划分，有隔离和安全防护措施，防止发生事故。在建工程内不得兼作宿舍，因为在施工区内住宿会带来各种危险，如落物伤人、触电或因洞口和临边防护不严而造成事故，又如两班作业时，施工噪声影响工人的休息。

在寒冷地区，冬季住宿应有保暖措施和防煤气中毒的措施。炉火应统一设置，有专人管理并有岗位责任。炎热的季节，宿舍应有消暑和防蚊虫叮咬措施，保证施工人员有充足睡眠。宿舍内床铺及各种生活用品放置整齐，室内应限定人数，不允许男女混睡。有安全通道，宿舍门向外开，被褥叠放整齐、干净，室内无异味。宿舍外围环境卫生好，不乱泼乱倒，应设污物桶、污水池，房屋周围道路平整。室内照明灯具的高度不低于2.5 m。宿舍、更衣室应明亮通风，门窗齐全、牢固，室内整洁，无违章用电、用火及违反治安管理条例现象。

职工宿舍要有卫生值日制度，实行室长负责制，设置一周内每天卫生值日名单并张贴上墙，做到天天有人打扫，保持室内窗明几净，通风良好。宿舍内各类物品应堆放整齐，不到处乱放。

宿舍内不允许私拉乱接电源，不允许使用电饭煲、电水壶、热得快等大功率电器，不允许做饭烧煤气，不允许用碘钙灯取暖、烘烤衣服。生活废水应集中排放，二楼以上也要有水源及水池，卫生区内无污水、无污物，废水不得乱倒乱流。

六、现场防火

（一）防火安全理论与技术

1.火灾的定义及分类

火灾是指在时间和空间上失去控制的燃烧所造成的灾害。

火灾分为A、B、C、D、E五类。

A类火灾——固体物质火灾。例如，木材、棉、毛、麻、纸等燃烧引起的火灾。

B类火灾——液体火灾和可熔化的固体物质火灾。例如，汽油、煤油、原油、甲醇、乙醇、沥青、石蜡等引起的火灾。

C类火灾——气体火灾。例如，煤气、天然气、甲烷、乙烷、丙烷、氢等引起的火灾。

D类火灾——金属火灾。例如，钾、钠、镁、钛、钴、锂、合金等引起的火灾。

E类火灾——电燃烧而导致的火灾。

2.燃烧中的几个常用概念

（1）闪燃。

在液体（固体）表面能产生足够的可燃蒸气，遇火产生一闪即灭的火焰的燃烧现象称为闪燃。

（2）爆燃。

以亚音速传播的爆炸称为爆燃。

（3）阴燃。没有火焰的缓慢燃烧现象称为阴燃。

（4）自燃。

可燃物质在没有外部明火等火源的作用下，因受热或自身发热并蓄热所产生的自行燃烧现象称为自燃。亦即物质在无外界引火源条件下，由于其本身内部所发生的生物、物理或化学过程而产生热量，使温度上升，最后自行燃烧起来的现象。

（5）燃烧的必要条件。

燃烧的必要条件为可燃物、氧化剂和温度（引火源）。只有这三个条件同时具备，才可能发生燃烧现象，无论缺少哪一个条件，燃烧都不能发生。但是，并不是上述三个条件同时存在，就一定会发生燃烧现象，而是这三个因素还必须相互作用才能发生燃烧现象。

（6）燃烧的充分条件。

燃烧的充分条件一定的可燃物浓度，一定的氧气含量，一定的点火能量。

3.灭火器的选择

根据不同类型的火灾有不同的选择。

A类火灾可选用清水灭火器、泡沫灭火器、磷酸铵盐干粉灭火器（ABC干粉灭火器）。

B类火灾可选用干粉灭火器（ABC干粉灭火器）、二氧化碳灭火器、泡沫灭火器（泡沫灭火器只适用于油类火灾，而不适用于极性溶剂火灾）。

C类火灾可选用干粉灭火器（ABC干粉灭火器）、二氧化碳灭火器。

易发生上述三类火灾的部位一般配备ABC干粉灭火器，配备数量可根据部位面积而定。一般危险性场所按每75 m²一具计算，每具重量为4 kg。四具为一组，并配有一个器材架。危险性地区或轻危险性地区可适量增减。

D类火灾目前尚无有效灭火器，一般可用沙土。

E类火灾可选用干粉灭火器（ABC干粉灭火器）、二氧化碳灭火器。

4.灭火的基本原理

灭火的一般原理有通过窒息、冷却、隔离和化学抑制四种。灭火原理的使用条件如下所述。

窒息灭火法——燃烧物质隔绝氧气的助燃而熄灭。

隔离灭火——将燃烧物体附近的可燃烧物质隔离或疏散，使燃烧停止。

冷却灭火——使可燃烧物质的温度降低到燃点以下而终止燃烧。

抑制灭火——使灭火剂参与到燃烧反应过程中，使燃烧中产生的游离基消失。

5.火灾火源的分类

火灾火源可分为直接火源和间接火源两大类。

（1）直接火源主要有明火、电火花和雷电火三种。

①明火。

例如，生产和生活用的炉火、灯火、焊接火、火柴、打火机的火焰、香烟头火、烟囱火星、撞击、摩擦产生的火星、烧红的电热丝、铁块，以及各种家用电热器、燃气的取暖器等产生的火。

②电火花。

例如，电器开关、电动机、变压器等电器设备产生的电火花，还有静电火花，这些火花能使易燃气体和质地疏松、纤细的可燃物起火。

③雷电火。

瞬的高压放电，能使任何可燃物质燃烧。

（2）间接火源主要有加热自燃起火和本身自燃起火两种。

6.火灾救人

发生火灾时有以下七种救人的方法。

（1）缓和救人法。

（2）转移救人法。

（3）绳管救人法。

（4）控制救人法。

（5）架梯救人法。

（6）拉网救人法。

（7）缓降救人法。

7.火灾逃生

（1）当你处于烟火中，首先要想办法逃走。如烟不浓可俯身行走；如烟太浓，须俯地爬行，并用湿毛巾捂住口鼻，以减少烟毒危害。

（2）不要朝下风方向跑，最好是迂回绕过燃烧区，向上风方向跑。

（3）当楼房发生火灾时，如火势不大，可用湿棉被、毯子等披在身上，从火中冲过去；如楼梯已被火封堵，应立即通过屋顶由另一单元的楼梯脱险；如其他方法无效，可将绳子或撕开的被单连接起来，顺着往下滑；如时间来不及，应先往地上抛一些棉被、沙发垫等物，以增加缓冲（适用于低层建筑）。

8.火警时的人员疏散

（1）开启火灾应急广播，说明起火部位、疏散路线。

（2）组织处于着火层等受火灾威胁的楼层人员，沿火灾蔓延的相反方向，向疏散走道、安全出口部位有序疏散。

（3）疏散过程中，应开启自然排烟窗，启动防排烟设施，保护疏散人员的安全；若没有排烟设施，则要提醒被疏散人员用湿毛巾捂住口鼻，靠近地面有秩序地往安全出口前行。

（4）情况危急时，可利用逃生器材疏散人员。

（二）施工现场防火

在施工现场建立和执行防火管理制度，设置符合消防要求的消防设施，并保持完好的备用状态，在容易发生火灾的地区施工或者储存、使用易燃易爆器材时，施工单位应当采取特殊的消防安全措施。施工现场要有明显的防火宣传标志，每月对施工人员进行一次防火教育，定期组织防火检查，建立防火工作档案。现场设置消防车道，其宽度不得小于3.5 m，消防车道不能是环行的，应在适当地点修建车辆回转场地。

现场要配备足够的消防器材，并做到布局合理，经常维护、保养。采取足够的防冻保温措施，保证消防器材灵敏有效。现场进水干管的直径不小于100 mm，消火栓处要设有明显的标志，配备足够的水龙带，消火栓周围3m内，不准存放任何物品。高层建筑（指30 m以上的建筑物）要随层做消防水源管道，用2寸立管，设加压泵，每层留有消防水源接口。

电工、焊工从事电气设备安装和电、气焊切割作业，要有操作证和动火证。动火前要清除附近易燃物，配备看火人员和灭火用具；动火地点变换时，要重新办理动火证手续。

因施工需要搭设的临时建筑，应符合防火要求，不得使用易燃材料。施工材料的存放、保管，应符合防火安全要求，库房应用非燃材料支搭。库管员要熟悉库存材料的性质。易燃易爆物品，应专库储存，分类单独存放，保持通风。用电应符合防火规定，不准在建筑物内、库房内调配油漆、稀料。

建筑物内不准作为仓库使用，不准存放易燃、可燃材料。因施工需要进入工程区内的可燃材料，要根据工程计划限量进入并应采取可靠的防火措施。建筑物内不准住人，施工现场严禁抽烟，现场应设有防火措施的吸烟室。施工现场和生活区，未经保卫部门批准不得使用电热器具。冬季用火炉取暖时，要办动火证，由专人负责用火安全。坚持防火安全交底制度，特别在进行电气焊、油漆粉刷或从事防火等危险作业时，要有具体的防火要求。

第九章　建筑垃圾资源化处置

第一节　建筑垃圾的产生、收集和运输

建筑垃圾是具有资源化属性的固体废弃物，但是由于其来源多变、成分复杂、各种物料共混，因此不能直接利用，需要对其进行资源化处置。建筑垃圾资源化处置就是通过一定的技术手段和管理措施，将建筑垃圾加工处理后转化为具有利用价值的原材料或再生产品，它既包括建筑垃圾的产生、收集、运输及存储等前端处置过程的管理和技术措施，又包括建筑垃圾的预筛分、破碎、筛分等处置加工工艺要求。建筑垃圾资源化处置是整个资源化利用产业链条上至关重要的环节，直接影响路用再生骨料及资源化利用产品的品质和技术性能。

目前，绝大部分的建筑垃圾均未经处理而直接运往偏远地区堆放或填埋，不仅占用了大量土地，而且污染了周边环境，以致在一些城市近郊已难找到可供充埋之地。因此，如何将建筑垃圾变废为宝，进行处理再生利用是实现节约化生产、清洁化生产，实现经济、社会、环境可持续发展的重要举措。

一、建筑垃圾的产生及产量估算

（一）建筑垃圾的产生

建筑垃圾的产生途径主要有：建筑物、构筑物拆除过程中产生的，建筑物、构筑物建设过程中产生的，以及其他不可抗力因素产生的等。

1.拆除产生

各类建筑物、构筑物等在拆除过程中产生的金属、混凝土、沥青、砖瓦、陶瓷、玻璃、木材、塑料等弃料，即为拆除垃圾。建筑物的拆除是产生建筑垃圾的主要源头之一，如城市中的城中村、棚户区改造，市政基础设施工程的翻修养护等拆除时，都会产生大量

建筑垃圾。

2.建设产生

各类建筑物、构筑物等在建设过程中产生的金属、混凝土、沥青和模板等弃料，即为工程垃圾。工程垃圾的产生量在特大城市尤多，如北京、上海等一线城市，因为奥运工程、世博工程等重点建设项目，会造成工程垃圾排放量在短时间内激增。

3.其他因素产生

因地震、飓风、洪水等自然灾害及战争等不可抗力因素，也会造成建筑物毁坏，因而产生大量的建筑垃圾。四川汶川大地震造成大量房屋倒塌，公路、桥梁损毁，使得建筑垃圾堆积如山，经震后初步估计，产生的建筑垃圾达6亿吨，堆积体积达4亿立方米。

（二）建筑垃圾的产量估算

目前，世界上还没有较为权威的计算规则来统计建筑垃圾的产量，学者们对此方面研究很多，但尚未形成统一的意见，现有的关于建筑垃圾产量的计算方法，总结归纳可以分为单位产量法、现场调研法、材料流法和系统建模法几类。

经粗略统计，我国每拆除1万平方米旧建筑将产生7000～13000 t建筑垃圾，每建设1万平方米建筑物，其施工过程中就会产生500～2000t建筑垃圾。目前，我国建筑垃圾数量已占到城市垃圾总量的30 %～40 %。据前瞻产业研究院《中国建筑垃圾处理行业发展前景与投资分析报告》整理统计，保守估计，未来十年我国平均每年将产生15亿吨以上的建筑垃圾，且呈逐年上升趋势，预计2030年建筑垃圾将达到70亿吨。

若没有一个科学、合理、有效且能大量消纳建筑垃圾的处置方式，如此触目惊心的建筑垃圾产生量，将对社会造成严重危害。

二、建筑垃圾的分类与收集

对建筑垃圾进行资源化处置和利用，目前大多是将建筑垃圾集中运至固定的处置厂进行处置，这就离不开建筑垃圾的收集。建筑垃圾的收集是将不同来源的建筑垃圾采用一定的运输设备集中运至统一场地进行再生利用的过程，它也是实现建筑垃圾资源化利用的基础性工作。由于建筑垃圾所含成分较为复杂，若不加以管理，盲目、混杂地进行收集，会增加后续处置设备及工艺上的投入，从而降低生产效率，增加处置成本。因此，在收集阶段就应该做到从源头上分类收集，即按照建筑垃圾的不同来源、不同组成成分，分类进行收集。源头分类收集有利于后续处置工作的顺利进行，保证资源化利用产品的质量，降低处置成本。

建筑垃圾的分类收集应满足以下要求：

（1）拆除垃圾建议按以下类别收集：废旧混凝土及其构件、废旧砖瓦及水泥制品、废旧轻质墙体材料、废旧沥青路面回收材料等。

（2）工程垃圾建议按以下类别收集：废混凝土与废沙石、废砂浆、废轻质墙体材料、弃土、废金属等。

源头分类是实现建筑垃圾资源化及保证再生产品品质的重要环节，国外已经建立完善的制度体系且垃圾源头分类已达到相当高的程度。国内越来越多的城市政府部门也越来越重视，制定了城市建筑垃圾管理条例等文件，这些专项管理办法中对建筑垃圾的分类收集都做出了明确要求。黑龙江、青岛等地还要求建筑垃圾产生单位或个人缴纳建筑垃圾处置费。

三、建筑垃圾的运输和存放

（一）建筑垃圾的运输

建筑垃圾的运输应按资源化需求，实现分类和规范化运输，具体要求如下所述。

（1）建筑垃圾运输实行许可制度，规范运输市场的准入与退出。

（2）取得许可的运输企业，应当按照行业规定对运输车辆统一外观标识，并将企业、车辆、驾驶人等相关情况向公安机关交通管理部门备案。

（3）建筑垃圾运输员人应当建立健全建筑垃圾运输车辆安全管理、驾驶人培训、车辆清运规范服务制度，加强车辆维修养护，保证运输安全规范。

（4）运输车辆应容貌整洁、标志齐全，车辆底盘、车轮无大块泥沙等附着物，并且应具备全密闭运输机械装置或密闭遮盖装置、安装行驶及装卸记录仪和相应的建筑垃圾分类运输设备。

（5）建筑垃圾装载高度最高点应低于车厢栏板高度，车辆装载完毕后，厢盖应关闭到位，装载量不得超过车辆额定载重量，不得沿途泄漏、抛撒。

（6）在运输过程中，应承运经批准排放的建筑垃圾。运输车上通常安装卫星定位系统，保证车辆按照规定的时间、速度和路线行驶，将建筑垃圾运输至经批准的消纳和综合利用场地。

（二）建筑垃圾的存放

建筑垃圾运输至处置厂后，应按不同来源、不同批次、不同成分分类存放，并设置明显的分类存放标志。宜采用封闭式原料棚，对于露天堆放的建筑垃圾应及时苫盖，避免雨淋和减少扬尘。建筑垃圾堆放区地坪标高应高于周围场地不小于15 cm，堆放区四周应设置排水沟，满足场地雨水导排要求。建筑垃圾的储存堆体放坡宜小于45°，应配备安全防护、扬尘控制、卫生防护、采光照明、交通指挥等辅助设施。

四、建筑垃圾管理的困境

（一）建筑垃圾产生的困境分析

（1）短命建筑产生的建筑垃圾。我国的城市化进程如火如荼，旧城改造几乎每个城市都在进行，城市里大面积拆除建筑物留下的痕迹处处可见。如今，城市里新中国成立前的房子已经几乎绝迹，20世纪五六十年代的房子更是所剩无几，而20世纪七八十年代的房子正在大量拆除，甚至于只使用了十几年时间的高楼被拆除也视之为平常。总之，建筑物的平均使用寿命越来越短，随意拆迁的现象比比皆是，由此引发的巨大浪费和社会矛盾令人触目惊心。

（2）设计阶段建筑垃圾的产生。目前，我国在设计阶段还很少考虑建筑垃圾的减量化。设计与施工还不能做到一体化，由于设计阶段的过于保守或者设计师没有充分考虑在此阶段减少建筑垃圾的措施，所以在设计阶段就隐含了建筑垃圾量的增加，大量的建筑废料来源于不良的设计。

由于与施工工序的沟通存在时间滞后，发生设计变更时致已施工完毕的部分工程拆除重建，产生额外的建筑垃圾。在材料的选择上，选择需要特殊工艺或者质量低下的材料新产品，导致建筑垃圾的产生。或者设计人员不了解施工过程，设计与施工不匹配，降低，产生了更多垃圾。

（3）施工阶段产生的建筑垃圾。建筑施工过程是直接产出建筑垃圾的过程。由于承包商施工没有节约意识或者管理不当，不了解所需材料的数量，造成边角料增多。或者工人施工方法不当、不合理操作，都会导致施工过程中产生建筑垃圾。承包商对材料采购缺少精细化的分析，采购的产品不符合要求或材料的超量订购或少订，以及材料在进场后管理不善，造成材料的浪费，都是产生建筑垃圾的原因。

施工阶段的方方面面都会直接产出建筑垃圾，因此建筑垃圾的减量化在施工阶段的管理尤其重要。

（二）建筑垃圾资源化的困境分析

尽管学术界对建筑垃圾管理的重要性、建筑垃圾资源化、建筑垃圾的再利用研究都已经臻于全面，相关部门已经认识到建筑垃圾蕴含着巨大的发展潜力，同时建筑垃圾中能够循环利用的材料很多，再利用可以促进我国能源的可持续发展，在此方面的科技创新也能够做到将建筑垃圾成功再利用，并且在经济上具有可行性。但为何在我国国内仍有如此大的建筑垃圾容量，并且没有形成规模化的产业操作，这其中存在着什么样的困境？

（1）管理机制不完善，粗放管理占主流。目前，建筑垃圾的资源化探讨更多的是学术上的。尽管有许多再生技术已经成熟，但很少有单位进行建筑垃圾综合处理。

我国的建筑垃圾综合治理能力不强，就目前的情况而言，我国绝大部分建筑垃圾在没有分类的情况下就直接拉往垃圾填埋场进行处理，建筑中有许多不可再生资源没有经过回收就直接被处理掉，浪费了宝贵的资源，也间接地提高了生产成本。如今我国大规模的基础建设及住房的快速增长需求促成了建筑业的快速发展，建筑垃圾的增长速度也大大提高。而随着城市规模的不断扩大，土地成为稀有资源，建筑垃圾侵占越来越多的土地，从而引发的环境问题也越来越严重。显然，以填埋为主的处理方式不能从根本上解决我国日益严峻的建筑垃圾问题。

（2）缺乏建筑垃圾资源化的推动机制，使企业经营面临诸多困境。随着建筑垃圾成为一个不得不面对的问题，越来越多的人意识到可以在这方面有所作为。部分企业家或者单位已经开始涉足这个领域，但他们却面对着很多无法解决的现实问题，从而也阻碍了我国建筑垃圾资源化的步伐。

以建筑垃圾作为原料进行再利用，首先就要取得建筑垃圾，取得合法的建筑垃圾收集销纳权，但我国目前的行政许可只允许这类企业挂靠在环卫部门下才能取得独立合法的销纳权；建筑垃圾处理企业选址也面临着同样的问题，由于产品属于建材类，部分城市对于这类企业的选址必然有要求，而原料来源——建筑垃圾的量大，远距离运输成本必然提高，无法保障其经济性；选在城区里，由生产产生的废气、噪声等又会形成二次污染；产品属于循环利用资源，为再生产品，但由于无法与现行规范相融，在项目的运用上自然产生问题，开发商会允许这种产品应用在项目上吗？而以这种材料推出的产品会得到公众的理解吗？公众会接受这种产品吗？那么，这些问题势必影响项目的推广；相比于生活垃圾处理，建筑垃圾处理的受重视程度远远不够，而建筑垃圾处理企业也没有得到足够的重视，在政策、税收上没有特殊的优惠推进措施。如此压力重重，举国大兴建筑垃圾处理的难度可想而知。

（三）如何走出建筑垃圾管理的困境

如何更好地对建筑垃圾进行资源化管理，现阶段的科技创新技术已经足够支持我国的建筑垃圾进行资源化再利用。而要从根本上让建筑垃圾处理进入市场，首要解决的还是意识上的问题，我国现阶段的发展速度是以消耗了大量的不可再生能源为代价的，原来地大物博的概念要转变了，一切以经济发展为中心的同时却不能以环境的恶化、资源的消失为代价。在循环利用的工作上，政府部门首当其冲，应该加大宣传，让公众接受建筑垃圾是可以资源化的，是可以再利用的，产品是能够通过各种技术检验的，然后要制定再生资源利用的法规和产品标准，让厂家生产出来的产品有本可依，大力推广再生产品，提高市场上的接纳程度。另外，政府要从政策上加以引导、扶持，注重运用政策、价格、财税、金融等多种手段促进建筑垃圾的回收利用，加大对再生资源产品及其企业的扶持，或给予再生资源产品优惠政策，加大建筑垃圾的综合利用力度。另外，国家有关部门应在全国建筑施工企业中，对建筑物在施工过程中产生的建筑垃圾的数量状况进行调查统计，制定相应的建筑垃圾允许排放数量标准，并将其作为衡量建筑施工企业管理水平和技术水平高低的一个重要考核指标。

五、建筑垃圾的再生利用

目前，每个城市都划有垃圾填埋场地而，建筑垃圾绝大部分跟生活垃圾等采用相同的填埋方式处理掉了，这种填埋的方式弊端很多。首先是占用大量土地。仅以北京为例，相关资料显示：奥运工程建设前对原有建筑的拆除，以及新工地的建设，北京每年都要设置二三十个建筑垃圾回填场，需要大量土地，造成了不小的土地压力。其次是回填建筑垃圾中的建筑用胶、涂料、油漆等会造成地下水污染，同时，清运和堆放过程中的遗撒和粉尘、灰沙飞扬，运输过程中汽车排放尾气等问题同样会造成严重的环境污染。最后是破坏土壤结构、造成地表沉降。垃圾填埋8m后加埋2m土层，但土层之上基本难以重长植被。而填埋区域的地表则会产生沉降和下陷，要经过相当长的时间才能达到稳定状态，另外还造成了资源的浪费。如何处理和排放建筑垃圾，已经成为建筑施工企业和环境保护部门面临的一道难题。

（一）建筑垃圾对环境的危害

建筑垃圾具有数量大、组成成分种类多、性质复杂等特点。建筑垃圾污染环境的途径有很多，污染形式复杂，会直接或间接地污染环境，并且一旦造成环境污染或潜在的污染变成现实，消除这些污染往往需要比较复杂的技术和大量的资金，即需要花费很大的代价进行治理，而且很难使被污染破坏的环境完全复原。建筑垃圾对环境的危害主要表现在以下几个方面：

1.侵占土地

目前，我国绝大部分的建筑垃圾都未经处理而直接运往郊外堆放。我国许多城市的近郊处经常是建筑垃圾的堆放场所，建筑垃圾的堆放占用了大量的生产用地，从而进一步加剧了我国人多地少的矛盾。

2.污染土壤

建筑垃圾及其渗滤水所含的有害物质对土壤会产生污染，其对土壤的污染包括改变土壤的物理结构和化学性质，影响植物的营养吸收和生长；影响土壤中微生物的活动，破坏土壤内部的生态平衡。有害物质在土壤中积累，致使土壤中有害物质的含量超标，妨碍植物正常生长。

3.污染水体

建筑垃圾在堆放场经过雨水渗透浸淋后，由于废砂浆和混凝土块中含有大量的水化硅酸钙和氢氧化钙，废石膏中含有大量的硫酸根离子，废金属料中含有大量的金属离子溶出，同时废纸板和废木材自身发生厌氧降解产生木质素和单宁酸并分解生成有机酸，所以堆放场建筑垃圾产生的渗滤水一般为强碱性，并且含有大量的重金属离子、硫化氢和一定量的有机物，如不加以控制让其流入江河、湖泊或渗入地下，将会导致地表和地下水的污染。

4.污染大气

建筑垃圾废石膏中含有大量的硫酸根离子，硫酸根离子在一定条件下会转化为具有臭鸡蛋气味的硫化氢，废纸板和废木材在厌氧条件下可溶出木质素和单宁酸并分解生成具有挥发性有机酸，这些有害气体排放到空气中就会造成大气污染。

5.影响市容和环境卫生

目前，我国的建筑垃圾综合利用率还比较低，许多地区的建筑垃圾未经任何处理，便被施工单位运往郊外或乡村，采用露天堆放和简易填埋的方式进行处理，而且建筑垃圾运输车大多采用非封闭式运输车，不可避免会引起运输过程中的垃圾遗撒、粉尘和灰沙飞扬等问题，严重影响了城市的容貌和环境卫生。

（二）建筑垃圾再生利用的意义

建筑垃圾除处理费用高外，还会引起很严重的环境污染。建筑业是产生城市垃圾的主要来源，也是可以利用垃圾废料再生资源的重要行业，因此综合利用建筑垃圾不可以解决由建筑垃圾引发的环境问题，还是节约资源保护生态环境的有效途径。所以，建筑垃圾的处理应追随城市可持续发展战略的目标。我们应大力宣传和实施建筑垃圾的资源化循环再生利用，只有这样，才能解决日益增多的建筑垃圾排放困难、环境污染等问题，并且充分利用再生资源，实施可持续发展战略，满足当代发展的同时，造福子孙后代，为子孙后代留下一个可持续利用的资源环境。

（三）建筑垃圾处理利用的具体方案

建筑垃圾经过简单的分选可以分为混凝土建筑垃圾、砖瓦建筑垃圾、废旧木料建筑垃圾、废旧钢铁建筑垃圾等。其中，以混凝土和砖瓦建筑垃圾最多。这一类建筑垃圾的再生利用是目前我们解决建筑垃圾时所面临的最大难题。但是目前可以通过一系列的破碎筛分，将这些建筑垃圾合理利用。破碎后的物料可以用作于修建公路的打底料或者基础料，也可以用于制作免烧砖、切块砖等。

1.归类

首先将建筑垃圾进行简单的归类。把木料、可见钢铁从建筑垃圾中挑选出来。如果有条件可以进行更深一层次的归类，把建筑垃圾再次分为混凝土垃圾和砖瓦垃圾。混凝土垃圾和砖瓦垃圾经过加工之后得到的物料用处不同。如果分不开，破碎加工过的成品料仅可以与砖瓦料破碎后得到的料归为一类。在进入破碎机进行破碎之前，建筑垃圾先要通过喂料机喂料。在通过喂料机喂料的时候，振动喂料机在连续均匀地给料的同时，将废混凝土中的泥土、杂质去除。

2.破碎

经过归类后的建筑垃圾可以通过PE颚式破碎机进行简单的破碎。把大料变为方便加工的小料。然后在变成小料的同时进行再次挑选归类。可以从中选出部分不可见的废旧钢铁垃圾，从而使进入下一级破碎的物料全部为混凝土或砖瓦，便于再次破碎利用。原料经过PE颚式破碎机破碎，经过再次挑选归类，可利用PF反击式破碎机进行再次破碎。砖瓦垃圾由于自身比较松软，容易破碎，所以在进入PF反击式破碎机后，破碎得到的物料都是比较小的砂粉料。混凝土进入PF反击式破碎机后得到的料虽说也有比较小的砂粉料，但是也有很多是适用于建筑基础的石料。这些垃圾原料在通过两次破碎后基本成为可以再次利用的成品料。如果建筑垃圾的物料比较复杂，砖瓦垃圾和混凝土垃圾处于复杂结合状态，则应当考虑进行第三次破碎。第三次破碎使用PCL冲击式破碎机进行破碎，经过PCL冲击式破碎机破碎后的物料将集中为砂粉混合料，一般用于制作免烧砖或者切块砖。

3.除尘

因为建筑垃圾属于质地松软的物料，所以在破碎的时候会产生一定的粉尘和细粉，因此要增加除尘设备。除尘设备的增加，一方面是为了减少粉尘对环境的污染，另一方面是将粉尘收集起来进行再次利用。在破碎时产生的粉尘主要集中在PF反击式破碎机的出料口和筛分环节，所以这两个地方要进行除尘（如果进行三级破碎，则在三级破碎的地方也要进行除尘）。除尘器可以连接集粉器，把粉尘收集起来，进行罐装利用。

4.筛分

建筑垃圾经过破碎之后，经过振动筛的筛分可以得到能够利用的成品原料。振动筛的筛网可以调节成所需要成品粒度的大小，然后经过皮带输送机运送到相应的成品料堆场。

5.输送

破碎后的建筑垃圾在各个设备之间进行输送的时候需要使用皮带机进行设备之间的连接及输送。在输送的过程中，可以在皮带输送机上加强磁进行磁选，再次清理建筑垃圾中的废旧钢铁，从而使破碎后的建筑垃圾的再生料更加干净，利用起来更加安心。

（四）建筑垃圾破碎筛分后的综合利用

1.建筑垃圾应用于道路建设

道路工程具有工程数量大，耗用建材多的特点。因此，"因地制宜、就地取材"是道路设计的一项基本原则，也是降低工程造价的根本。而建筑垃圾具有其他建材无可比拟的优点：成本低、数量大、质量好，是道路建设的常用材料。

上海世博会选址于上海市区黄浦江两岸，原址基本为工业用地。原有厂房建筑拆迁产生的大量建筑废弃物与建设场地原状土体相混合，形成建筑垃圾渣土。使用高强高耐水土体固结剂使建筑垃圾渣土变成胶凝材料，并应用渣土材料完成了世博园区内的大量道路建设，节省了外运堆放渣土和外调土方的大量费用，也免除了对周围土地和环境的不利影响，实现了"可持续发展"的理念和"城市，让生活更美好"的办博宗旨。

2.利用废弃建筑混凝土、砖石生产粗细骨料

目前，混凝土沙石料供应日益紧张，有些地区优质的天然骨料已趋枯竭，致使建筑工程的成本逐渐增加、质量下降。建筑垃圾中的废混凝土经加工后代替天然骨料生产，既能节约天然矿物资源，使废混凝土得到再生利用，又可以减少对环境的污染，体现了可持续的经济发展特点。上海市第二建筑工程公司曾在市中心"华亭"和"霍兰"两项工程的7幢高层建筑施工中，将结构施工阶段产生的建筑垃圾，经分拣、剔除并将有用的废渣碎块粉碎后，与标准砂按1：1的比例拌合作为细骨料用于抹灰砂浆和砌筑砂浆。北京城建集团一公司先后在9万平方米不同结构类型的多层和高层建筑的施工中，回收利用各种建筑废渣840多吨，用于砌筑砂浆、内墙和顶棚抹灰、细石混凝土楼地面和混凝土垫层；使用面积达三万多平方米。

3.用于制作砖瓦

建筑垃圾在经过"归类→破碎→除尘→筛分"这几个步骤后得到的成品料中，砂粉料最多。这一部分砂粉料占成品料的30％～45％，成品粒度在8 mm以下。这些原料是制造免烧砖和切块砖的最佳原料。另外，经过除尘器收集起来的粉尘也可以用于制作免烧砖或者切块砖。

第二节　建筑垃圾资源化处置工艺

做好建筑垃圾的收集、运输和存放等环节的管理工作，从源头减小建筑垃圾的变异性非常重要。而实现建筑垃圾资源化利用，更离不开科学、合理、系统的处置方式和处置工艺。建筑垃圾处置工艺通常需要根据建筑垃圾的组成成分、源头分类情况、资源化产品对再生骨料的要求、排污标准及其他社会、经济条件综合确定。一个优秀的建筑垃圾资源化处置项目离不开规范的处置厂设计，以及系统、科学的工艺选择。任何一个环节被忽视或考虑不周全，都会影响处置效果。

一、建筑垃圾处置厂

建筑垃圾处置厂应该是一项系统、完整、规范的设计，应该系统考虑建筑垃圾的产量与组成、资源化产品方案、建设规模、厂址选择、工艺方案、总体运输方案、工程方案及配套工程方案等因素间的协调关系。厂址应根据地区规划、城市规划等要求，结合建筑垃圾资源化处置项目的性质、功能、条件研究等进行选择。厂区布局和规模应根据区域内环境条件、建筑垃圾存量及增量测算情况、建筑垃圾原料特性、交通条件、运输半径、应用市场等统筹协调，因地制宜并经技术经济分析比较后确定。

二、建筑垃圾处置工艺

目前，我国建筑垃圾资源化处置工艺方式主要分为三大类：固定式建筑垃圾处置方式、移动式建筑垃圾处置方式及复合式建筑垃圾处置方式。每种方式分别有各自的特点和适用性，下面就每种处置方式的工艺流程、配套设备等情况进行具体介绍。

（一）固定式处置工艺

固定式建筑垃圾处置方式是指在固定的区域，利用固定厂房和固定设备，将建筑垃圾进行回收和处置利用的方式。固定式处置方式适用于建筑垃圾成分复杂，产生量大，处置厂区有足够的空间和条件设置固定式配套设备等相关设施的情况。

1.固定式处置工艺的特点

固定式建筑垃圾处置方式具有以下优点：①产量大，生产效率高，可以高效破碎加工多种复杂材料；②可以调整建筑垃圾破碎后成品料的质量；③可以储存大量的建筑垃圾，从而使城市建筑垃圾得到及时清运；④厂房建设过程中可设置多种防尘、降噪措施，可有效避免对周边环境造成的影响。

但是固定式建筑垃圾处置方式也存在一些缺点，比如：①设备、设施占地面积较大，工艺复杂，一次性投资较大；②处置不灵活，设备运营需要借助其他机械；③对整体厂区规划、各部分设备之间的匹配性要求高，任何部位发生损坏均影响整个环节的处置生产；④对建筑垃圾变异性适应性差，影响其产能的稳定性，增加运行成本；⑤厂区内的建筑垃圾倒运成本较高。

2.固定式处置工艺及设备

固定式建筑垃圾处置工艺流程应根据资源化利用产品的方案来确定，并且要合理布置生产线上的各工艺环节，各环节之间设置传送皮带。在设计生产线工艺及布局时，应考虑尽量减少物料的传输距离，合理利用地势势能和传输带的提升动能。受建筑垃圾来源、成分、处置场地等因素的影响，各处置厂工艺并不完全相同，但归纳起来大致包括以下几个环节。

（1）预处理环节。国内建筑垃圾中所含杂质较多，拆除过程中混杂很多渣土类成分材料，因此对其进行破碎、筛分之前必须设置预处理环节，以去除建筑垃圾中的大块杂质及渣土，保证再生骨料的洁净度。建筑垃圾进入破碎环节之前通过人工分拣，将混在其中的大块塑料、木块等杂质分拣出来，然后采用重型筛等设备将混在建筑垃圾中的大量渣土筛选出来，单独存放。这些渣土通常为细粒料和土的混杂物，采用一定的措施处理后，也可形成可再生利用的路用材料，具体内容将在后面章节详细阐述。

（2）分选、除杂环节。分选、除杂工艺是在预处理工艺的基础上，进一步去除建筑垃圾中的轻质杂物、废木块、废轻型墙体材料、废金属等杂质，是保证再生骨料纯度必不可少的有效措施环节。分选、除杂环节通常贯穿在破碎环节之中，在两级破碎之间通常设有该工艺环节。分选工艺应以机械分选为主、人工分选为辅的方式。

人工分选主要针对无磁性金属、玻璃、陶瓷等一般机械手段难以分离的杂物，以及块径较大的木头、织物等较重杂物。人工拣选环节尽量在二级破碎（细碎）之前将杂物去除。根据建筑垃圾原料的杂物含量及对再生骨料的要求等情况，可设置一道或两道人工分选平台，人工拣选输送机运行带速应不高于0.6 m/s，并配备安全与卫生防护措施。

机械分选通常有磁选、风选、浮选等方式，其中磁选、风选是必需环节，浮选方式在多数情况下与其他方式联合使用，主要用于对骨料纯度要求较高的情况。无论采用何种组合形式，最终应保证杂物分选率不低于95 %。下面详细介绍以下几种分选设备。

1）磁选：建筑垃圾中的磁性物几乎全部为混凝土建筑结构中的钢筋，应在建筑垃圾破碎和筛分之前就将其去除。其中，裸露的废钢筋、较大体积的钢板、钢梁等可人工分拣，但是包裹夹杂在混凝土块中的废钢筋则需要经过一级破碎（粗碎）处理后，使其暴露出来，然后通过磁选的方法实现分选。废钢筋分选应采用具有自动卸铁功能的除铁设备，悬挂式除铁设备的额定吊高处磁感应强度不宜低于90 mT；若建筑垃圾中废有色金属含量较高，宜考虑采用涡电流分选设备实现废有色金属的分选。磁选机中使用的磁铁有两类：一类为电磁，即用通电方式磁化或极化铁磁材料；另一类为永磁，即利用永磁材料形成磁区，其中永磁较为常用。较常见的几种设备如下所述。

磁力滚筒，又称磁滑轮。有永磁和电磁两种，其中永磁滚筒应用较多。这种设备的主要组成部分是一个回转的多极磁系和套在磁系外面的用不锈钢或铜、铝等非导磁材料制成的圆筒。磁系与圆筒固定在同一个轴上，安装在皮带运输机头部（代替传动滚筒）。其工作原理是将建筑垃圾均匀地铺在皮带运输机上，当废物经过磁力滚筒时，非磁性或磁性很弱的物质在离心力和重力作用下脱离皮带面；磁性较强的物质受磁力作用被吸在皮带上，并由皮带带到磁力滚筒的下部，当皮带离开磁力滚筒伸直时，由于磁场强度减弱而落入磁性物质收集槽中。

CTN型永磁圆筒式磁选机。其构造型式为逆流型。它的给料方向和圆筒旋转方向或磁性物质的移动方向相反。建筑垃圾通过给料箱直接进入圆筒的磁系下方，建筑垃圾中的非磁性物质由磁系左边下方的底板上排料口排出，而磁性物质随圆筒逆着给料方向移至磁性物质排料端，排入磁性物质收集槽中。这种设备可回收建筑垃圾中的铁和粒度小于等于0.6 mm强磁性颗粒。

悬吊磁选机。通常它的除铁器有一般式除铁器和带式除铁器两种类型。一般式除铁器为间断式工作，是通过切断电磁铁的电流来排除铁物，这是目前最常用的磁选方式。而带式除铁器为连续工作式，磁性材料被悬吸至弱磁场处收集，建筑垃圾等非磁性物质则直接由传送带端部落入集料斗。当建筑垃圾中铁器数量少时采用一般式，当铁器数量多时采用带式。

2）风选：在倒料、筛料过程中，利用风选装置将轻质杂物初步选出，达到分选的目的。风选是以空气为分选介质，根据不同颗粒的密度、在空气中的阻力系数等的不同根据它们在风力作用下分散开来，在气流作用下使其按相对密度和粒度大小进行分选。按气流作用的方向可分为正压鼓风式和负压吸风式两种。正压鼓风式的风选原理是在建筑垃圾输送或筛分过程中设置鼓风口，利用鼓风气流将轻质物吹离出骨料；负压吸风式的风选原理与除尘器类似，在建筑垃圾输送或筛分过程中设置吸风口，利用负压实现轻质物的分离。轻质杂物分选宜以正压鼓风式设备为主，低处理负荷、低含杂量工况可采用负压吸风式设备；高处理负荷、高含杂量可采用正压、负压设备联合除杂。根据目标分离物的不同，吸、出风口的风速一般控制在15～50 m/s。

风力分选属重力分选方式，也是最常见和普遍使用的重力分选方法。除此之外，重力分选还有跳汰分选、重介质分选、惯性分选等方法。

跳汰分选是在垂直变速介质流中按密度分选建筑垃圾的一种方法。根据分选介质可分为两种：若分选介质是水，则称为水力跳汰；若分选介质为空气，则称为风力跳汰。目前，建筑垃圾分选多用水力跳汰。跳汰分选时，在垂直脉冲运动的介质流中按密度分层，不同密度的粒子群在高度上占据不同的位置，大密度的粒子群位于下层，小密度的粒子群位于上层，从而达到分离的目的。

重介质分选适用于分离密度相差较大的固体颗粒。重介质是指密度大于 $1g/cm^3$ 的重液或重悬浮液流体。杂物在重介质中进行分选的过程即为重介质分选。

惯性分选又称为弹道分选，用高速传输带、旋流器或气流等水平方向抛射粒子，利用由密度、粒度不同而形成的惯性不同差异，粒子沿抛物线运动轨迹不同的性质，达到分离目的的方法。普通的惯性分选器有弹道分选器、旋风分离器、振动板，以及倾斜的传输带、反弹分选器等。

3）浮选：由于建筑垃圾中混杂的废塑料、废木材、废纸张、加气混凝土等轻质物的相对密度小于水，利用其在水中的可浮性与混凝土、砖瓦等进行分选。区别于选矿行业的浮选工艺，建筑垃圾浮选不需要添加浮选药剂改变可浮性，通过自然可浮性的差别即可实现分选。建筑垃圾从浮选设备中部进料，不可浮的重质物沉入浮选设备底部的输送装置上，由该输送装置向一侧运出，输送过程中一并沥水；轻质杂物浮于水面上，由上部的桨叶装置从浮选设备另一侧刮出。建筑垃圾浮选的特点是处理能力大，分选效率高，除杂效果好。为避免泥沙快速堆积，进入浮选工艺的建筑垃圾原料中渣土含量不宜过高，因此宜在除土工艺之后进行。浮选用水可多次循环再利用。

（3）破碎环节。在建筑垃圾处置工艺流程中，破碎和筛分是将建筑垃圾加工成为再生骨料的主要环节，破碎、筛分设备及工艺的选择直接关系到再生骨料的粒形、粒度分布、粉料率等指标，最终影响到资源化产品的质量和经济效益，因此是处置流程中的关键环节。回收的建筑垃圾一般块状较大，并且集中处理的量较大，因此一般设计两道或三道破碎环节，需经过一级破碎（粗碎）、二级破碎（细碎）或者再增加整形破碎等过程，以制备粒径、品质合格的再生骨料。视建筑垃圾原料情况而定，渣土含量较高的可在一级破碎后再设置一道二级除土工艺，进一步去除破碎骨料中的渣土，避免混入后续的破碎段中。

建筑垃圾的破碎均采用机械破碎，破碎的基本原理是利用破碎机产生作用于建筑垃圾物块上的强烈外力迫使垃圾物块破碎、破裂而变成体积更小的物块。根据破碎物料的施力特点，可将物料的破碎方式分为冲击、剪切、挤压、研磨、撕碎等类别。建筑垃圾主要利用挤压力和冲击力这两类常用的破碎方式进行破碎。按照结构及工作原理的不同，常用的破碎机有六种类型：颚式破碎机、圆锥破碎机、辊式破碎机、反击式破碎机、立轴式破碎机和锤式破碎机，其中后三种均属冲击破碎方式。

1）颚式破碎机。颚式破碎机的破碎方式为挤压型，其破碎腔由一块定颚板和一块动颚板组成，它的原理是通过模拟动物的双颚来实现的。颚式破碎机通常可用于建筑垃圾的初级破碎，由于其构造简单、管理和维修方便、工作安全可靠，具有入料粒度大、生产能力高、破碎效率高、损耗低、成品粒度均匀、噪声低、粉尘少等优点。

2）圆锥式破碎机。圆锥式破碎机也是利用挤压原理进行工作的，其主要构件包括定锥和动锥，通过动锥不间断地靠近或者离开定锥，使得圆锥破碎机工作腔里的石块受到挤压而被破碎，在破碎腔中靠自重向下排出。圆锥式破碎机具有破碎比较大、破碎效率高、粒度均匀等特点，破碎后产品中粉料含量少，其缺点在于针片状颗粒含量较高，仅适用于中级破碎或细碎。

3）辊式破碎机。辊式破碎机主要采用特殊耐磨齿辊高速旋转对石料进行破碎，破碎方式为挤压。其破碎部分是一对互相平行水平安装在机架上的圆柱形辊子，物料从进料口进入喂料箱，落在转辊的上面，物料在轮子表面摩擦力的作用下，受到辊子的挤压而粉碎。辊式破碎机的排料粒度大小可调，运行稳定，结构简单，体积小，能粉碎黏湿物料，且具有破碎比大、噪声小、生产率高、被破碎物料粒度均匀、过粉碎率低、维修方便等特点；但其由于生产能力低，不能破碎大块物料，也不宜破碎坚硬物料，通常用于中硬或松软物料的中、细碎。

4）反击式破碎机。反击式破碎机是冲击方式的主流模式，其主要工作部件是带有板锤的高速旋转的转子。转子的转向是使板锤自下而上地击打从进料口下落的物料，物料受到击打，并被高速抛向反击板，进行第二次击打，再从反击板弹回，接受板锤的再一次击打，如此重复。反击式破碎机结构简单，制造维修方便。其优点是入料粒度大、破碎效率高、电耗低、磨损少、产品粒度均匀，可减少破碎级数、简化生产流程，但存在损耗高、产品粉料率高、噪声大等问题，且不适宜破碎塑性和黏性物料，常与单段式破碎或颚式破碎机联合使用。

5）立轴冲击式破碎机。立轴冲击式破碎机主要是通过物料从破碎机上面的进料口直接落在转盘中，在高速旋转的作用下甩出，与分布在转盘周围下流的物料发生高速撞击，物料在互相碰撞击打后在机壳与转盘间产生涡流，从而形成数次相互击打、破碎，从排料口排出。立轴冲击式破碎机的优点是破碎效率高，通过非破碎物料能力强，受物料水分含量影响小，产品粒形优异，针片状含量极低，且具有细碎、粗磨功能，可用于细碎或骨料整形。

6）锤式破碎机。锤式破碎机主要靠不断的冲击作用来破碎物料。锤式破碎机的主要工作构件是很多以一定规律排列或绞在转盘上的锤子，其转子转向是使锤子顺着物料下落的方向打击物料，受到击打的石块彼此之间相互反复碰撞，达到破碎的效果。锤式破碎机的优点是生产能力高、破碎比大、电耗低、机械结构简单、紧凑轻便、投资费用少、管理方便；缺点是锤子磨损较快、金属消耗较大、检修时间较长。

破碎机的选取应根据建筑垃圾的数量、组成成分、最大尺寸、再生骨料的粒径要求及产量等因素综合考虑。

（4）筛分环节。筛分环节主要是将破碎后的再生骨料按粒径进行分级，通常利用筛子将物料中小于筛孔的细粒物料透过筛面，而大于筛孔的粗粒物料留在筛面上，完成粗、细物料的分离，该分离过程可看作物料分层和细粒透筛两个阶段完成的。物料分层是完成分离的条件，细料透筛是达到分离的目的。常用的筛分设备主要有振动筛和滚筒筛等。

1）振动筛。振动筛有惯性振动筛、偏心振动筛、自定中心振动筛和电磁振动筛等类型，按照振动轨迹的不同，主要又分为圆振动筛和直线振动筛。它的特点是振动方向与筛面垂直或近似垂直，振动次数为600~3600r/min，振幅为0.5~1.5mm，物料在筛面上发生离析现象，密度大而力度小的颗粒进入下层达到筛面。振动筛的适宜倾角一般为8°~40°。振动筛由于筛面强烈振动，消除了堵塞筛孔的现象，有利于湿物料的筛分。它具有结构简单、处理能力大、筛分效率高、机械性能好等优点，相较于圆振动筛，直线振动筛有较大的加速度，更适用于水分较高、粒度较细物料的筛分。

2）滚筒筛，也称转筒筛，为一缓慢旋转（一般转速控制在10~15 r/min）的圆柱形筛分面，筛筒轴线倾角一般以3°~5°安装。最常用的筛面是冲击筛板，也可以是各种材料编织成的筛网，但不适用于筛分线状物料。筛分时，物料由稍高一端送入，当物料进入滚筒装置后，由于滚筒装置的倾斜与转动，随机跟着转筒在筛内不断翻转与滚动，细颗粒最终穿过筛孔而透筛，从而实现筛分功能。滚筒筛具有处理能力大、运行平稳、结构简单、噪声较低、维修方便、筛分效率高等特点。但建筑垃圾的进料粒度有一定要求，一般限定进料粒度为300 mm以下。

（5）除尘环节。针对建筑垃圾处置过程中会产生大量粉料的特点，处置厂应建立必要、有效的除尘设施和除尘环节。建筑垃圾原料卸料、上料点均应设置局部抑尘措施，可采用喷雾方式除尘。对破碎系统可进行包封处理，进料、破碎及骨料整形等环节设置定向集尘和收尘装置，在破碎机进出料口和筛分机械上安装粉尘收集设备，并利用风机以负压方式将含尘气体输送到除尘装置中进行除尘，在破碎机的下料口可增加喷雾设备进行降尘，以保证厂区内洁净且避免周边区域的环境被二次污染。

3.固定式处置项目实例

目前，全国已建成并具备年生产能力在100万吨以上的生产线仅有几十条，很多城市的建筑垃圾处置项目还在规划和建设中。比较典型的固定式建筑垃圾处置项目为北京某建筑垃圾资源化处置项目。该项目是北京市第一个正式规划建成的建筑垃圾资源化处置项目，位于大兴区庞各庄镇庞各庄桥东侧。厂区整体规划223亩，建设规模包括1条固定式建筑垃圾分拣破碎生产线，2套混凝土搅拌站和1套稳定土厂拌设备，设计年处理能力100万吨，日处理能力3000～4000 t。该项目固定式建筑垃圾处置生产线主要由预分拣区、颚式破碎机、重型筛分模块、正压轻物质分离器、水平筛＋负压轻物质分离器、卧轴反击式破碎机、人工分拣台、圆振筛、输送系统、抑尘降噪系统、控制系统组成。通过对建筑垃圾中混合的轻物质、金属、其他杂物（铝金属、电缆、木材等）等进行分拣剔除，对混凝土、废砖瓦、石块等进行破碎筛分处理加工，从而实现建筑垃圾的资源化利用。

（二）移动式处置工艺

移动式建筑垃圾处置方式是指利用移动式破碎机和筛分机等设备，在无须固定设备的厂区或拆除现场进行建筑垃圾再生利用处置和生产。移动式建筑垃圾处置方式尤其适用于砖混、混凝土砌块制品等成分相对比较单一的建筑垃圾的资源化处置。

1.移动式处置工艺的特点

目前，在欧洲建筑垃圾的处置绝大多数采用移动式处置方式，主要是因为移动式处置方式具有如下优点：①移动式装备移动方便，对场地适应能力好，占地面积小；②总投资成本低，投产快，节省场地费、建设费及运营成本等费用，设备利用价值高；③减少了建筑垃圾在厂区内反复运输过程中产生的粉尘污染和能源消耗；④可多种设备配套组合使用，能根据现场情况灵活布局和重新组合，可适应各类资源化产品要求；⑤在空旷的野外或远离市区、环保要求低的地区，可迅速在破拆区域建立临时破碎生产线。移动式建筑垃圾处置方式的缺点是设备价格高，需要采取有效措施解决生产过程中的扬尘问题。

2.移动式处置工艺和设备

移动式处置工艺与固定式处置工艺的工艺流程基本相似，同样是包括预处理、分选除杂、破碎、筛分等环节，不同之处在于其主要设备均为移动式，在工艺上略有区别。同时，由于场地限制及处置时间较短等因素，不便设置大型复杂的分选装置及封闭设施等，厂区降尘可通过喷淋、雾炮等抑制扬尘的措施来实现。

在移动式建筑垃圾处理工艺中，由于移动式建筑垃圾破碎设备具有除铁、筛除渣土功能，且其具备二次破碎能力，超大粒径骨料可通过超大粒径分离器分离出来，进行二次破碎，因此不必另外配备磁选、超大粒径筛分设备等，一定程度上简化了工艺流程。

（1）预处理环节。与固定式处置工艺相同，为了去除建筑垃圾中的大块杂质及渣土等材料，移动式处置工艺在对建筑垃圾进行破碎、筛分之前也必须设置预处理环节。移动式处置工艺通常采用人工分拣杂物和利用移动式重型筛分设备除土的方式，实现处置前期的预处理。移动式重型筛分设备配置有重型板式给料机，可以满足高负荷工况条件下的应用，且灵活性和机动性强，转场方便，工作时无须支撑腿或固定基础。移动重型筛分设备能够将渣土和已符合粒径要求的颗粒分别筛出。因此，移动重型筛分机可与破碎设备组合使用，给破碎设备喂料，使进入破碎设备的材料总数量减少，可以有效减少破碎设备磨损且节约能源。采用移动式重型筛分设备筛分出来的渣土材料同样需要单独存放。

（2）分选、除杂环节。移动式处置工艺的分选、除杂通常采用人工分选与机械分选相结合的方式进行。视建筑垃圾原料情况，可设置一道或两道人工分选平台。机械分选通常采用风选或风选加浮选方式，不必选用磁选。因为移动式破碎设备通常带有磁性分离装置，可将钢筋、铁屑等磁性物质进行分离处理，其采用磁力清除主卸料皮带机上的磁性物质，并将其通过传动皮带和流走斜槽分离出去。若建筑垃圾原料杂物较多且对再生骨料纯度要求较高，则选择风选加浮选的方式来分离杂物，最终杂物分选率也应满足不低于95%的要求。

（3）破碎环节。移动式处置工艺的破碎环节主要依靠移动式破碎设备来完成。移动式破碎设备是一个集振动给料机、破碎机、筛分系统、杂物分拣装置和传送机构等于一体的组合型设备。移动式破碎设备配有行走机构，可与挖掘机、装载车等配合喂料、装载，从而形成一个移动式的生产线。

1）振动给料机。振动给料机的主要作用是均匀给料，改善破碎机的工作条件，避免由于直接给破碎机进料对其工作装置造成可能的冲击破坏。一般选用棒条给料机，在物料受到振动，向前滑动进入破碎机前，那些颗粒较小的建筑垃圾，会从棒条的空隙之间滑落，起到筛分的作用。

2）破碎机。破碎机是移动式破碎设备的核心部件，主要进行建筑垃圾的破碎。为保证再生骨料的性能，保证破碎后的物料为颗粒状，降低针片状物料的含量，同时使得再生骨料的粒级分布均匀，移动式破碎机多采用反击式破碎机。如前文所述，反击式破碎机入料粒度大、破碎效率高、产品粒形好，可减少破碎级数，简化生产流程，常被单段式破碎或与颚式破碎机联合使用，《公路路面基层施工技术细则》（JTG/TF20—2015）中也明确规定，高速公路基层用碎石，应采用反击破碎的加工工艺。

3）筛分系统。筛分系统主要是为了确保破碎后的再生骨料的粒径符合要求，对一次破碎后粒径不能满足要求的，需要进行二次破碎。筛分系统将筛选出一次破碎后的超大粒径物料，重新输送回破碎机进行二次破碎。由于设备通常带有孔径小于5 mm的筛网，在破碎过程中打开设备的侧皮带，一些渣土类材料及粒径较小的细粉料即可透过筛面，通过侧皮带传送至单独地方存放，实现二次除土。

4）杂物分拣装置。移动式破碎设备一般具有杂物分拣装置，其中包含磁性分离器，可在破碎过程中将钢筋、铁屑、杂物等分离出来，因此不必单独配备磁选设备和超大粒径筛分设备，在一定程度上可简化工艺流程。

5）行走机构。移动式破碎设备均配有行走机构，通常有轮胎式和履带式两种形式。轮胎式行走机构底盘高，转弯半径小，可在公路上行驶，可快速进驻工地，设备灵活性高。履带式行走机构重心低，行走平稳，对山地、湿地有很好的适应性。

6）筛分环节。移动式处置工艺的筛分通常也选用移动式筛分机来实现。这里的筛分主要指破碎后再生骨料的筛分。移动式筛分机通常由给料仓、带式给料机系统、振动筛、主胶带机（细料）、侧胶带机（中粗料）、侧胶带机（粗料）、履带单元、控制系统等部分构成。根据再生骨料的规格及分挡需求，可灵活选择两层或三层筛网并设置各层筛网的尺寸。一般来说，三层筛网可将破碎机排出的破碎后的再生骨料筛分为0~5 mm、5~10 mm、10~20 mm、20~31.5 mm四种规格。

3.移动式处置项目实例

移动式建筑垃圾处置方式无须建设和安装调试周期，可直接投产使用，且可根据现场情况灵活布局、重新组合，对差异大的建筑垃圾适应性强，附属工程少。目前，在设备生产方面，国内只有少数企业生产一些中小型的轮胎式移动设备，对于在市场上应用广泛的履带式移动设备及大型半移动式设备，几乎全部依靠进口。比较典型的移动式处置项目为沧州市政早期建立的建筑垃圾资源化生产线。沧州市政很早就引进了RM80移动式破碎设备，之后陆续引进RM100、克林曼MR110Z型、凯斯特1113型等多台移动式破碎设备及凯斯特EX1500型移动筛分设备等，根据回收的建筑垃圾成分及品质，将这些设备组合形成配套的再生骨料生产线，灵活、机动，年处理建筑垃圾能力可达100万吨以上。这些移动式设备自身带有除土装置和磁性分离装置，能够有效去除混在建筑垃圾中的土及钢筋、铁屑等杂质。设备采用反击式破碎方式且具备二次破碎能力，超大粒径骨料可通过超大粒径分离器分离出来，进行二次破碎，破碎能力强，破碎形成的再生骨料颗粒大多为立方体颗粒，针片状含量较少，能够很好地满足路用再生骨料的技术要求。厂区降尘采用喷淋、雾炮等措施，整体处置方式比较灵活。

（三）复合式处置工艺

复合式处置方式是在固定式处置方式和移动式处置方式的基础上，结合两种处置方式的优点，组合形成的一种综合性处置方式。复合式处置方式的优点在于：处置生产线中既涉及固定式设备及工艺，又涉及移动式设备及工艺。在不便或不必要采用固定式工艺的区域设置移动式工艺设备，能固定或在有必要的区域设置固定式工艺设备，将两种工艺有机结合、协调运转，共同发挥优势，既能实现固定生产线整齐、环保的工艺优势，又能发挥移动式生产线灵活、机动的特点，整体适用性强。

复合式建筑垃圾的处置方式降低了固定式处置方式的规划难度，可共用移动式关键设备，提高了处置生产线的灵活性，运营前景较好。目前，沧州市政正在规划建设中的建筑垃圾资源化利用项目（二期）设计采用复合式处置工艺。

综上所述，建筑垃圾资源化处置是建筑垃圾资源化利用的前端措施，在整个资源化过程中具有至关重要的作用。建筑垃圾能够再生成为性能良好的路用再生骨料，并且保证资源化利用产品的质量，需要按照本书提出的收集、运输及存储措施，做好源头管理。同时，应根据当地建筑垃圾的产生量、回收建筑垃圾的组成成分、源头分类情况、资源化利用产品的产量、销量及处置企业自身情况等因素，因地制宜，选择适宜的处置方式。无论采用哪种处置方式，在进行工艺选择时都应注意实现整体技术方案和处置能力的最优，而不是单独追求某一环节的最优，以达到最佳的处置能力。

第十章　建筑垃圾再生骨料

第一节　废混凝土的循环利用

在我国，再生骨料主要用于取代天然骨料来配制普通混凝土或普通砂浆，或者作为原材料用于生产非烧结砌块或非烧结砖。采用再生骨料部分取代或全部取代天然骨料配制混凝土和砂浆已经在很多工程中得以成功应用，有些商品混凝土搅拌站已经专设储存库将再生骨料作为一种原材料；利用再生骨料生产非烧结砌块和非烧结砖，能够消纳更多的建筑垃圾，是目前我国建筑垃圾资源化利用的重要途径，全国已经拥有数十条生产线，相关产品已经广泛用于各类建筑工程。

再生骨料的性能有别于天然骨料，其应用也有一定的特殊性。为了保证再生骨料应用的效果和质量，推动再生骨料在建筑工程中的应用，我国制定了《混凝土用再生粗骨料》（GB/T 25177—2010）、《混凝土和砂浆用再生细骨料》（GB/T 25176—2010）两部国家标准，中华人民共和国建筑工程行业标准《再生骨料应用技术规程》已通过专家审定。

中华人民共和国国家标准《混凝土用再生粗骨料》（GB/T 25177—2010）中将"混凝土用再生粗骨料"定义为：由建（构）筑废物中的混凝土、砂浆、石、砖瓦等加工而成，用于配制混凝土的粒径大于4.75mm的颗粒；中华人民共和国国家标准《混凝土和砂浆用再生细骨料》（GB/T 25176—2010）中将"混凝土和砂浆用再生细骨料"定义为：由建（构）筑废物中的混凝土、砂浆、石、砖瓦等加工而成，用于配制混凝土和砂浆的粒径不大于4.75mm的颗粒。

中华人民共和国建筑工程行业标准《再生骨料应用技术规程》（报批稿）中的再生粗骨料、再生细骨料不仅用于配制混凝土和砂浆，还可用于生产再生骨料砖、再生骨料砌块等，所以，再生粗骨料、再生细骨料的定义只规定来源和粒径，且废混凝土除了废弃普通混凝土，还可以是废弃陶粒混凝土、废弃加气混凝土等。事实上，再生粗骨料、再生细骨料的来源也不仅局限于定义中列出的几种建筑垃圾，还可能来源于废弃墙板、废弃砌块等。有些建筑垃圾生产的再生骨料可能不适于配制混凝土或砂浆，但是可以用来生产再生骨料砖、再生骨料砌块等，这样就可以大大提高建筑垃圾的再生利用率，有利于节能减排。

一、废混凝土的来源与分类

（一）废混凝土的来源

废混凝土是指建筑物拆除、路面返修、混凝土生产、工程施工或其他状况下产生的废混凝土块。废混凝土的来源渠道广泛，目前废混凝土的主要来源有如下几种。

（1）混凝土建筑物由于使用年限期满或者老化被拆除产生的废混凝土。

（2）市政工程的动迁及重大基础设施的新建或改造产生的废混凝土，如道路路面和机场跑道的维修或更换，其数量比较大。

（3）商品混凝土厂和预制构件厂的不合格产品或因其他原因产生的不能加以使用的混凝土。

（4）新建建筑物施工和装修过程中的散落混凝土，其数量比较大。

（5）施工单位试验室和科研机构测试完毕的混凝土试块或者构件，其数量相对较小。

（6）地震、风灾和火灾等自然灾害和战争等人为因素造成建筑物倒塌而产生的废混凝土。

（二）废混凝土的分类

基于对废混凝土回收利用的经济性与再生骨料的性能要求，可将废混凝土分为两类：一类为可回收的废混凝土；另一类为不可回收的废混凝土。

不可回收的废混凝土包括部分性能差、有害杂质含量高，可能影响新拌再生混凝土使用性能的废混凝土。废混凝土能否回收可根据来源、使用环境、暴露条件等加以确定，建议下列废混凝土不宜回收：

（1）来自特殊使用要求的混凝土（如核电站、医院放射间等受到辐射的混凝土）；

（2）已受重金属或有机物污染的废混凝土；

（3）存在碱骨料反应的废混凝土；

（4）含有大量不易分离的木屑、污泥、沥青等的废混凝土。

二、废混凝土的再生利用

混凝土作为最大宗的建筑材料，其生产需要大量的天然沙石骨料。每生产1m³，混凝土需要1700～2000 kg的砂石骨料。目前，全世界每年混凝土的使用量超过60亿立方米，沙石骨料用量超过100亿吨。对沙石骨料具有如此巨大的需求，必然造成大量的开山采石，导致生态环境被破坏。我国与其他国家一样，许多老建筑物已达到了使用寿命，加之城区改造等工程，每年拆除的废混凝土量十分巨大，并呈逐年增多的趋势。若将这些由解体而产生的混凝土作为废弃物进行掩埋处理，无论是在环境保护方面，还是在资源利用方面，都非上策。

为解决上述问题，废混凝土再生利用的课题摆在了人们面前。利用废混凝土制备出高品质的再生骨料，不仅可以节省天然骨料资源，而且可以减少废混凝土对环境的污染。因此，建筑废弃物（主要是废混凝土）的资源化处理是当今世界众多国家，特别是发达国家的环境保护和可持续发展战略追求的目标之一。

（一）由废混凝土加工成再生骨料的生产工艺流程

由建筑垃圾中的废混凝土和钢筋混凝土块体加工制造成再生骨料，需组织不同的设备，形成流水生产线。

（二）再生混凝土的基本特性

天然骨料（沙、石）结构坚硬致密、孔隙率低，故吸水率很小，强度大。由于再生骨料组分中含有相当数量的水泥砂浆，孔隙率大，导致其吸水性大、强度低。再生混凝土与普通混凝土的特性差别如下所述。

（1）由于再生骨料的孔隙率大，吸水性强，因此在配合比相同的条件下（不掺外加剂），混凝土拌合物的黏聚性和保水性虽比普通混凝土好，但流动性差，影响了再生混凝土的施工操作。

（2）硬化后混凝土的物理力学性能（强度、弹性模量、收缩、徐变）与普通混凝土不同。例如，再生骨料的多孔隙会导致再生混凝土的弹性模量减小、强度降低；再生骨料的吸水性高必然导致再生混凝土失水后干缩性增大，徐变增大。

（3）破坏形式不同。普通混凝土的破坏一般出现在骨料和水泥石的分界面上，由于分界面上的微细裂缝不断发展、互相连通扩大而破坏，即黏结面破坏；水泥石强度较低时，其本身破坏也十分常见；在再生混凝土中，由于再生骨料强度较低，其骨料强度很可能小于水泥石和黏结面的强度，因此除上述两种破坏形式外，有可能因骨料强度不足而导致再生混凝土特殊的破坏形式（特别是低水灰比时）。

（三）再生混凝土的改性思路

目前，再生混凝土主要用于一些道路工程的垫层、面层等，要扩大其应用范围必须对其进行改性处理，使其高强化和高性能化。

提高再生骨料强度和质量的方法如下所述。

（1）机械活化。机械活化的目的在于破坏弱的再生碎石颗粒或除去黏附于再生碎石颗粒表面的水泥砂浆。俄罗斯的试验表明，经球磨机活化的再生骨料质量大大提高，例如，再生粗骨料的压碎指标降低1/2以上，可用于生产钢筋混凝土构件。

（2）酸液活化。酸液活化是将再生骨料置于酸液中，如置于冰醋酸、盐酸溶液中，冰醋酸能与硅酸盐的骨料表面反应，形成碳氢键结构分子，在一定程度上改善再生骨料表面活性，而盐酸则具有破坏和改善再生骨料颗粒表面的作用。俄罗斯的研究证明，经过这两种酸溶液处理过的再生骨料配制的再生混凝土，不仅强度提高了，而且可提高弹性模量，超过天然砾石混凝土的15%，泊松比减小，和易性也得到改善。

（3）聚合物乳液处理。聚合物乳液处理是用一定浓度的聚合物乳液（如甲基丙烯酸甲酯、苯乙烯、醋酸乙烯等）对再生骨料进行浸渍、沥干、加热处理，使聚合物填充再生骨料内部的孔隙和微裂缝，改善再生骨料孔隙结构，提高再生骨料和再生混凝土的强度。

（4）化学浆液处理。化学浆液处理是采用水泥和超细矿物质（如粉煤灰、粒化高炉矿渣、硅粉等）与水按一定比例调成浆液，对再生骨料进行浸泡、淋洗、干燥等处理，以改善再生骨料的孔隙结构来提高再生骨料的质量。

（5）水玻璃溶液处理。用液体水玻璃溶液浸渍再生骨料，利用水玻璃与再生骨料表面的水泥水化产物$Ca(OH)_2$反应生成的硅酸钙胶体能填充再生骨料孔隙，使再生骨料的密实度有所增加。

（四）掺入外加剂或外加料

在再生混凝土配制过程中掺入高效减水剂，可提高坍落度，改善工作性；掺入适量膨胀剂取代等量水泥，可减少干缩值，提高抗压强度；用适量粉煤灰取代等量天然沙可以提高其抗压强度，为防止因掺入粉煤灰而引起坍落度损失，可与高效减水剂复合掺用；掺入超塑化剂可提高再生混凝土的弹性模量，对抗压强度也有一定的改善。总之，能用于改善普通混凝土性能的方法基本上都可用于再生混凝土。

第二节 再生骨料的制备技术

一、概述

再生混凝土骨料是由建（构）筑废物中的混凝土、砂浆、石、砖瓦等加工而成，用于配制混凝土的颗粒，简称再生骨料。其中，粒径不大于4.75 mm的骨料为再生细骨料，粒径大于4.75 mm的骨料为再生粗骨料。再生骨料混凝土是指再生骨料部分或全部代替天然骨料配制而成的混凝土，简称再生混凝土。

再生骨料和再生混凝土的研究最早开始于"二战"后的欧洲。第二次世界大战后，整个欧洲成为一片废墟，在他们重建家园时已经注意到废混凝土的再生利用。再生骨料循环利用不仅可以降低处理废混凝土的费用，而且可以节约资源。因此，各国从自己的实际情况出发，相继开展了这一方面的研究工作。

国内再生混凝土的研究起步较晚，生产出的再生骨料性能较差（粒形和级配都不好，表面附有大量砂浆，吸水率大，压碎指标高），多用于低强度的混凝土及其制品，研究工作主要集中在低品质再生骨料及再生混凝土性能方面。再生混凝土的性能与再生骨料的品质密切相关，提高再生骨料的品质对于推广再生混凝土具有重要意义。2004年以来，青岛理工大学在骨料的制备技术、质量评定和不同品质再生骨料对混凝土性能影响等方面开展了大量研究工作。

二、再生骨料的简单破碎工艺

目前，国内外再生骨料的简单破碎工艺大同小异，主要是将不同的破碎设备、传送机械、筛分设备和清除杂质的设备有机地组合在一起，共同完成破碎、筛分和去除杂质等工序。

（一）国外的破碎工艺

1.俄罗斯

鉴于废混凝土中往往混有金属、玻璃及木材等杂质，因此在俄罗斯的再生骨料生产工艺流程中，特别设置了磁铁分离器与分离台等装置以便去除铁质成分。

该处理过程配备了两台转子破碎机，分别对混凝土颗粒进行预破碎与二次破碎。预破碎完毕的骨料经第一台双筛网筛分机处理，被分为0～5 mm，5～40 mm及40 mm以上的三种粒径。

在普通配合比的结构混凝土中，骨料粒径一般不大于40 mm。因此，为了充分利用废混凝土资源，该工艺将40 mm以上的碎石再次破碎，使粒径控制在0～40 mm。

2.德国

德国的再生骨科破碎生产工艺流程通过颚式破碎机的加工，将再生骨料被分为0～4 mm、4～16 mm、16～45 mm及45 mm以上的颗粒级配。

3.日本

日本的再生骨料破碎生产工艺流程大体可分为以下三个阶段：

预处理破碎阶段：先除去废混凝土中的杂质，然后用颚式破碎机将混凝土块破碎成粒径约为40mm的颗粒。

二次处理破碎阶段：预处理破碎后的混凝土块，经过冲击破碎装置、滚筒装置进行二次处理。

筛分阶段：经二次破碎设备处理后的材料经过筛分，除去水泥和砂浆等细小颗粒，最后得到再生骨料。

（二）国内的破碎工艺

国内对再生骨料的研究起步较晚，制备工艺主要是由破碎和筛分两部分组成。和国外的制备工艺相比，用于缺少强化处理阶段，得到的再生骨料性能明显劣于天然骨料。

史巍等设计了一套带有风力分级设备的再生骨料生产工艺。该工艺构思新颖，使用风力分级装置机吸尘设备将粒径为0.15～5 mm的骨料筛分了出来。

三、简单破碎再生骨料的特点及其强化的必要性

（一）简单破碎再生骨料的特点

简单破碎再生骨料棱角多、表面粗糙、组分中还含有硬化水泥砂浆，再加上混凝土块在破碎过程中因损伤累积在内部造成大量微裂纹，导致再生骨料自身的孔隙率大、吸水率大、堆积空隙率大、压碎指标值高、堆积密度小，性能明显劣于天然骨料。

不同强度等级的混凝土通过简单破碎与筛分制备出的再生骨料性能差异很大，通常混凝土的强度越高制得的再生骨料性能越好，反之，再生骨料性能越差。不同建筑物或同一建筑物的不同部位所用的混凝土强度等级不尽相同，因此将建筑垃圾中的混凝土块直接破碎、筛分制备的再生骨料不仅性能差，而且产品的质量离散性也较大，不利于产品的推广应用，只能用于低强度的混凝土及其制品。

（二）简单破碎再生骨料混凝土的性能

利用简单破碎再生骨料制备的再生混凝土用水量较大、强度低、弹性模量低，而且抗渗性、抗冻性、抗碳化能力、收缩、徐变和抗氯离子渗透性等耐久性能均低于普通混凝土，只能用于制备低等级混凝土。

骨料包括粒径较大的粗骨料和粒径较小的细骨料，其通常占混凝土总体积的75%以上，是混凝土的重要组成部分。骨料不仅构成了混凝土的骨架，而且在很大程度上决定着混凝土拌和物的性能，硬化混凝土的力学性能与建筑物的耐久性能。对大量废混凝土进行循环再利用已成为混凝土是否绿色化的标志之一。

（三）再生骨料强化的必要性

简单破碎再生骨料的品质低，严重影响了所配制混凝土的性能，限制了再生混凝土的应用。为了充分利用废混凝土资源，使建筑业走上可持续发展的道路，必须进行强化处理来提高再生骨料的品质。再生骨料的强化方法可以分为化学强化法和物理强化法。

（四）再生骨料的基本特征

再生细骨料的基本特征主要包括：再生细骨料的尺寸一般为0.075~4.75 mm。再生骨料中主要包含有砂浆体破碎后形成的表面黏附着水泥浆的沙粒、表面无水泥浆附着的沙粒、水泥石颗粒、砖粉和未发生水化反应的水泥颗粒，以及破碎过程中产生的少量石粉。

再生粗骨料的基本特性主要包括：表面包裹有部分砂浆的石子、少部分与砂浆完全脱离的石子、一部分砂浆颗粒。再生粗骨料一般棱角较多，且表面较粗糙，其质量是不均匀的，因为在再生骨料再加工的过程中会形成一些片状颗粒，且其内部往往会产生大量的微裂缝，因此，其基本特性与天然骨料有较大差异。再生骨料尺寸为大于4.75 mm的颗粒，粒径范围可以按有关标准确定，再生粗骨料中也常含有一些有害杂质，如黏土、淤泥、细屑等。它们会黏附在再生骨料的表面，妨碍水泥与再生骨料的黏结，降低混凝土强度，同时增加再生骨料混凝土的用水量，从而加大再生骨料混凝土的收缩，降低抗冻性和抗渗性。所以，在使用前必须对再生粗骨料进行冲洗、过筛处理以将有害杂质清除。

四、强化法简介

考虑到化学强化法的效果不理想，且代价过高，没有推广应用价值，所以本书只对物理强化法进行介绍。所谓物理强化法是指使用机械设备对简单破碎的再生骨料做进一步处理，通过骨料之间的相互撞击、磨削等机械作用除去表面黏附的水泥砂浆和颗粒棱角的方法。物理强化方法主要有立式偏心装置研磨法、卧式回转研磨法、加热研磨法、磨内研磨法和颗粒整形法等。

（一）立式偏心装置研磨法

1.设备

立式偏心装置研磨法所使用的设备主要由外部筒壁、内部高速旋转的偏心轮和驱动装置组成。设备构造类似于锥式破碎机，不同点是该设备的转动部分为柱状结构，而且转速快。立式偏心研磨装置的外筒内直径为72 cm，内部高速旋转的偏心轮的直径为66 cm。预破碎好的物料进入内外装置间的空腔后，受到高速旋转的偏心轮的研磨作用，使得黏附在骨料表面的水泥浆体被磨掉。由于颗粒间的相互作用，骨料上较为突出的棱角也会被磨掉，从而使再生骨料的性能得以提高。

2.生产线

立式偏心装置研磨法处理加工厂通过预处理装置去除大于40 mm和小于5 mm的颗粒，使中间粒度的颗粒进入偏心轮装置，进行二次处理。如果处理后的再生骨料不能满足高品质再生骨料的要求，可多次重复处理。

（二）卧式回转研磨法

1.设备

由日本太平洋水泥株式会社研发的卧式强制研磨设备十分类似倾斜布置的螺旋输送机，但本设备只是将螺旋叶片改造成带有研磨块的螺旋带，在机壳内壁上也布置着大量的耐磨衬板，并且在螺旋带的顶端装有与螺旋带相反转向的锥形体，以增加对物料的研磨作用。

2.生产线

卧式回转研磨法的主要过程是：通过预处理装置去除大于40 mm和小于5 mm的颗粒，使中间粒度的颗粒进入带有研磨块的螺旋回转装置，进行再次处理。通常一次处理后的再生骨料往往不能满足高品质再生骨料的要求，需设置多台设备进行多次处理。

（三）加热研磨法

1.设备

初步破碎后的混凝土块经过300 ℃左右高温加热处理，使水泥石脱水、脆化，而后在磨机内对其进行冲击和研磨处理，达到有效除去再生骨料中的水泥石残余物的目的。加热研磨处理工艺不但可以回收高品质的再生粗骨料，还可以回收高品质的再生细骨料和微骨料（粉料）。加热温度越高，研磨处理越容易；但是当加热温度超过500 ℃时，不仅骨料性能产生劣化，而且加热与研磨的总能量消耗会显著提高6～7倍。

2.生产线

加热研磨法处理加工厂将将经过初步破碎的50 mm以下的混凝土块，投入充填型加热装置内，经300 ℃的热风加热使水泥石进行脱水、脆化，物料在双重圆筒形磨机内，受到钢球研磨体的冲击与研磨作用后，粗骨料由内筒排出，水泥砂浆部分从外筒排出。一次研磨处理后的物料（粗骨料和水泥砂浆）一同进入二次研磨装置中。二次研磨装置是以回收的粗骨料作为研磨体对水泥砂浆部分进行再次研磨。最后，通过振动筛和风选工艺，对粗骨料、细骨料及副产品（微粉或粉体）进行分级处理。

（四）颗粒整形强化法

1.设备

所谓颗粒整形强化法，就是通过"再生骨料高速自击与摩擦"来去掉骨料表面附着的砂浆或水泥石，并除掉骨料颗粒上较为突出的棱角，使粒形趋于球形，从而实现对再生骨料的强化。该系统由主机系统、除尘系统、电控系统、润滑系统和压力密封系统组成。

物料由上端进料口加入机内后，被分成两股料流。其中，一部分物料经叶轮顶部进入叶轮内腔，使物料由于受离心作用而加速，并被高速抛射出（最大速度可达100 m/s）；另一部分物料由主机内分料系统沿叶轮四周落下，并与叶轮抛射出的物料相碰撞。高速旋转飞盘抛出的物料在离心力的作用下填充死角，形成永久性物料曲面。该曲面不仅保护腔体免受磨损，而且还会增加物料间的高速摩擦和碰撞。碰撞后的物料沿曲面下返，与飞盘抛出的物料形成再次碰撞，直至最后沿下腔体流出。物料经过多次碰撞摩擦而得到粉碎和整形。在工作过程中，高速物料很少与机体接触，从而提高了设备的使用寿命。

从上述几种强化处理工艺可以看出，国外强化工艺设备磨损大、动力与能量消耗大。与之相比，颗粒整形设备易损件少、动力消耗低、设备体积小、操作简便、安装和维修方便，是一种经济实用的加工处理方法。

2.生产线

为了能够将颗粒整形技术用于再生骨料的批量生产，青岛理工大学与青岛荣昌基础有限公司共同设计了一套完整的再生骨料生产线，并进行安装调试，现已投入使用。

再生骨料生产的流程如下所述。

（1）将废混凝土块放入颚式破碎机进行破碎。

（2）破碎后的混凝土块通过传送带传送至机器筛进行筛分，并将大于31.5 mm的颗粒重新送回颚式破碎机进行破碎。

（3）小于31.5 mm的颗粒通过传送带进入颗粒整形机，使得颗粒的粒形和界面得到强化。

（4）整形后的颗粒通过传送带进入沙石分界筛，分成细骨料和粗骨料两股料流。

（5）细骨料经过除尘装置除去粉体，然后通过传送带被输送到细骨料堆放场地；粗骨料进入分料斗，如需要继续整形，则通过料斗倒入传送带，被送回整形机继续下一遍整形，如不需要继续整形，则直接通过料斗进行堆放。

如在本生产线的基础上增加多级破碎、磁选等设备，可以得到更高品质的再生骨料。

3.再生粗骨料强化前后的性能对比

（1）外观。简单破碎的再生粗骨料，骨料粒形差、棱角多，表面还含有大量的水泥砂浆。强化后的骨料表面较干净，而且棱角也较少。

（2）颗粒级配。简单破碎再生粗骨料和颗粒整形再生粗骨料的级配均能满足要求。

（3）单粒级堆积密度。为了有效地反映不同粒级再生粗骨料的粒形变化，我们分别测试了不同粒级的简单破碎再生粗骨料和颗粒整形再生粗骨料的堆积密度，结果表明：整形处理可以使再生粗骨料的堆积密度提高4%～14.5%，整形效果十分显著。

（4）松散堆积密度和紧密堆积密度。连续级配再生粗骨料堆积密度的大小，直接影响着混凝土的配合比。粗骨料的堆积密度越大，其配制的混凝土沙率就越小，水泥用量也相对较少。试验结果表明，颗粒整形再生粗骨料的松散堆积密度和紧密堆积密度均比简单破碎再生粗骨料提高12％左右。

（5）表观密度和空隙率。同天然碎石骨料相比，简单破碎再生粗骨料表面粗糙、砂浆含量高、棱角多，内部存在大量微裂纹，从而导致再生粗骨料的堆积密度和表观密度均比天然骨料低。由于界面是混凝土中的最薄弱环节，通过整形处理，可以改变再生粗骨料的粒形，而且还能将黏附在骨料表面的水泥砂浆从界面处剥离，从而提高再生粗骨料的表观密度，降低吸水率。整形处理使表观密度略有提高。整形处理使再生粗骨料堆积的空隙率明显下降，整形效果显著。

（6）吸水率。由于整形处理能将黏附在骨料表面的水泥砂浆从界面处剥离，从而降低了再生粗骨料的吸水率。

（7）压碎指标。由于再生粗骨料表面包裹着水泥石或砂浆，使得再生粗骨料的压碎指标值远高于天然粗骨料。再生粗骨料的压碎指标值的大小与原混凝土的强度和骨料制备方法等因素有关。原混凝土的强度越高，再生粗骨料的压碎指标值越低；再生粗骨料表面水泥砂浆附着率越小，压碎指标值越低；再生粗骨料颗粒越接近球形，压碎指标值越低。试验测得的天然粗骨料、简单破碎再生粗骨料和颗粒整形再生粗骨料的压碎指标值表明，整形处理可以显著降低再生粗骨料的压碎指标值。

（8）针片状骨料含量。针片状骨料含量是粗骨料的重要指标，简单破碎再生粗骨料中存在较多针片状骨料，颗粒整形前后针片状骨料的含量由5.1％降低至1.5％，这表明整形效果显著。

4.再生细骨料强化前后的性能对比

（1）外观。简单破碎再生细骨料颗粒棱角较多，用手抓、捧时有明显的刺痛感，整形后颗粒棱角较少。

（2）颗粒级配。简单破碎再生细骨料和颗粒整形再生细骨料的级配，表明简单破碎再生细骨料细度模数偏大，级配接近Ⅱ区砂；颗粒整形再生细骨料为中砂，级配完全满足规定的Ⅱ区级配要求。

（3）颗粒堆积密度。为了有效地反映不同粒级再生细骨料的粒形变化，分别测试不同粒级的简单破碎再生细骨料和颗粒整形再生细骨料的堆积密度。

再生细骨料堆积密度和紧密堆积密度的大小直接影响着混凝土的砂率和水泥用量。试验测得的简单破碎再生细骨料和颗粒整形再生细骨料的堆积密度和紧密堆积密度。

（4）表现密度。再生细骨料表面粗糙、棱角较多，内部存在大量微裂纹，还含有水泥石颗粒，因此表观密度较小。

（5）吸水率。再生细骨料的水泥石含量越高，吸水率越大；细骨料中的微裂缝越多，吸水率越大。通过整形处理，不仅可以改善再生细骨料的粒形，还能减少细骨料中的微裂缝，将黏附在骨料表面的水泥石从界面处剥离，使再生细骨料的吸水率降低，提高骨料品质。

第三节　建筑垃圾再生混凝土

再生粗骨料混凝土是指以再生粗骨料部分或全部取代天然粗骨料的混凝土。再生骨料经过处理，各方面性能均有提高，但仍然低于天然骨料。另外，全部采用再生骨料会对混凝土的性能有较大影响，一般对于粗骨料采用不同的取代率，细骨料则全部采用普通砂来配制混凝土。再生粗骨料混凝土的影响因素多、质量波动大。大量试验表明，影响再生粗骨料混凝土性能的主要因素为：再生粗骨料的种类、再生粗骨的料取代率、水泥用量。因此，本节重点探讨了上述几种因素对再生混凝土性能的用水量、力学性能、收缩性能和耐久性能的影响。

一、试验原料与方案

（一）试验原料

水泥：山东山水水泥厂生产的42.5级普通硅酸盐水泥。

粗骨料：包括5～31.5 mm连续级配的天然碎石、简单破碎再生粗骨料和颗粒整形再生粗骨料。

细骨料：符合JGJ 52—2006要求的河砂，细度模数为2.8。

减水剂：上海麦斯特聚羧酸高效减水剂，掺量为水泥质量的1.2%（减水率约为32%）。

水：自来水。

（二）试验方案

试验设计主要考虑三个条件：

（1）粗骨料分为简单破碎再生粗骨料和颗粒整形再生粗骨料；

（2）再生粗骨料的取代率分别为0、40 %、70 %和100 %；

（3）水泥用量分别为300 kg/m³、400 kg/m³和500 kg/m³。

混凝土砂率为35 %，减水剂掺量为1.2 %，通过调整用水量控制坍落度在160～200 mm。

二、再生粗骨料混凝土的工作性能

再生骨料吸水率大，粒形有别于天然碎石，为了保证再生混凝土拌和物满足施工要求，应研究再生混凝土配合比对混凝土工作性能的影响。

混凝土的工作性通常用和易性表示。和易性是指混凝土在施工操作时便于振捣密实，不产生分层、离析和泌水等现象，它包括流动性、黏聚性、保水性三个指标。和易性是一项综合性能，通常用于测试新拌混凝土的流动性。流动性作为和易性的一个评价指标，辅以经验观察黏聚性和保水性。

试验通过调整用水量控制混凝土的坍落度在160～200 mm范围内，研究再生粗骨料的种类、取代率对再生骨料混凝土用水量的影响。

（一）简单破碎再生粗骨料的取代率对用水量的影响

随着简单破碎再生粗骨料取代率的增加，达到所需坍落度时的用水量也相应增加。当水泥用量为300 kg/m³、简单破碎再生粗骨料的取代率为100 %时，用水量较天然骨料混凝土最大增加20 %，这个结果与早期国外的研究结果较为接近。随着水泥用量的增多，简单破碎再生粗骨料混凝土与天然碎石混凝土相比，简单破碎再生粗骨料混凝土增加的用水量有所下降，当水泥用量为500 kg/m³、简单破碎再生粗骨料的取代率为100％时，简单破碎再生粗骨料混凝土用水量较天然骨料混凝土增加了10％。

（二）颗粒整形再生粗骨料的取代率对用水量的影响

研究表明，粗骨料越接近球形，其棱角越少，颗粒之间的空隙越小，达到同样坍落度的用水量就越小。颗粒整形能显著地改善再生粗骨料的各项性能，提高其堆积密度和密实密度，降低压碎指标值，使之接近天然粗骨料，对改善再生混凝土的用水量做出了很大贡献。

颗粒整形再生粗骨料的取代率为40％时，用水量已经接近普通混凝土；颗粒整形再生粗骨料的取代率为70％时的用水量比普通混凝土增加约5％；颗粒整形粗骨料的取代率为100％时的混凝土用水量比相应的天然骨料混凝土用水量仍增多将近10％，但是其坍落度、保水性、黏聚性等已经与普通混凝土相差无几，明显优于简单破碎再生粗骨料混凝土。

三、再生粗骨料混凝土的力学性能

强度是混凝土的重要指标，为了满足结构设计的要求，应研究再生混凝土配合比对混凝土强度的影响。

试验通过调整用水量控制混凝土的坍落度在160～200 mm范围，研究再生粗骨料的种类、取代率对再生骨料混凝土力学性能的影响。力学性能的试验方法均按《混凝土物理力学性能试验方法标准》（GB/T 50081—2019）进行，分别测试3 d、28 d、56 d的抗压强度与28 d、56 d的劈裂抗拉强度。

（一）混凝土的抗压强度

1.简单破碎再生粗骨料的取代率对抗压强度的影响

简单破碎再生粗骨料的取代率对再生混凝土的抗压强度影响很大。总体而言，再生混凝土的抗压强度随着再生粗骨料的增加而降低。以水泥用量400 kg/m³为例，当再生粗骨料的取代率为40％、70％和100％时，简单破碎再生混凝土的3d抗压强度分别较天然骨料混凝土降低0.5％、增加1.7％和减少2.8％左右；28 d抗压强度分别较天然骨料混凝土降低0.9％、降低8.1％和降低13％左右；56 d抗压强度分别较天然骨料混凝土降低7％、降低12.8％和降低11.9％左右。随着简单破碎再生粗骨料取代率的不断增加，再生混凝土的强度也随之降低，这与Wesche、邢振贤、肖建庄等的试验结果相似。

2.颗粒整形再生粗骨料对抗压强度的影响

颗粒整形再生粗骨料混凝土的强度与天然骨料混凝土相当。以水泥用量400 kg/m³为例，当颗粒整形再生粗骨料的取代率为40％、70％和100％时，颗粒整形再生混凝土的3 d抗压强度分别较普通混凝土增加2.5％、降低3.6％和增加6.8％左右；28 d抗压强度分别较普通混凝土增加3.1％、降低0.1％和增加3.2％左右；56 d抗压强度分别较普通混凝土降低1.7％、降低0.9％和降低4.6％左右。

（二）再生混凝土的劈裂抗拉强度

成形后的混凝土在标准养护室内养护28 d、56 d，进行劈裂抗拉强度试验。

1.简单破碎再生粗骨料的取代率对劈裂抗拉强度的影响

简单破碎再生粗骨料混凝土的劈裂抗拉强度比天然碎石混凝土有较大幅度的降低，这与肖开涛等人的研究结果相符。随着取代率的增加，劈裂抗拉强度的下降幅度越来越大，如C11、C12、C13的28 d劈裂抗拉强度分别比CO2低20.6％、28.4％和32.4％，56 d的劈裂抗拉强度分别比CO2低6％、7.2％和10％。

随着单位水泥用量的增多，相同取代率的简单破碎再生粗骨料混凝土的劈裂抗拉强度有所提高，当水泥用量为400 kg/m³、再生粗骨料取代率为40％、70％和100％时，比天然骨料混凝土劈裂抗拉强度分别降低21％、28％和32％；当水泥用量为500kg/m³、再生粗骨料取代率为40％、70％和100％时，比天然骨料混凝土劈裂抗拉强度分别降低7％、10％和12％。

2.颗粒整形再生粗骨料的取代率对劈裂抗拉强度的影响

颗粒整形再生粗骨料混凝土的劈裂抗拉强度与天然碎石混凝土相比也有一定幅度的降低。随着取代率的增加，劈裂抗拉强度下降的幅度越来越大，这点与简单破碎再生粗骨料混凝土的劈裂抗拉强度规律一致，但是在相同的水泥用量、相同的再生粗骨料取代率的情况下，颗粒整形再生粗骨料混凝土的劈裂抗拉强度下降要比简单破碎再生粗骨料混凝土下降幅度小得多，如40％、70％和完全取代的颗粒整形再生粗骨料混凝土的56 d劈裂抗拉强度比天然碎石混凝土仅低3.7％、6％和8.6％。

同简单破碎再生粗骨料混凝土的劈裂抗拉强度一样，随着水泥用量的增多，相同取代率的颗粒整形再生粗骨料混凝土的劈裂抗拉强度有所提高，如水泥用量为400 kg/m³比300 kg/m³相同取代率的28d劈裂抗拉强度分别高11.6％、18.3％和23.9％，比简单破碎再生粗骨料的劈裂抗拉强度分别高11.3％、14.1％和12.6％，这说明颗粒整形效果十分明显，能显著提高再生混凝土的劈裂抗拉强度。

四、再生粗骨料混凝土的收缩性能

干燥收缩是指混凝土停止正常标准养护后，在不饱和的空气中失去内部毛细孔和胶凝孔的吸附水而发生的不可逆收缩，它不同于干湿交替引起的可逆收缩，简称干缩。干缩是混凝土的一个重要性能指标，它关系到混凝土的强度、体积稳定性、耐久性等性能。

混凝土干燥收缩本质上是水化相的收缩，骨料及未水化水泥则起到约束收缩的作用。对于一般工程环境（相对湿度大于40%），水化相孔隙失水是收缩的主要原因，因此，一定龄期下，水化相的数量及其微观孔隙结构决定了混凝土收缩的大小。由于再生粗骨料，有较高的吸水率特征，使得再生粗骨料混凝土的干缩变形较为显著，已经引起有关方面的重视。所以，几乎所有研究再生骨料混凝土的国内外专家学者都无一例外地提及再生混凝土的干缩变形。

收缩性能试验按《普通混凝土长期性能和耐久性能试验方法》（CB/T 50082—2009）进行，制作两端预埋测头的100 mm×100 mm×515 mm长方体试块，在标准养护室养护3d后，从标准养护室取出并立即移入温度保持在（20±2）℃、相对湿度保持在（60±5）%的恒温恒湿室，测定其初始长度，并依次测定1 d、3 d、7 d、14 d、28 d、45 d、60 d的收缩变化量。

试验通过调整用水量控制混凝土的坍落度在160~200 mm范围，研究了不同种类再生粗骨料、不同取代率及不同水泥用量对再生骨料混凝土收缩性能的影响。

（一）简单破碎再生粗骨料对收缩性能的影响

再生混凝土的收缩量随着简单破碎再生粗骨料取代率的增加而增大，当简单破碎再生粗骨料的取代率为40%、70%和100%时，再生混凝土的收缩平均值分别比天然碎石混凝土大4%、24%和36%。

（二）颗粒整形再生粗骨料对收缩性能的影响

同简单破碎粗骨料再生混凝土的收缩规律一样，随着颗粒整形再生粗骨料取代率的增加，再生粗骨料混凝土的收缩也随之加大，但是增加的幅度较简单破碎再生混凝土小。当颗粒整形再生粗骨料的取代率为40%时，其收缩量反而比天然碎石混凝土减少9%；当颗粒整形再生粗骨料的取代率为70%和100%时，其配制的混凝土收缩量平均值分别比天然碎石混凝土大15%和19%，但是与简单破碎再生混凝土相比分别降低了9%和17%。

综上可知，由于简单破碎再生粗骨料的吸水率较大，在拌制混凝土时需加入较多的拌和水，以使简单破碎再生粗骨料混凝土的早期收缩应变较小，后期增长较快；另外，由于简单破碎再生粗骨料的弹性模块大大低于天然碎石，这也会使简单破碎再生粗骨料混凝土的收缩量大大高于天然碎石混凝土。再生粗骨料的取代率对再生混凝土的收缩也有较大影响，当再生粗骨料的相对量比较少时，对收缩起主要控制作用的还是天然碎石，当取代率增加，对收缩起主要控制的是再生粗骨料，由于简单破碎再生粗骨料自身的劣化性和级配导致收缩加大。通过颗粒整形去除了再生粗骨料的棱角和附着的多余的水泥砂浆，使其粒形接近球形，而且级配更加合理、用水量也相对较少，故收缩量也相应减少。以上数据说明，通过控制再生混凝土粗骨料的种类和取代率来降低再生混凝土收缩是可行的。

五、再生粗骨料混凝土的耐久性

混凝土的耐久性会影响建筑物的长期使用，应研究再生混凝土配合比对混凝土耐久性的影响。

试验通过调整用水量控制混凝土的坍落度在160～200 mm范围，研究在不同水泥用量的情况下再生粗骨料的种类、取代率对再生骨料混凝土耐久性的影响。

（一）再生粗骨料混凝土的碳化性能

碳化试验按《普通混凝土长期性能和耐久性能试验方法标准》（GB/T 50082—2009）进行，在碳化箱中调整CO_2的浓度在17 %～23 %，湿度在65 %～75 %，温度控制在15～25 ℃。

1.简单破碎再生粗骨料对混凝土碳化性能的影响

简单破碎再生粗骨料混凝土在任何取代率的情况下，碳化深度都高于天然碎石混凝土，而且随着取代率的增加，其碳化深度不断增加；碳化速度也反映出同样结果。由此可见，水泥用量为300 kg/m³情况下，简单破碎再生粗骨料取代率为40 %、70 %和100 %时，其28 d碳化深度分别比天然碎石混凝土大1.0 mm、1.6 mm和2.4 mm。

取代率相同时，随着单位水泥用量的增加，其碳化深度减少。例如，在水泥用量为500 kg/m³时，简单破碎再生粗骨料的取代率为40 %、70 %和100 %时，其28 d的碳化深度分别比天然碎石混凝土大0.5 mm、0.6 mm和0.9 mm，比水泥用量为300 kg/m³时减小了0.5 mm、1 mm和1.5 mm。

2.颗粒整形再生粗骨料对混凝土碳化性能的影响

当水泥用量为300 kg/m³时，随着颗粒整形再生粗骨料取代率的增加，其抗碳化能力有一定下降。颗粒整形再生粗骨料的取代率为100%时的碳化深度仅比天然碎石混凝土增加0.8 mm，小于简单破碎再生粗骨料混凝土的碳化深度。当水泥用量大于300 kg/m³，颗粒整形再生粗骨料代率为100%时，28 d的碳化深度小于天然碎石混凝土的碳化深度，这说明颗粒整形能显著改善再生混凝土的抗碳化能力。

（二）再生粗骨料混凝土的抗冻性能

混凝土受冻破坏主要是混凝土中可冻水在结冰时体积膨胀而产生了静水压、渗透压、水分迁移，促使结构破坏，是水的运动对混凝土结构造成影响的一种破坏，当然也与一些相关因素如混凝土中水存在的形式、孔隙的饱水程度、干燥程度、外界正负温的变化等相关。

抗冻试验按《普通混凝土长期性能和耐久性能试验方法标准》（GB/T 50082—2009）中的快冻法进行，制作100 mm×100 mm×400 mm的长方体试块，养护28d，在放入冻融试验箱之前先放入水中养护4d，水养过后，擦干试块，测量试块质量和横向基频的初始值。以后前200个循环，每25个循环测一次试块质量和横向基频，后100个循环，每50个循环测一次试块质量和横向基频。

冻融试验过程中遵循规范规定的三点要求：

（1）试验已进行到300个冻融循环就停止试验；

（2）试块的相对动弹性模量下降到60％以下就停止试验；

（3）试块质量损失率达5％以上就停止试验。

1.简单破碎再生粗骨料混凝土的抗冻性能

随着取代率的增加，简单破碎再生粗骨料混凝土的抗冻性能下降，全取代时的抗冻性能最差；当单位水泥用量增加时，其抗冻性有所提高，但仍低于普通混凝土。

2.颗粒整形再生粗骨料混凝土的抗冻性能

颗粒整形再生粗骨料全取代时，混凝土的质量损失率比普通混凝土大，但取代率为40％、70％时的质量损失率已与天然粗骨料接近。相对动弹模量的变化规律与质量损失率的变化规律基本一致。当水泥用量较高时，相同取代率的颗粒整形再生粗骨料混凝土的抗冻性明显优于简单破碎再生粗骨料混凝土。

六、再生细骨料混凝土

再生细骨料混凝土是指以再生细骨料部分或全部取代天然细骨料的混凝土。再生骨料经过处理，各方面性能均有提高，但仍低于天然骨料。另外全部采用再生骨料会对混凝土性能有较大影响，细骨料采用不同的取代率，粗骨料则全部采用天然碎石来配制混凝土。由于再生细骨料混凝土的影响因素多，质量波动大，作者将影响再生细骨料混凝土的主要因素归纳为以下几个方面：

（1）再生细骨料的种类；

（2）再生细骨料的取代率；

（3）水泥用量。

七、试验原料及方案

（一）试验原料

水泥为山水水泥厂生产的P·O 42.5级普通硅酸盐水泥；天然砂为符合JGJ 52—2006

要求的细度模数为2.8的中砂；再生细骨料包括简单破碎再生细骨料、颗粒整形再生细骨料；粗骨料为符合JGJ 52—2006要求的5~25 mm连续级配天然碎石；外加剂为上海麦斯特聚羧酸高效减水剂，掺量为1.2%时，减水率为32%。

（二）试验方案

本试验中，砂率为35%，减水剂掺量为水泥用量的1.2%，通过调整用水量控制坍落度在160~200mm范围。本试验考虑了以下三个因素对再生细骨料混凝土用水量的影响：

（1）再生细骨料的种类（简单破碎再生细骨料和颗粒整形再生细骨料）；

（2）再生细骨料的取代率（0、40%、70%和100%）；

（3）水泥用量（300 kg/m³、400 kg/m³和500 kg/m³）。

八、再生细骨料混凝土的用水量

本试验通过调整用水量控制坍落度在160~200 mm范围，考虑了再生细骨料种类、再生细骨料取代率和水泥用量对再生细骨料混凝土用水量的影响。

（一）简单破碎再生细骨料的取代率对用水量的影响

简单破碎再生细骨料混凝土的用水量随再生细骨料取代率的增加而增加，这是因为简单破碎再生细骨料颗粒的棱角多，内部有大量微裂纹，粉体含量高，吸水率大。

（二）颗粒整形再生细骨料的取代率对用水量的影响

颗粒整形再生细骨料混凝土的用水量随再生细骨料取代率的增加而减少。这是因为颗粒整形再生细骨料在制备过程中打磨掉了部分水泥石，吸水率小，而且棱角较少，粒形较好，级配较为合理，使得颗粒整形再生细骨料混凝土的用水量小，工作性良好。

九、再生细骨料混凝土的力学性能

本试验通过调整用水量控制坍落度在160~200 mn范围，考虑了再生细骨料的种类、再生细骨料的取代率和水泥用量对再生细骨料混凝土力学性能的影响。

（一）混凝土的抗压强度

1.简单破碎再生细骨料的取代率对抗压强度的影响

简单破碎再生细骨料混凝土的抗压强度随着细骨料取代率的增加而降低。这是因为简单破碎再生细骨料颗粒棱角多，表面粗糙，组分中含有大量的硬化水泥石，破碎过程中在骨料内部形成了大量微裂纹，用水量较多。

2.颗粒整形再生细骨料取代率对抗压强度的影响

颗粒整形再生细骨料混凝土的抗压强度随着细骨料取代率的增加而增加。究其原因，可以分为以下三个方面：

（1）颗粒整形再生细骨料中粉体的主要成分是水泥石、石粉及未水化充分的水泥矿物，它们还具有一定的水化活性，有利于混凝土强度的发展，特别是早期强度；

（2）由于颗粒整形再生细骨料含有大量粉体，其吸水率高于天然细骨料，使高品质再生细骨料混凝土的有效水胶比有所降低，也会提高混凝土强度；

（3）由于细骨料粒形的改善使得再生细骨料混凝土的用水量与天然骨料混凝土的用水量差异明显减小。

（二）再生混凝土的劈裂抗拉强度

制作100 mm×100 mm×100 mm的立方体试块，测试28d的劈裂抗拉强度，劈裂抗拉强度测定值乘以系数0.85换算成标准的劈裂抗拉强度。

1.简单破碎再生细骨料混凝土的劈裂抗拉强度

简单破碎再生细骨料混凝土的劈裂抗拉强度随着细骨料取代率的增加而降低。简单破碎再生细骨料取代率为40 %、70 %、100 %时的混凝土的劈裂抗拉强度分别约为天然骨料混凝土的87 %、81 %和78 %。

2.颗粒整形再生细骨料混凝土的劈裂抗拉强度

颗粒整形再生细骨料混凝土的劈裂抗拉强度随着细骨料取代率的增加而略有增加。颗粒整形再生细骨料的取代率为40 %、70 %、100 %时的混凝土的劈裂抗拉强度分别约为天然骨料混凝土的93 %、99 %和105 %。

十、再生细骨料混凝土的收缩性能

试验通过调整用水量控制坍落度在160～200 mm范围，考虑再生细骨料的种类、再生细骨料的取代率、粉煤灰掺量和水泥用量对再生细骨料混凝土收缩性能的影响。

收缩性能试验按照《普通混凝土长期性能和耐久性能试验方法》（GB/T 50082—2009）进行，制作两端预埋测头的100 m×100 mm×515 mm长方体试块，在标准养护室养护3d后，从标准养护室取出并立即移入温度保持在（20±2）℃，相对湿度保持在（60±5）%的恒温恒湿室，测定其初始长度，并依次测定1 d、3 d、7 d、14 d、28 d、45 d、60 d、90 d、120 d的收缩变化量。

（一）简单破碎再生细骨料的取代率对收缩性能的影响

简单破碎再生细骨料混凝土的早期收缩小于普通混凝土，但后期收缩明显大于普通混凝土，且随着取代率的增大，收缩量增加。

（二）颗粒整形再生细骨料的取代率对收缩性能的影响

颗粒整形再生细骨料混凝土的收缩量大于普通混凝土的收缩量，但与简单破碎再生细骨料混凝土的收缩量相比，得到了明显改善。结合简单破碎再生细骨料混凝土的收缩量，可以发现普通混凝土早期收缩大于再生细骨料混凝土，但其后期收缩明显小于再生混凝土。这是因为：再生细骨料的吸水率大，能在水泥水化初期起到保水作用；但随着水泥水化和水分蒸发的进一步进行，会产生较大的干燥收缩。

十一、再生细骨料混凝土的耐久性

本试验采用砂率为35%，减水剂掺量为水泥用量的1.2%的再生细骨料混凝土，通过调整用水量控制坍落度在160~200mm范围。本试验考虑了以下三个因素对再生细骨料混凝土耐久性能的影响：

（1）再生细骨料的种类（简单破碎再生细骨料和颗粒整形再生细骨料）；

（2）再生细骨料的取代率（0、40 %、70 %和100 %）；

（3）水泥用量（300 kg/m³、400 kg/m³和500 kg/m³）。

（一）再生细骨料混凝土的碳化性能

碳化试验按照《普通混凝土长期性能和耐久性能试验方法标准》（GB/T 50082—2009）进行，在碳化箱中调整CO_2的浓度在17 %~23 %，湿度在65 %~75 %，温度控制在15~25 ℃。

简单破碎再生细骨料混凝土的碳化深度较大，颗粒整形再生细骨料混凝土的碳化深度与天然骨料混凝土的相当。简单破碎再生细骨料颗粒棱角多，表面粗糙，吸水率大，不利于混凝土的密实性提高，而颗粒整形再生细骨料在整形过程中改善了粒形，去除了较为突出的棱角和黏附在表面的硬化水泥砂浆，使得粒形更为优化，级配更为合理，用水量有较大程度的降低，使得混凝土的密实度提高，碳化深度降低，抗碳化性能提高。

（二）再生细骨料混凝土的抗冻性能

抗冻试验按照《普通混凝土长期性能和耐久性能试验方法标准》（GB/T 50082—2009）中快冻法进行。冻融试验遵循规范规定的三点要求：

（1）试验进行到300个冻融循环时停止试验；

（2）试块的相对动弹性模量下降到60%以下时停止试验；

（3）试块质量损失率达5%以上时停止试验。

颗粒整形再生细骨料混凝土经冻融循环后的质量损失率和相对动弹性模量损失率均低于简单破碎再生细骨料混凝土。其原因为：简单破碎再生细骨料在破碎过程中产生大量微裂纹，致使混凝土孔隙率大，有较多的自由水存积，较易产生冻融破坏。颗粒整形再生细骨料颗粒级配合理、粒形较好，提高了再生混凝土的密实度；颗粒整形再生细骨料中的水泥石和粉体大量吸水，降低了再生混凝土的实际水胶比；粉体的存在起到了填充作用，提高了再生混凝土的密实度。在试验过程中发现，再生骨料混凝土和天然骨料混凝土变化趋势相同，冻融循环次数较少时外观变化不明显，随着冻融次数的增加，试件表面混凝土开始剥落，有微小孔洞出现，并逐渐连通至整个表层，导致混凝土表面脱落。

简单破碎再生细骨料混凝土的质量损失率和动弹性模量损失率均随着细骨料取代率的增加而增加，这说明随着细骨料取代率的增加，再生混凝土的抗冻性能有所劣化；颗粒整形再生细骨料混凝土的质量损失率和动弹性模量损失率随着细骨料取代率的增加变化不明显。细骨料的取代率为100%时的质量损失率低于取代率为40%和70%时的损失率，动弹性模量损失率基本相同。

（三）再生细骨料混凝土的抗氯离子渗透性能

本试验按照美国材料试验协会采用的混凝土抗氯离子渗透性试验方法（ASTM C1202）测定混凝土的抗氯离子渗透性。

（1）试验目的。定量评价混凝土抗氯离子的渗透能力，为混凝土结构耐久性设计与施工，以及质量检测提供基本参数。

（2）适用范围。本试验以电量指标来快速测定混凝土的抗氯离子渗透性，为混凝土结构耐久性设计与施工，以及质量检测提供基本参数，适用于直径为95 ± 2 mrn，厚度为51 ± 3 mm的素混凝土试件或芯样。本试验方法不适用于掺有亚硝酸钙、其他外加剂或表面处理过的混凝土，当有疑问时，应进行氯化物溶液的长期浸渍试验。

（3）试验基本原理。在直流电压作用下，氯离子能通过混凝土试件向正极方向移动，以测量一定时间内通过混凝土的电荷量反映混凝土抵抗氯离子渗透的能力。

（4）仪器设备和化学试剂。

仪器设备：

①直流稳压电源，可输出60 V的直流电压，精度为 ± 0.1 V。

②塑料或有机玻璃试验槽。

③铜网为20目。

④数字式电流表，量程为20 A，精度为 ± 1.0 %。

⑤真空泵，真空度可达133 Pa以下。

⑥真空干燥器，内径≥250 mm。

化学试剂：

①分析纯试剂配制3.0%的NaCl溶液。

②用纯试剂配制0.3 mol的NaOH溶液。

③硅橡胶或树脂密封材料。

（5）试验步骤。

①制作直径为95 mm，厚度为51 mm的混凝土试件。在标准条件下养护28 d或90 d，试验时以三块试件为一组。试件在实体混凝土结构中钻取时，应由混凝土芯样表面向内切割51±3 mm，如表面有涂料等，应予切除，试样内不得含有钢筋。试样移送试验室时要避免冻伤或其他物理伤害。

②将试件暴露于空气中至表面干燥，以硅橡胶或树脂密封材料施涂于试件表面，必要时填补涂层中的孔洞以保证试件侧面完全密封。

③测试前应进行真空泡水。将试件放入真空干燥器中，启动真空泵，数分钟后，真空干燥器中的真空度达133Pa以下，保持真空3h后，维持这一真空度，注入足够的蒸馏水，直至淹没试件，试件浸没后恢复常压，再继续浸泡18±2h。

④从水中取出试件，擦掉多余水分，将试件安装于试验槽内，用橡胶密封环或其他密封胶密封，并用螺杆将两试验槽和试件夹紧，以确保不会渗漏，然后将试验装置放在20~23 ℃的流动冷水槽中，其水面宜低于装置顶面5 mm，试验应在20~25 ℃恒温室内进行。

⑤将浓度为3.0%的NaCl溶液和0.3 mol/L的NaOH溶液分别注入试件两侧的试验槽中，注入NaCl溶液的试验槽内的铜网连接电源负极，注入NaOH溶液的试验槽中的铜网连接电源正极。

⑥接通电源，对上述两铜网施加60 V直流恒电压，并记录电流的初始读数，通电并保持试验槽中充满溶液。开始时每隔5 min记录一次电流值，当电流值变化不大时，每隔10 min记录一次电流值，当电流变化很小时，每隔30 min记录一次电流值，直至通电6 h。

⑦试验后排出试验溶液，仔细用饮用水和洗涤剂冲洗试验槽60s，最后用蒸馏水洗净并用电吹风（用冷风挡）吹干。

（6）试验结果计算。

①绘制电流与时间的关系图。将各点数据以光滑曲线连接起来，对曲线作面积积分，或按梯形法进行面积积分，即可得到试验6h通过的电量。当试件直径不等于95 mm时，所得电量应换算成直径为95 mm的标准值。

②取同组三个试件通过电量的平均值作为该组试件的通电量来评定混凝土抗氯离子的渗透性。如只有一个测量值与中值的差值超过中值的15%，则取中值为测定值；如有两个测量值与中值的差值都超过中值的15%，则该组试验结果无效。

试验测得电通量的试验数据较为离散，为了反映不同品质再生细骨料的取代率对混凝土电通量的影响，将同种骨料、不同水泥用量的混凝土的电通量进行平均可知：

a.颗粒整形再生细骨料混凝土的电通量略低于相应的简单破碎再生细骨料混凝土；

b.简单破碎再生细骨料和颗粒整形再生细骨料的取代率对混凝土电通量的影响不大；

c.增加水泥用量可明显降低再生细骨料混凝土的渗透性，水泥用量每增加100 kg/m³，再生细骨料混凝土的渗透性约降低30 %。

通过以上分析，对再生细骨料混凝土的性能总结如下：

a.简单破碎再生细骨料混凝土用水量较大，且随再生细骨料取代率的增加而增加；颗粒整形再生细骨料混凝土用水量较低。

b.颗粒整形再生细骨料混凝土的抗压强度和劈裂抗拉强度与普通混凝土相当；简单破碎再生细骨料混凝土的抗压强度和劈裂抗拉强度最低。

c.简单破碎再生细骨料混凝土的抗压强度和劈裂抗拉强度随着细骨料取代率的增加而降低；颗粒整形细骨料混凝土的抗压强度和劈裂抗拉强度随着细骨料取代率的增加而增加。

d.简单破碎再生细骨料混凝土的收缩大于颗粒整形再生细骨科混凝土；普通混凝土的早期收缩大于再生混凝土，但其后期收缩明显小于再生混凝土。随着细骨料取代率的增加，再生混凝土的收缩有所增加。再生细骨料混凝土的收缩随着水泥用量的增加而增加，水泥每增加100 kg/m³，再生混凝土的收缩约增加5%。

e.颗粒整形再生细骨料混凝土的抗碳化性能、抗冻性能与抗氯离子渗透性能均优于简单破碎再生细骨料混凝土。简单破碎再生细骨料的抗冻性能随着细骨料取代率的增加而降低，颗粒整形再生细骨料混凝土的抗冻性能随着细骨料取代率的增加变化不明显；再生细骨料混凝土的抗渗透性随着取代率的增大变化不大。随着水泥用量的增加，再生细骨料混凝土的抗碳化性能增强，抗冻性能提高，抗氯离子渗透性提高。

十二、再生粉体混凝土

本节所述的再生粉体是指在生产再生粗、细骨料过程中形成的粒径小于75 um的颗粒，也叫再生掺和料或微粉。

在欧洲，绝大多数废混凝土的回收利用仅仅采用简单破碎和骨料分级的方法，产生的粉体很少，故这方面的研究也很少见到。在日本，骨料强化技术发达，主要有立式偏心研磨法、卧式回转研磨法、加热研磨法、冲击磨碎法和湿式研磨比重选择法等。除最后一种方法外，其他技术都会产生大量粉体，其中加热研磨法产生的粉体量约占原废混凝土质量的50 %。关于这部分粉体，日本也未找到有效的利用方法，一般主要用作路基垫层或利用其残余的胶凝性代替砂浆作为陶瓷地板的找平、黏结材料。国内这方面的研究也多停留在试验阶段。许多人的研究是将简单破碎过程中产生的粉末进行筛分并研究其性质，与本文中所使用的再生粉体还存在一定区别。

目前，随着拆迁改造和大批建筑物达到使用寿命，每年产生大量废混凝土，如果利用颗粒整形技术强化骨料，必然会产生大量粉体，这些粉体的存放和处理也会产生一系列问题。本节就再生粉体的基本性质和应用进行了探讨，以期促进混凝土的循环利用。

（一）再生粉体的基本性质

本试验所使用的再生粉体为青岛市华严路某车库拆除的废混凝土经颗粒整形后得到的。原混凝土龄期为24年，强度约30 MPa。

1.再生粉体的物理性质

（1）密度。再生粉体是一种质地疏松的建筑垃圾粉末，其堆积密度为874 kg/m³，密度为2593 kg/m³。

（2）粒径分布。使用HORIBALA-300型激光粒度仪对再生粉体进行检测，其平均粒径为30.4 pm。

（3）比表面积。使用DBT-127型勃氏透气比表面积仪对其进行比表面积检测的结果是350 m²/kg，但是使用金埃谱公司的F-Sorb2400型比表面积测试仪利用氮气吸附法所得到的结果是11620 m²/kg。勃氏透气比表面积仪的测试原理是根据一定量的空气通过具有一定空隙率和固定厚度的物料层时，所受的阻力不同，而引起流速的变化来测定样品的比表面积。在一定空隙率的物料层中，孔隙的大小和数量是颗粒尺寸的函数，同时决定了通过物料层的气流速度，根据一定体积的空气通过料层的时间可以计算出样品的比表面积，但该方法对多孔材料并不适用。金埃谱公司的F-Sorb2400型比表面积测试仪测试比表面积的依据是BET理论。该理论认为，气体在固体表面上的吸附是多分子层的，并且在不同压力下，所吸附的层数也不同。只要在不同压力下测得吸附平衡时样品表面所吸附的气体量，就能够计算出样品的比表面积，该比表面积包括颗粒外部和内部通孔的表面积。由以上讨论可知，再生粉体的粒径分布虽然与水泥相似，但比表面积远远大于水泥，其主要原因是其内部含有大量相互连通的孔隙，这主要是因为再生粉体中含有大量硬化水泥石颗粒。已有的研究表明，这些颗粒中的C-S-H凝胶比表面积在20000~30000 m²/kg。所以，若要了解再生粉体的性质，也应对硬化水泥石粉末的性质进行研究。

2.再生粉体的化学性质

再生粉体的化学成分与水泥接近，但SiO_2的含量较高，其原因是再生粉体中含有一定量的沙石碎屑，氯离子含量<0.06 %。经滴定试验测定，再生粉体的$Ca(OH)_2$含量为28.5mg/g，对混凝土也有一定的不利影响。

再生粉体的主要矿物成分是SiO_2，这说明废混凝土沙石骨料中的碎屑在再生粉体中占有较大比例。衍射图中难以发现硅酸钙、铝酸钙等晶体的衍射峰，说明再生粉体中的水泥颗粒已基本水化完全，主要以凝胶形式存在。

3.再生粉体对胶凝材料性能的影响

再生粉体中含有$Ca(OH)_2$、硬化水泥石和骨料的细小颗粒，可能会对水泥的需水量和水化过程产生影响。另外，在混凝土使用过程中，其表面会发生不同程度的碳化。根据滴定试验结果，水泥石中$Ca(OH)_2$的含量为117.79 mg/g，在掺量为5 %、20 ℃标准稠度用水量条件下，绝大部分不会被溶解。按照延迟成核假说，在水泥水化的诱导期阶段，硅酸根离子抑制溶液中的$Ca(OH)_2$析晶，只有当溶液中建立了充分的的溶质过饱和时，才能形成稳定的$Ca(OH)_2$溶液。当晶核尺寸达到一定尺寸和数量时，$Ca(OH)_2$迅速析出，溶解随之加速，加速期开始。按此假说，再生粉体和水泥石中$Ca(OH)_2$的晶体能够缩短净浆的凝结时间。

为研究再生粉体、碳化再生粉体和水泥石对水泥净浆的需水量和凝结时间的影响，将再生粉体和碳化再生粉体按10 %、20 %和30 %的比例取代水泥，超细再生粉体和超细水泥石（平均粒径为6.1 μm）的掺量采用5 %、10 %和15 %的比例，按照《水泥标准稠度用水量、凝结时间、安定性检验方法》（GB/T 1346—2011）规定的试验方法测定其凝结时间。其中，碳化再生粉体是将再生粉体放入碳化箱中处理，直至利用酚酞试纸测试其饱和溶液不再变色为止。水泥采用山水牌P·I52.5硅酸盐水泥。

再生粉体净浆标准稠度需水量随掺量的提高逐渐增加，在掺量为30 %时比纯水泥净浆的需水量多1.4 %；碳化再生粉体净浆的标准稠度需水量与掺量无关；超细再生粉体与超细水泥石的标准稠度需水量的变化规律基本相同，都随掺量的提高逐渐增加，在掺量为15 %时，其标准稠度需水量均提高1.2 %；在各种掺量条件下，再生粉体和碳化再生粉体的凝结时间相差不大，初凝时间在210 min左右，终凝时间在240 min左右，初凝与终凝间隔30 min左右，与纯水泥净浆基本相同，说明再生粉体和碳化再生粉体对净浆的凝结时间无明显影响。

与再生粉体和碳化再生粉体不同，超细再生粉体和超细水泥石使净浆的凝结时间延长且与掺量关系不大。与纯水泥净浆相比，超细再生粉体使净浆凝结时间延长大约20 min；超细水泥石使净浆凝结时间延长大约45 min。另外，在不同掺量条件下，两种超细掺和料的净浆初凝和终凝时间间隔均为30 min。

（二）再生粉体混凝土

所谓再生粉体混凝土，就是将再生粉体作为矿物掺和料的混凝土。目前，国内将再生粉体作为矿物掺合料代替水泥的研究比较少。为研究再生粉体作为矿物掺和料代替水泥对混凝土用水量、强度、渗透性和碳化性能的影响，设计的试验方案如下所述。

本试验采用P·Ⅰ52.5硅酸盐水泥作为基本胶凝材料；在不同胶凝材料用量下按不同比例掺入再生粉体或Ⅱ级粉煤灰；减水剂掺量为胶凝材料用量的1.2%；通过调整用水量控制坍落度在160~200 mm范围。试验主要研究再生粉体对混凝土用水量、强度、抗氯离子渗透性能及碳化性能的影响。

1.再生粉体混凝土的用水量

本试验通过调整用水量控制混凝土的坍落度、需水量。

（1）当再生粉体取代率为0~30%时，混凝土的用水量随再生粉体掺量的增加而增加。

（2）当粉煤灰取代率为0~30%时，混凝土的用水量略有降低。

再生粉体的几何形状不规则、表面粗糙、棱角较多。在水泥浆流动过程中，再生粉体增加了混凝土颗粒之间的摩擦阻力，对混凝土的工作性不利，这个特点与胶砂试验中的结果是一致的。在制作混凝土的过程中发现，再生粉体的颗粒结构疏松，在搅拌完成后仍能吸收部分水分，使混凝土浆体中的自由水减少，导致坍落度损失。

2.再生粉体混凝土的强度

本试验通过对抗压强度试验结果的分析可知：

（1）当再生粉体的取代率为0~30%时，混凝土的抗压强度随再生粉体取代率的增加而降低；

（2）在混凝土工作性相同的前提下，再生粉体混凝土强度低于粉煤灰混凝土强度。

以上试验结果与再生粉体混凝土用水量随再生粉体取代率的增加而增大有关。

3.再生粉体混凝土的抗渗性

本试验采用的是美国材料试验协会提出的混凝土抗氯离子渗透性试验方法（ASTM C1202）。试验结果分析可知：

（1）当再生粉体的取代率为10%时，再生粉体混凝土抗渗透性能无明显损失，当再生粉体取代率为10%~30%时，再生粉体混凝土抗渗透性能随再生粉体取代率的增加而降低。

（2）在工作性相同、取代率相同的条件下，再生粉体混凝土的抗渗透性低于粉煤灰混凝土。

以上试验结果与再生粉体混凝土用水量随再生粉体取代率的增加而增大有关。

4.再生粉体混凝土的抗碳化性能

本试验按照《普通混凝土长期性能和耐久性能试验方法》（GB/T 50082—2009）进行，测试再生粉体和粉煤灰的掺量和胶凝材料用量对混凝土抗碳化性能的影响。调整碳化箱中的CO_2的浓度在17%~23%；湿度在65%~75%；温度在15~25 ℃。碳化时间为120 d。

试验结果表明：再生粉体掺量在30%以内时，能够满足混凝土抗碳化性能的要求。在高效减水剂的作用下，混凝土的水胶比很低，水泥石结构密实；同时矿物掺和料参与胶凝材料的水化，改善混凝土的界面结构，提高混凝土的密实性，从而很好地提高了混凝土的抗碳化能力。

（三）超细再生粉体混凝土

所谓超细再生粉体混凝土，就是将再生粉体超细化后，作为矿物掺和料的混凝土。

根据前期试验的数据和研究结果，本试验采用P·I52.5硅酸盐水泥作为基本胶凝材料；在不同胶凝材料用量下按不同比例掺入超细再生粉体；减水剂掺量为胶凝材料用量的1.2%；调整用水量控制坍落度在160~200 mm。试验主要研究再生粉体对混凝土用水量、强度和抗碳化性能的影响。

超细再生粉体与再生粉体一样，都会对混凝土的用水量产生不利影响。超细矿粉和硅灰对混凝土需水量的影响稍小。在实际搅拌过程中会发现，掺有超细再生粉体的混凝土具有较明显的触变性，一旦停止搅拌，流动性损失较快，如果再次搅拌，流动性又迅速恢复。这可能与超细再生粉体较大的比表面积和颗粒形状有关。

第四节 建筑垃圾再生砂浆

一、再生粉体的活性

为研究再生粉体的活性，借鉴《水泥胶砂流动度测定方法》（GB/T 2419—2005）和《水泥胶砂强度检验方法（ISO法）》（GB/T 17671—2021）做胶砂试验，并与Ⅱ级粉煤灰作对比。水泥采用P·Ⅰ52.5硅酸盐水泥。

掺入再生粉体和粉煤灰的胶砂扩展度随掺和料掺量的增加而降低。

在电子显微镜下可见再生粉体结构疏松，颗粒表面粗糙不平，且含有大量连通的孔隙，增加了表层水和吸附水的数量，导致流动度随再生粉体的掺量增加呈线性下降。在掺量达到S0%时，再生粉体胶砂流动度下降34%。粉煤灰对用水量的影响相对较小，在掺量为30%时，胶砂流动度下降15%。

再生粉体胶砂的强度比随掺量的增加而降低，且与龄期关系不大。龄期为28 d时，再生粉体掺量为30%和50%的胶砂活性指数分别为61和34，强度降低幅度高于其掺入量的比例。当掺量小于30％时，各龄期再生粉体胶砂强度与粉煤灰胶砂强度差异不大；当掺量大于30%时，各龄期再生粉体胶砂强度与粉煤灰胶砂强度差异明显增大。

二、再生粉体砂浆

再生粉体可以替代水泥用来配制混凝土。在掺量不超过10％时，对混凝土的强度影响不大，并能提高混凝土的抗氯离子渗透能力。如果能利用再生粉体替代水泥制作砂浆，不仅可节省水泥，还可减少废旧混凝土对环境的污染，有利于实现废旧混凝土的循环再利用。

（一）试验原料

（1）水泥：山水水泥厂生产的P·32.5级水泥。

（2）天然砂：符合《建筑用砂》（GB/T 14684—2011）要求的细度模数为3.1的中砂。

（3）再生粉体：由青岛市华严路某车库废混凝土经颗粒整形后得到。

（4）水：自来水。

建筑砂浆的基本性能包括稠度、密度、分层度和立方体抗压强度等。本试验通过调整用水量控制稠度在70～80 mm范围，测试再生粉体在不同灰砂比情况下对砂浆的各项基本性能的影响。灰砂比采用1∶3、1∶4、1∶5和1∶6，再生粉体掺量采用10％、20％和30％。

（二）试验结果及分析

1.工作性能

不同灰砂比条件下，砂浆的需水量均随再生粉体掺量的提高而逐渐提高，这与再生粉体在混凝土中的情况类似。在灰砂比不高于1∶4时，砂浆的需水量随灰砂比的降低而提高。

2.立方体抗压强度

砂浆强度主要与再生粉体的掺量和灰砂比有关。再生粉体掺量在从0提高到30％的过程中，砂浆强度逐渐降低。再生粉体活性较低，且在掺量较高的情况下对胶砂强度有损害作用。另外，砂浆强度与灰砂比也有较明显的关系，在灰砂比从1∶3变化到1∶5的过程中，各种再生粉体掺量的砂浆强度逐渐接近。7 d、14 d的强度比的最大差值从1∶3时的45％降低到1∶5时的27％、18％。

三、我国《再生骨料应用技术规程》对再生骨料砂浆的基本规定

中华人民共和国建筑工程行业标准《再生骨料应用技术规程》（报批稿）对再生骨料砂浆提出了如下要求。

（一）再生骨料砂浆的一般规定

再生细骨料可配制砌筑砂浆、抹灰砂浆和地面砂浆。当再生骨料砂浆用于地面砂浆时，宜用于找平层而不宜用于面层，因为面层对耐磨性要求较高，再生骨料砂浆往往难以达到。

再生骨料砂浆所用的再生细骨料应符合现行国家标准《混凝土和砂浆用再生细骨料》（GB/T 25176—2010）的规定；再生骨料砌筑砂浆和再生骨料抹灰砂浆宜采用通用硅酸盐水泥或砌筑水泥；再生骨料地面砂浆应采用通用硅酸盐水泥，且宜采用硅酸盐水泥或普通硅酸盐水泥；其他原材料应符合现行国家标准《预拌砂浆》（GB/T 25181—2019）及《抹灰砂浆技术规程》（JGJ/T 220—2010）的规定。

《混凝土和砂浆用再生细骨料》（GB/T 25176—2010）中规定的Ⅰ类再生细骨料技术性能指标已经类似于天然砂，所以其在砂浆中的应用范围不受限制，可用于配制各种强度等级的砂浆。而Ⅱ类再生细骨料、Ⅲ类再生细骨料由于综合品质逊于天然骨料，尽管试验中也配制出了M20等较高强度等级的砂浆，但是为了可靠起见，规定Ⅱ类再生细骨料一般只适用于配制M15及以下的砂浆，亚类再生细骨料一般只适用于配制M10及以下的砂浆。

（二）再生骨料砂浆的性能要求

采用再生骨料的预拌砂浆性能应符合现行国家标准《预拌砂浆》（GB/T 25181—2019）的规定。现场拌制的再生骨料砌筑砂浆、抹灰砂浆和地面砂浆的性能应符合规定。

再生骨料砂浆性能试验方法应按现行行业标准《建筑砂浆基本性能试验方法标准》（JGJ/T 70-2009）的规定进行。

四、再生骨料砂浆配合比设计

再生骨料砂浆的配制应满足和易性、强度和耐久性的要求，再生骨料砂浆配合比的设计可按下列步骤进行：

（1）按现行行业标准《砌筑砂浆配合比设计规程》（JGJ/T 98—2010）的规定进行计算，求得基准砂浆配合比；

（2）以基准砂浆配合比的参数为基础，根据已有技术资料和砂浆性能要求确定再生细骨料的取代率，以求得再生细骨料的用量；当无技术资料作为依据时，再生细骨料的取

代率不宜大于50%；

（3）通过试验确定外加剂、添加剂和掺和料的品种和掺量；

（4）通过试配和调整，选择符合性能要求且经济性好的配合比作为最终配合比。

由于再生细骨料的吸水率往往较天然砂大一些，配制的砂浆抗裂性能相对较差，所以对于抗裂性能要求较高的抹灰砂浆或地面砂浆，再生细骨料的取代率不宜过大，一般限制在50%以下为宜；对于砌筑砂浆，由于需要充分保证砌体强度，所以在没有技术资料可以借鉴的情况下，再生细骨料的取代率一般也要限制在50%以下较为稳妥。

再生骨料砂浆配制过程中一般应掺入外加剂、添加剂和掺和料，并需要试验调整外加剂、添加剂、掺和料的掺量，以此来满足工作性要求。在设计用水量的基础上，也可根据再生细骨料类别和取代率适当增加单位体积用水量，但增加量一般不宜超过5%。

五、再生骨料砂浆的制备和施工

再生骨料砂浆的生产、原材料的贮存应符合现行国家标准《预拌砂浆》（GB/T 25181—2019）的规定。当在同一工地现场配制同品种、同强度等级再生骨料砂浆时，宜采用同一水泥厂生产的同品种、同强度等级的水泥。现场配制时，原材料计量应符合现行国家标准《预拌砂浆》（GB/T 25181—2019）中湿拌砂浆的规定。

现场配制时，宜采用强制式搅拌机搅拌，加料方式应有利于砂浆拌和均匀和便于控制砂浆稠度，砂浆搅拌时间应符合下列规定：

（1）只含有水泥、细骨料和水的砂浆，从全部材料投料完毕开始计算，搅拌时间不宜少于120 s；

（2）掺有矿物掺和料或外加剂的砂浆，从全部材料投料完毕开始计算，搅拌时间不宜少于180s；

（3）具体搅拌时间应参照搅拌机的技术参数通过试验确定。

现场拌制的再生骨料砂浆的使用应符合下列规定：

（1）以通用硅酸盐水泥在现场拌制的水泥砂浆或水泥混合砂浆，宜分别在拌制后的2.5h或3.5h内用完；当施工期间最高气温超过30℃时，宜分别在拌制后的1.5h或2.5h内用完。砌筑水泥砂浆和掺用缓凝成分的砂浆，其使用时间可根据具体情况适当延长。

（2）现场拌制好的砂浆应采取措施防止水分蒸发。夏季应采取遮阳措施，冬季应采取保温措施。砂浆堆放地点的气温宜为5~35 ℃。

（3）砂浆拌和物如出现少量泌水现象，使用前应再拌和均匀。

再生骨料砂浆的施工应符合现行行业标准《预拌砂浆应用技术规程》（JGJ/T 223—2010）的相关规定。

六、再生骨料砂浆施工质量的验收

除现场拌制再生骨料抹灰砂浆的施工质量验收应符合现行行业标准《抹灰砂浆技术规程》（JGJ/T 220—2010）的规定之外，其他再生骨料砂浆的施工质量验收应符合现行行业标准《预拌砂浆应用技术规程》（JGJ/T 223—2010）的规定。

第十一章　建筑垃圾的其他再生利用

第一节　建筑垃圾在载体桩复合地基中的应用

一、复合载体桩简介

载体桩是由混凝土桩身和载体组成的桩，施工时通过柱锤夯击成孔，反压护筒，将护筒沉到设计标高后，分批向孔内投入填充料反复夯实、挤密，并通过三击贯入度进行密实度控制，当三击贯入度满足设计要求后，再填入干硬性混凝土，形成载体；然后放置钢筋笼、灌注混凝土或放置预应力管节而形成桩。根据混凝土桩身的施工工艺的不同，载体桩分为现浇混凝土载体桩、预制桩身载体桩及载体桩复合地基。

建筑垃圾复合载体夯扩桩，是指采用细长锤（直径为250～500 mm，长为3000～5000 mm，锤的质量为3.5～6 t），在护筒内边打边沉，沉到设计标高后，分批向孔内投入建筑垃圾，用细长锤反复夯实、挤密，在桩端处形成复合载体，放入钢筋笼，浇注桩身（传力杆）混凝土面层的一种载体桩。

二、建筑垃圾在复合载体桩中的应用

一般情况下，土体是由三相组成：土颗粒、空气和水。从物理力学性质上分析，土体中的空气和水占总体积的比例越低，土体密实度和压缩模量就越高，承载力也就越高。地基土是经过若干万年土体的沉积形成的，土层越深，沉积年代就越久，土体就越密实，其承载力也就越高。只要埋深足够深、基础底面积足够大，任何一种建筑的基础都可以采用天然地基。但由于受施工技术的限制或由于施工造价的原因，并非所有建筑基础都能采用天然地基，当天然地基承载力不满足设计要求时，相当多的建筑物则采用地基处理方法或桩基础。

载体桩施工技术是在一定埋深下的特定土层中，通过柱锤冲击能量的作用成孔，并填

以适当的填充料进行夯实挤密，在一定的约束下使桩端土体达到最优的密实度，达到设计要求的三击贯入度，形成等效计算面积为Ae的多级扩展基础，实现应力的扩散。一定埋深是为了保证足够的侧向约束，是土体密实的边界条件；柱锤夯击提供的夯实能量，是土体密实的外力条件；测量三击贯入度是为检测土体的密实度，是夯实土体的最终结果。故载体桩技术的核心为土体的密实，通过实现土体密实形成等效扩展基础。

由于土体只有在一定的约束条件下，才能实现密实，故在设计时必须保证载体的埋深，若埋深太浅，周围约束力太小，将无法达到设计要求的密实度。载体施工的填充料也受加固土体的土性和施工间距的影响，若施工的工作量为一根载体桩，为了达到较高的承载力，可以增加填充料，提高夯实效果，直至达到设计要求的贯入度。在实际工程中，由于受到相邻载体桩基础的影响，填充料不可能无限增加，当填充料增加到一定量后，就有可能影响到邻近载体的成桩质量，针对不同的桩间距和地质情况，都有一种相应的最佳填料量。

（一）建筑垃圾用于地基基础加固

建筑垃圾中的石块、混凝土块和碎砖块可直接用于加固软土地基。建筑垃圾夯扩桩施工简便、承载力高、造价低，适用于多种地质情况，如杂填土、粉土地基、淤泥路基和软弱土路基等。主要利用途径有以下两种。

1.建筑垃圾作建筑渣土桩填料加固软土地基

建筑垃圾具有足够的强度和耐久性，置入地基中，在不受外界影响的情况下，不会产生风化而变为疏松体，能够长久地起到骨料作用。建筑渣土桩是利用起吊机械将短柱形的夯锤提升到一定高度，使之自由落下夯击原地基，在夯击坑中填充一定粒径的建筑垃圾（一般为碎砖和生石灰的混合料或碎砖、土和生石灰的混合料）进行夯实，以使建筑垃圾能托住重夯，再进行填料夯实，直至填满夯击坑，最后在上面做30 cm的三七灰层（利用桩孔内掏出的土与石灰拌成）。这时。要求碎砖的粒径60~120 mm。生石灰尽量采用新鲜块灰，土料可采用原槽土，但不应含有机杂质、淤泥及冻土块等，其含水量应接近最佳含水量。

2.建筑垃圾作复合载体夯扩桩填料加固软土地基

建筑垃圾复合载体夯扩桩施工技术是在用建筑垃圾加固软土地基的基础上，根据软弱地基和松散填土地基的特点，结合多种桩基施工方法的优点，研究开发的一种地基加固处理新技术。载体桩复合地基处理后，路基沉降不大，且大部分沉降发生在施工期间，沉降基本能满足铁路路基对变形和施工后沉降的要求。靠近坡脚处沿深度方向的水平位移不大。桩顶和桩间土的土应力随路堤填土的增加而增加，填土完成后随路基固结，桩土应力略有转移，桩土应力比略微增加。采用建筑垃圾作建筑渣土桩填料加固的载体桩复合地基能满足高速铁路路基处理对承载力和变形的要求。与同类型的复合地基相比，该技术具有一定的经济优势，并且能够消纳建筑垃圾，绿色环保，符合国家提倡的低碳、节能的发展方向，在高速铁路路基处理中具有推广应用价值。

（二）建筑垃圾复合载体桩施工工艺

建筑垃圾复合载体桩施工参照标准的施工工艺流程进行：

（1）在桩位处挖直径等于桩身直径、深度约为500mm的桩位圆柱孔，移机就位；

（2）提升柱锤后快速下放，使柱锤出护筒、入土一定深度；

（3）用副卷扬机钢丝绳对护筒加压，使护筒底面与锤底平齐；

（4）重复步骤（2）、（3），将护筒沿竖直方向沉入设计深度；

（5）提起夯锤，通过护筒投料孔向孔底分次投入填充料（建筑垃圾）进行夯击；

（6）填充料被夯实后，在停止填料的情况下连续夯击三次，并记录三击贯入度，若三击贯入度不满足设计要求，重复步骤（5）和（6），直至三击贯入度满足设计要求为止；

（7）通过护筒投料孔向孔底分次投入设计需要的干硬性或低流态混凝土，再进行夯击；

（8）放入钢筋笼；

（9）灌注桩身混凝土；

（10）若施工预应力管桩，将则（8）步骤和（9）修改为放入预应力环节。

三、建筑垃圾复合载体桩的性能

载体桩的受力与普通桩基础一样，首先桩侧受力，随着桩侧土与桩的相对位移逐渐增大，桩侧阻力逐渐增大，当侧阻力发挥完毕后，上部结构的荷载由桩端传递给桩端下的载体。载体由三部分组成：混凝土、夯实填充料和挤密土体，因此力在混凝土桩身下的传递与在普通混凝土桩底的传递是不一致的。普通桩端力的传递遵循土力学最基本的附加压力扩散原理，即随着深度的逐渐增加，附加应力逐渐减少。而载体桩由于载体的存在使得受力与普通桩基不同。载体中从混凝土、填充料到挤密土体，材料的压缩模量逐级降低，承载力也逐级降低，下一层材料对于上一层材料，是软弱下卧层，软弱下卧层的受力与均匀地基受力的显著差别在于当力传递到软弱层的顶面时，压力以扩散角进行扩散，其扩散的幅度远大于均匀地基的扩散，因此传递到混凝土桩身底的压力被显著扩散，表现为桩端承载力比普通混凝土桩承载力明显偏大，这是载体桩单桩承载力大的主要原因。由于载体桩桩长较短，其侧阻所占的比例偏小，所以载体桩承载力主要来源于载体。这点可以从某工程的载荷试验曲线得到验证。北京波森特岩土工程有限公司在武夷花园进行了载体和载体桩承载力的对比试验。该工程的土层自地表以下依次为：填土、黏质粉土和粉砂，载体桩以粉砂层作为持力土层，该土层承载力为160 kPa，压缩模量为12.0 MPa，为试验载体的承载力，在施工完载体，放入柱锤进行载荷试验，采用柱锤作为传力杆以消除桩侧的摩阻力。

通过载体的载荷试验和载体桩的载荷试验发现，载体的载荷试验曲线和载体桩的载荷试验曲线形状较为相似，变形也大致相等。采用桩基础载荷试验的方法进行试验，并对没有达到极限状态的载体试验曲线以逆斜率法推算极限承载力。根据试验数据载体的平均承载力，其特征值约为850 kN。工程桩采用与试验桩相同的参数施工，施工完毕后按规范进行检测，经检测单桩承载力特征值为950 kN，侧摩阻承载力占比例为（950–850）/950=10.5 %。通过试验对比发现：载体桩承载力主要来源于载体的承载力，载体桩的承载力与载体的承载力较接近。可见，载体桩侧阻较小。

土体的密实度与很多因素有关，如夯击能量、土体的含水量等，土体的密实度也并非越大越好，一方面是因为现场夯实与室内的击实试验不完全相同，不可能达到室内试验的密实度；另一方面是因为若过分严格要求三击贯入度可能造成施工工效的降低，从而增加施工成本。

四、建筑垃圾复合载体桩工程实例

（一）载体桩技术在黏性土层中的应用

工程位于南京市某开发区，为一栋层高为三层（局部四层）的标准厂房，高度为16.8 m，主体为框架结构，柱距为6 m×12 m，厂房活荷载为5.0 kN/m³。采用载体桩基础，设计桩径为410 mm，桩长为8.2 m，设计单桩承载力特征值为1000 kN。拟建建筑单桩荷载大，厂房跨度及活荷载大，对变形要求高，层土工程性质差，分布不均，且强度低、压缩性不均匀，因此对该工程而言，不能采用天然地基。三层及三层以下的土层承载力高，可作为桩端持力层。根据南京地区的工程经验，结合工程的勘察地质资料，初步确定基础形式为桩基础，桩基础形式可以选择载体桩、钻孔灌注桩、人工挖孔桩和预应力管桩。

根据不同的方案进行对比，故最终确定采用北京波森特岩土工程有限公司的载体桩方案，设计桩径为410 mm；桩长8.2 m，单桩承载力设计值为1000 kN，工程设计载体桩935根。施工时桩身长度控制以载体进入持力层深度一半作为深度控制指标，混凝土强度等级为C25。施工时三击贯入度控制为10 cm，单桩填入建筑垃圾量为0.70～0.8 m³。

（二）载体桩技术在卵石土层中的应用

北总万科紫台小区是由北京万科置业有限公司投资开发的一个高档纯板式建筑，位于丰台区岳各庄，基础埋深在±0.00标高以下约8.00 m。该场区的地貌单元上：位于永定河冲积扇的上部，整体地势平坦开阔，局部略有起伏。场地原分布有采石坑，现已回填为建筑渣土、生活垃圾等，据勘探结果，采石坑最深可达17.0 m左右，厚度差异较大，回填物质成分复杂多样，局部夹有较大的漂石、块石及混凝土块，地面以下30 m深度范围内存在地下水。回填坑下的卵石、圆砾层和砂层可作为桩基础良好的持力层。根据上部荷载的设计要求，共设计两种承载力的载体桩，承载力分别达到1550 kN和2000 kN，桩径分别取450 mm和600 mm。

通过万科紫台会所载体桩方案与人工挖孔桩方案的造价对比，最终选用了北京波森特岩土工程有限公司的载体桩技术，该楼采用载体桩可为投资方节省造价约44 %，可见载体桩方案具有明显的经济性。

（三）载体桩技术在软土地区的应用

天津105厂整体搬迁项目位于天津市东丽空港物流加工区的航空路和航天路之间，属于软土地区，基础原设计方案为静压管桩，但其桩数多、造价高，后改为载体桩方案，设计要求单桩承载力为1300 kN，共布桩2656根。该场地地形平坦，静止水位埋深较浅，地基土中含水量较高，在约15m的范围内地基土承载力较低，压缩模量大，属于软土地基，从地面开始以下依次为：素填土、黏土、淤泥质土、粉质黏土、粉细砂、粉土和粉质黏土。根据该工程地质条件及上部结构，采用预应力管节作为桩身的载体桩。工程桩施工完毕后，经检测，载体桩桩身完整性良好，承载力也满足设计要求，表明载体桩在软弱土中施工能取得良好的效果。

该工程原设计方案为静压管桩，需布桩3300根，桩长大于21 m，采用预应力管节作为桩身的载体桩后大大提高了单桩承载力，减少了桩数，为甲方节约造价300多万元，且工期比预计提前15天。

五、建筑垃圾作复合载体夯扩桩填料加固软土地基的工艺

（一）复合载体夯扩桩及其优点

复合载体（建筑垃圾）夯扩桩采用细长锤（直径为250～500 mm，长为3000～5000 mm，锤的质量为3.5～6 t）在护筒内边打边沉，沉到设计标高后，分批向孔内投入建筑垃圾（碎石、碎砖、混凝土块等），用细长锤反复夯实（挤密，在桩端处形成复合载体放入钢筋笼，浇注桩身传力杆混凝土而成。

复合载体（建筑垃圾）夯扩桩是由上部桩身和下部复合载体组成的，是以碎石、碎砖、混凝土块等建筑垃圾为填充料，在持力层内夯实加固挤密形成的挤密实体。复合载体

由干硬性混凝土。填充料、挤密土体和影响土体4部分组成。该桩与其他桩型的最大区别在于它不是通过桩身形状、桩径、桩端面积的改变来提高承载能力，而是利用重锤对填充料进行夯实挤密。挤密时，土体常受到很大的夯击能量，然后对侧向周围土体施加侧向挤压力，从而进行有效加固挤密，土体得到密实，变形模量得到提高，所以能较大幅度地提高地基承载力。

通常桩径为$\phi 400\ mm$，桩长为$4 \sim 10\ m$的夯扩桩，适用于16层以下的多层及低高层建筑物。复合载体桩具有以下优点：

（1）具有桩基的承载特性，可采用承台梁直接将上部结构荷载传递到桩基上，建筑桩基结构形式简单、经济；

（2）单桩竖向承载力高，是普通灌注桩承载力的$3 \sim 5$倍，并且可通过调整施工控制参数来调节单桩的承载能力；

（3）施工工艺简单，施工质量易控制，无须场地降水、基坑开挖等程序，减少了工程量，缩短了工期；

（4）可消纳大量的建筑垃圾，变废为宝，保护环境，利国利民。在施工过程中具有无污染，低噪声等优点；

（5）适用范围广泛，尤其在浅部具有相对较好的土层。表层及填土较厚时其优势更为明显。

（二）复合载体夯扩桩的构造和加固软土地基

1.复合载体夯扩桩的构造

复合载体由块状的建筑垃圾（红砖、碎石和混凝土块等）填充料、挤密的土体、影响的土体和干硬性混凝土组成。复合载体所在的土层为被加固体。夯扩体周围被夯实挤密的土体为挤密土体。复合载体持力层为直接承受传递荷载的复合载体土层。硬性混凝土和各种块体填充料组成的实体为夯扩体。复合载体夯扩桩的传力系统由以下三部分组成。

（1）传力杆钢筋混凝土桩体用以传力。

（2）连接层用1：2纯水泥浆连接传力杆与干硬性混凝土，以确保桩端处的混凝土有足够的水分硬化。

（3）复合载体的土层传递外荷给地基的持力土层。

2.复合载体夯扩桩加固软土地基的机制

复合载体夯扩桩称之为桩，但就其受力模式分析是桩与人工地基两者的组合。两者之间通过钢筋混凝土的传力杆，把结构的上部荷载通过本身传递给地基。但传力杆自身只能承受少量的摩阻力，且其不足$20 \sim 30\ t$，所以在设计中一般不予考虑。而受力最主要的部分——复合载体持力土层，一般为$120 \sim 260\ t$。

复合载体夯扩桩正确运用了土体的约束机制和能量积累原理。这一施工工艺在大能量（一般为21 tm）的剪切力作用下，连续不断地在一处进行填料夯击，能量就在此处不断积累，将该部分土体结构充分地破坏，不断地被填料所挤密。当被挤密的土体对夯填料有一定约束力时，地基就产生承担上部荷载的挤密土体和影响土体。

（三）复合载体夯扩桩加固软土地基的施工要点

1.三击贯入度的控制

三击贯入度可以直接反馈载体夯扩的质量，因此在施工中要严格对待。控制三击贯入度的要点是：

（1）锤的质量是否满足3.5 t；

（2）锤的落距不能小于6.0 m；

（3）测试的基准设置要准确可靠；

（4）专人测试。

2.控制传力杆混凝土的工作度

传力杆是受力的主要部位，对保证混凝土质量是非常重要的。为此，混凝土的工作度应控制在100~150 mm，带有震动锤的可选低值。

3.填充料

为更好地挤密土层，在填充料的选择上优先选用块状，不得使用粉状物。建议多利用拆房的碎红砖。碎石和混凝土等块状物料，其几何尺寸应控制在50~150 mm，单向尺寸最大不应超过250 mm。应注意碎石对三击贯入度的反弹假象。

4.连接层

连接层用以确保桩端处混凝土的密实和完整、可靠的承受局部压应力，防止混凝土硬化过程中出现失水现象。因此，在夯实干硬性混凝土之后，应立即倒入1：2纯水混浆中，以确保两者的可靠连接。

第二节　建筑垃圾在路面基层中的应用

建筑垃圾主要由碎混凝土、碎砖瓦、碎砂石土等无机物构成。其化学成分是硅酸盐、氧化物、氢氧化物、碳酸盐、硫化物及硫酸盐等，性能优于黏土、粉性土，甚至优于砂土和石灰土，具有较好的硬度、强度、耐磨性、韧性、抗冻性、水稳定性、化学稳定性，且遇水不收缩，冻胀危害小，是公路工程难得的水稳定性好的建筑材料。建筑垃圾颗粒大，比表面积小，含薄膜水少，不具备塑性，透水性好，能够阻断毛细水上升。在潮湿环境下，用建筑垃圾进行基础垫层，强度变化不大，是理想的强度高、稳定性好的筑路材料。

建筑垃圾主要应用于以下领域：

（1）公路工程。公路工程具有工程数量大、耗用建材多的特点。耗材量决定着公路工程的基本造价，因此公路设计的一项基本原则就是因地制宜，就地取材，努力降低工程造价。而建筑垃圾具备其他建材无可比拟的优点，即数量大、成本低、质量好。因此，建筑垃圾的主要应用对象，首选应该是公路工程、城市街道工程和广场建设工程。

（2）铁路工程。建筑垃圾可以应用在铁路的路基、松软土路基处理工程中。在粉土路基、黏土路基、淤泥路基和过水路基等领域，建筑垃圾可以用作改善路基加固土。

（3）其他工程。建筑垃圾不仅可用于建筑工程地基与稳定土基础、粒料改善土基础、回填土基础、地基换填处理和楼地面垫层等，还可用于机场跑道、城市广场、街巷道路工程的结构层和稳定层等。

一、西安市某 I 级公路

在西安市某 I 级公路的改扩建过程中，部分路段采用了RSLF（二灰稳定再生骨料）作为路面基层材料，该试验路段位于平坡、无弯道地区，试验路段设计采用水泥∶石灰∶粉煤灰∶再生骨料=2∶3∶15∶80，其中石灰和粉煤灰的质量均满足高等级路面基层的规范要求。此外，考虑到石灰和粉煤灰所组成的结合料，在黏结力方面稍显不足，因此在工程中用水泥代替部分石灰，以提高结合料的黏结力和早期强度。在施工过程中，按有关施工验收和检测规程，对工程的压实度、抗压强度等进行了现场测试，检测RSFL的力学性能和有关指标均满足 I 级路面基层的规范要求，试验路段基层中没有出现明显的缩裂现象；在外观上，RSFL与普通二灰稳定骨料也没有差别，且RSFL的温缩和干缩性能也满足工程要求。这证明二灰稳定再生骨料是一种力学性能较好的道路基层材料。

二、开兰路和国道310线

开封地区在开兰路改建工程和国道310线过境改线工程中分别铺筑了一段无机结合料稳定再生骨料基层和再生水泥混凝土路面试验路段。其中，开兰路试验段是在不同路段采用6 cm沥青混凝土下15cm水泥稳定再生骨料和15 cm二灰稳定再生骨料基层两种形式；310线在15 cm二灰碎石基层上加铺24 cm再生混凝土路面。施工时全部按照普通道路施工操作方法，而无须采用特殊手段。经过数年的通车使用，目前使用状况正常，与相邻其他路段对比，没有什么区别。再生骨料基层路面弯沉检测和再生混凝土现场抽检试验路段与普通路段没有本质上的差别，均满足设计弯沉的要求，而且随着通车使用还有所降低，符合半刚性基层的要求；再生水泥混凝土无论是抗压强度还是抗折强度都满足研究过程中所提的设计要求，表明再生骨料能够满足在半刚性基层或水泥混凝土中应用的技术要求，再生骨料混凝土除耐磨性稍差之外与普通混凝土无明显差别。

三、上海市某城郊公路

上海市某城郊公路，由于原混凝土路面大部分路段破损较为严重，道路的平整度较差，雨后积水，严重影响了车辆的正常通行，经过有关部门批准，拟对原混凝土路面进行改扩建。在原路面扩改建过程中，为了充分利用这些废混凝土，保护周围环境，采用50%的再生骨料代替天然骨料，修建一段长400 m的SFRC路面作为试验路面。王军龙、肖建庄等对含50%再生粗骨料的钢纤维混凝土路面进行了较为系统的研究。首先，在室内对再生粗骨料的密度、洛杉矶磨耗、压碎指标等基本性能进行测试；其次，针对拟定的三组不同配合比的钢纤维再生混凝土试件，在室内进行了抗折强度、抗压强度等试验；最后，根据试验结果并结合工程经验，选取了一组较为理想的钢纤维再生混凝土配合比，完成了钢纤维再生混凝土路面的施工。

四、在路面基层中的应用

（一）建筑垃圾的现状及综合治理的意义

常规的建筑垃圾处理方式通常是环卫部门统一收集后进行露天放置或填埋。但这种处理方式会产生许多不利的影响，一方面对土地资源造成浪费，另一方面不仅会对周边环境造成污染，最重要的是其中污染物会对水资源造成恶劣影响。

同德国、日本等发达国家相比，建筑垃圾在中国的循环利用起步较晚。与此同时，不完善的政策、法律、规范，以及生产工艺和机械设备的落后造成我国建筑垃圾的循环利用率较低。

随着我国交通运输的持续发展，道路网的规划日趋完善和紧密，基础设施建设较快推进。在这个公路施工建设的过程中需要大量建筑材料。建筑垃圾若科学合理地进行分类和处理，作为公路路基的替代填筑材料，不仅可以解决令政府及居民头疼的垃圾围城困境，更有利于实现未来城市的可持续发展和生态环保的目的。建筑垃圾在公路建设的大面积推广应用，对目前砂石等材料紧缺的局面具有一定的缓解作用，有效解决了砂石材料由于供需不平衡产生的矛盾。

（二）建筑垃圾的作用机制分析

大量实验表明，建筑垃圾相较于黏土、沙土、石灰土甚至粉性土有着更良好的性能，物理和化学性能更稳定。建筑垃圾不仅强度、硬度高，耐磨性能好，还具有优良的耐水性和抗冻性的优点。在公路工程中是甚为合适的具有良好冻稳定性和水稳定性的材料。

（1）在软土地基处理过程中，建筑垃圾是较为合适的换填材料。一些洼地由于排水不良，软土呈现流动状态，通常使用建筑垃圾材料可以达到抛石挤淤的作用，增强了地基的强度和稳定性。

（2）含有砖块等材料的建筑垃圾会具有较高的吸水性，经过后续的碾压，建筑垃圾被压入土层，其良好的吸水性会减少土体出现橡皮土的概率，大幅提高土体的密实度。与此同时，当建筑垃圾用作垫层时，由于良好的渗透性，排水性能好，下部土体的固结和沉降速率会大大提高。

（3）碎砖块、石块、混凝土块等成分组成的建筑垃圾经过施工机械的振动和碾压后，强度会大幅度高于普通填土。当受到外界荷载作用时，内力向下扩散传递，导致下层的附加应力值会减少，且附加应力的分布更均匀，保证了后期路基运营的安全性。

（三）建筑垃圾在路基施工中的应用

为了保证建筑垃圾充分实现在路基填筑中的作用，应树立因地制宜的理念，对于部位不同的路基选用等级不同的建筑垃圾，相对应地采用合适的施工机具。同时，施工方案应在后续的过程中不断完善和调整。

1.施工准备

通常来说，砖渣的吸水性能较好，又是建筑垃圾的重要组成成分，在使用建筑垃圾进行路基填筑时应避免在雨季施工，如因无法避免，路基防排水工作应得到充分保障和落实。建筑垃圾在使用前的最重要一步是进行仔细分拣和筛分，人工和采用机械辅助均可，这个过程主要是为了去除金属、木材、泡沫等杂质。对于超大粒径的建筑垃圾，应通过250 mm的筛分设备分离并采取破碎处理措施。路基范围内原有地表的植被、树根、杂草等也需仔细清除，表层土不能随意堆放。路基表层清理工作结束后，应进行碾压密实，恢复中线的工作，接着进行水平测量，准确标记出设计高程。

在施工机具的选择上，移动式的破碎机必不可少。这种破碎机不仅操作简便，同时具有可自动调节出口的开度的特点，还可以实现全程监督。在我国目前的建筑垃圾处理中，这种机械已经得到广泛使用。一定数量的羊足碾、挖掘机、平地机、推土机、洒水车、拌和机等机械设备在施工前也应充分准备。

2.摊铺

在进行摊铺作业时，通常使用大型推土机及人工辅助找平工作，以降低建筑垃圾骨料之间产生明显高台阶的概率。当建筑垃圾骨料之间不平整时，施工人员应使用碎石屑或细骨料。摊铺的厚度应小于30cm，并在摊铺作业过程中及时标记标高。施工人员使用推土机时应采用先中间后两侧的原则。建筑垃圾骨料根据水的路拱横坡堆成中间高两边低的形态，对于超大颗粒应将其清除路基范围内。作为路基的填料，建筑垃圾的各组成成分差异很大，往往出现不同路段的最佳含水量。含水量过多与过少均会对后续的碾压产生不利的影响。因此，在施工现场应选用专业施工人员对填料的含水量进行实时观测，对于含水量不足的局部路段进行加水，对于局部路段含水量较大的现象采用晾晒的措施。充分保证后续的碾压是在填料具有最佳含水率的前提下，增强路基压实的稳定性。

3.碾压

在碾压工作开始前，应根据各个作业路段的建设需求和碾压能力，确保充足且科学合理的碾压机具。一般需要各两台或两台以上超过220 kN的振动羊角碾压路机和单钢轮振动压路机。碾压前最终是要保证施工路段的含水量在最佳范围内。在碾压时，施工人员应先进行路基两侧碾压再进行中间碾压的原则，同时应合理控制碾压速度，保证先快后慢。碾压的过程中应保证横向有0.4～0.5 m的重叠轮迹，纵向有2.0～5.0 m的重叠轮迹。在使用单钢轮压路机碾压且已处于稳压状态时，碾压的速度不应过大或过小，一般控制在4～6 km/h，使公路路基的承载能力达到设计标准，保证运营阶段路基的稳定性。

在建筑垃圾材料路基施工的过程中，施工人员应时刻观测路基的碾压效果。一旦发现不符合标准的操作和现象，应及时采取相对应的补救措施，尽可能减少对于后期项目的影响。碾压过程中的碾压质量应得到准确记录，如碾压遍数、含水量、松铺系数等。对数据进行科学合理的分析总结，根据工程要求仔细计算，保证碾压检测效果的准确性，为施工方案的改进和优化提供技术支持。

4.质量检测

在建筑垃圾材料应用与路基的施工过程中，为保证填筑的路基施工强度和稳定性，施工技术特别是碾压过程应严格遵守章程和设计原则，使得每一步都确保科学，符合标准的原则。质量评分标准体系和技术评估指标体系的建立和完善，可以对施工工艺进行科学评估和测量，使得路基的填筑满足建设要求，对公路路基中建筑垃圾填筑的稳定性有着重要的作用。

第三节　建筑垃圾透水砖的生产应用

一、透水混凝土路面砖及其透水机制

透水混凝土路面砖是指可以渗透水的具有协调人类生存环境的混凝土铺地砖。透水砖属于一种新型生态建材产品，具有透水调湿的功能；铺于路面不仅能快速渗透雨水，减少路面积水，而且可以能降低城市地面温度，改善人们在城市里的生活质量。透水混凝土路面砖的透水机制是采用特殊级配的骨料、水泥、外加剂和水等经特定工艺制成，其骨料间以点接触形成混凝土骨架，骨料周围包裹着一层均匀的水泥浆薄膜，骨料颗粒通过硬化的水泥浆薄层胶结成多孔的堆聚结构，内部形成大量的连通孔隙。在下雨或路面积水时，水能沿着这些贯通的孔隙通道顺利地渗入地下或存在于路基中。可用于铺设人行道或轻量级车行道等的混凝土路面及地面工程等，但其抗冻融循环能力较差，不适合在寒冷地区使用。

二、透水混凝土路面砖的分类

按照透水方式与结构特征，透水砖通常分为正面透水型透水砖和侧面透水型透水砖。

（一）正面透水型透水砖

正面透水型透水砖的透水方式有两种：一种是水分由砖表面直接渗透或从砖侧面渗入砖中后再渗入地基；另一种是水分由砖的接缝处直接渗透。正面透水型透水砖的透水方式以水从砖表面直接渗透为主，结构形式有三种：

（1）单型。该砖结构上、下层材料组成相同，若制成彩色透水砖，成本相对较高，单一结构地透水砖表面粗糙，耐磨性较差。

（2）局部透水型。该砖表面只能在局部区域透水，这种砖因可透水面积较小，透水速度较慢，正面透水型透水砖的最大特点是透水系数较大，但耐磨性差些。

（3）上、下层复合型。下层要求有较高的强度和透水系数；上层除要具有足够的强度外，耐磨性要求较高，透水系数也必须满足设计要求，这种复合型透水砖可制成彩色面层，铺装时组成各种图案，装饰效果较好。

（二）侧面透水型透水砖

侧面透水型该透水砖的透水方式是由砖接缝处（侧面）渗入透水砖的基层，然后渗入透水性地基中。侧面透水性透水砖的结构均为上下复合型。基层要求同时具有较高的透水系数和强度，面层与普通路面砖相同，具有很好的耐磨性。

三、透水混凝土路面砖的原材料

抗压强度和透水性能是透水砖的两个关键指标，而它们与透水砖的材料组成有很大的关系。透水砖主要是以水泥、特殊级配骨料、水及外加剂等为原材料，通过特殊的成形制造工艺制成。利用废旧的混凝土作为主要原料研制透水砖，用于城市广场和城市道路的铺设，不仅能防止雨水汇集，保持交通畅通，吸尘、吸声、降低噪声，还可以美化环境，变废为宝，节约自然资源。因此，利用废旧混凝土研制透水砖具有重要的意义。为保证透水砖应具有足够的强度和良好的渗透性能，骨料应采用间断级配的单粒级骨料。生产透水砖一般选用硅酸盐水泥、普硅水泥、矿渣水泥，也可以使用硫铝酸盐水泥或铁铝酸盐水泥。透水性混凝土的骨料间为点接触，颗粒间的黏结强度对透水砖整体力学性能的影响至关重要，因此一般选用强度等级较高和耐久性较好的水泥。此外，对于再生混凝土骨料的自身强度（包括抗压强度、抗折强度、抗拉强度）、颗粒形状、含泥率均有一定要求。

四、再生混凝土透水砖的性能

（一）配合比设计原则

透水砖的性能指标主要包括抗压强度、抗折强度、耐磨性、保水性、透水系数、抗冻性等。再生骨料透水混凝土的配合比设计，应该满足透水性混凝土的结构要求。混凝土越密实，强度越高，孔隙越细小，透水性越差；反之，混凝土越疏松，强度越低，孔隙越粗大，透水性越好。因此，在满足一定强度的同时，尽可能使界面产生更多的连通孔隙。

透水性混凝土的特性是高渗透性，但作为路面制品又必须满足一定的抗压强度和抗折强度。通常混凝土强度的增加会引起透水系数的减小，因此如何使混凝土既满足一定的强度要求，又具有良好的透水性是配合比设计的主要任务。骨料级配是决定透水砖的质量的另一个重要因素。为保证透水性混凝土应具有的足够强度和良好的渗透性能，骨料应采用间断型单粒级配。若骨料级配不良，混凝土结构中将含有大量孔隙，那么透水砖透水系数就大，而强度会偏低；反之，如果粗细骨料达到最佳配合，孔隙较小，强度必然高，而渗透性会很差。

透水混凝土抗压强度和水灰比之间的影响关系并不像普通水泥混凝土一样，随着水灰比的降低，抗压强度提高，应有一个最佳水灰比，即在单位体积下有一个最佳用水量。这是由于水灰比提高，骨料表面的水泥浆体厚度减薄和水泥强度下降，造成骨料间黏结强度下降而使透水混凝土强度降低。当水灰比过小，虽然骨料表面的水泥浆厚度增加和水泥浆强度提高，但混凝土成形困难造成压实度不够，从而使透水混凝土强度降低。骨料粒径、集灰比和水灰比是影响透水混凝土透水系数的关键因素。随着集灰比降低，骨料粒径减小，透水混凝土透水系数明显下降。

试验研究表明，透水混凝土抗压强度与骨料粒径有着密切关系。随骨料尺寸的增大，其抗压强度下降得较多，大粒径骨料的透水混凝土抗压强度下降的原因主要是骨料粒径大，骨料颗粒之间的咬合点减少，由此产生的咬合摩擦力及其与水泥浆体的黏结力减小所致，因此，对有一定力学性能要求的透水混凝土，应选择合适的骨料粒径。

（二）力学性能和透水系数的关系

一般透水砖由底层和面层两层组成。透水砖的透水系数最直接的影响因素为材料的空隙率。面层材料一般采用2.36～4.75 mm的单粒径骨料，透水性能比较好，因此透水砖的整体透水性能主要取决于底层材料的透水性能。通过分析，透水砖的抗压强度与透水砖面层水泥用量关系密切，随着面层水泥用量的增加，透水砖的抗压强度也不断提高，而其透水能力却在降低。透水砖抗压强度与面层水泥用量的关系对于透水人行道面砖最关键的控制指标为抗压强度和透水系数，两者是一对矛盾体，如何协调两者的关系是生产控制的重点。通过试验测试，对于透水性能来说，要满足透水系数≥1.0×10 cm/s的要求，底层材料的空隙率要达到28％以上；根据透水砖检测指标来看，要满足透水系数指标时的抗压强度应控制在21MPa以下。因此根据分析，对透水砖所用原材料的骨料当量指标应控制在70％以上，面层水泥用量建议不大于25％。

五、利用建筑垃圾生产再生透水砖

（一）城镇规模日益扩大，建筑垃圾产量水涨船高

建筑垃圾常被人们称作渣土，实际上，城市建设过程中产生的弃土、砖渣、弃料及其他固体废弃物都属于建筑垃圾。近年来，随着城镇规模的日益扩大，房地产开发、工地拆迁、旧城改造等城市工程建设加速发展，建筑垃圾量与日俱增。据统计，每平方米的旧建筑被拆除，将产生0.8 m³的建筑垃圾，大约1.3 t。对于动辄成百上千平方米的拆迁项目，建筑垃圾的体量可想而知。

对于建筑垃圾的处理，除了极少部分被用于施工回填，传统的做法便是将其运往城市周边堆放在建筑垃圾的。运输中，经常有车辆由于意外或操作欠规范出现路面抛撒现象，

给道路交通及周边居民生活带来很大不便。

（二）垃圾搬家不是终点，处理不当易产生多重危害

目前，在一些较大规模的城市外围，建筑垃圾堆山围城已成为突出的问题。据统计，每1000万吨建筑垃圾，占地就达1000余亩。在城市人地关系日益紧张的情况下，建筑垃圾对土地的侵吞势必造成更为严重的人地矛盾。

事实上，对于许多中小城市来说，建筑垃圾堆放仍存在很大余地。不过，垃圾堆放对土地的占用仍是城市管理面临的一大难题。出于工期和成本考虑，城市建筑垃圾处理者往往将清理工作交由清运公司，而清运车辆为了节省运输成本和"进场"费用，渣土车司机经常钻空子，随意在路边、桥下、郊区等处倾倒垃圾。

除了侵占土地，建筑垃圾还会对周边环境造成一些隐性的危害。据介绍，露天堆放的建筑垃圾在外力作用下，较小的碎石块可进入附近的土壤层，能够改变土壤的物质组成，破坏土壤的结构，降低土地生产力。建筑垃圾在堆放过程中，在温度、水分等作用下，某些有机物质发生分解，产生有害气体。此外，垃圾中的细菌、粉尘随风飘散，造成对空气的污染；少量可燃建筑垃圾在焚烧过程中又会产生有毒的致癌物质，造成对空气的二次污染。

（三）复位放错地方的资源，无害化处理变废为宝

为加强城市建筑垃圾管理，促进建筑垃圾资源化利用和产业化合作，我们可以利用建筑垃圾加工生产再生系列骨料和建材，再利用骨料和混凝土制成各类建筑用砖等材料。原本杂乱无章的建筑垃圾，经过专业机械筛分破碎后，进入加工车间，经过高强度压制，再经自然烘干后，便被制成了一块块整齐而坚硬的砖块。

利用建筑垃圾生产再生透水砖，不仅实现了从原材料到生产过程的资源再生和节能环保，而且产品也得到了升级，市场前景巨大。据估算，项目建成后，可实现年均1.5亿元的经济效益。

除了经济效益，建筑垃圾再利用产生的社会效益也是巨大的。据统计，每资源化利用1000万吨建筑垃圾，可节省土地千余亩，减少取土或代替天然砂石百万立方米，节省标准煤50万吨。最重要的是，可减少污染，改善城乡环境，降低可吸入颗粒物和细颗粒物指标。建筑垃圾资源化利用，不仅能够实现变废为宝，对环境的保护作用也是不可替代的。

第四节　建筑垃圾在水泥生产中的应用

目前，国内外对建筑垃圾再利用的研究主要集中在再生骨料及再生混凝土等方面。一方面，回收利用时要经过破碎、清洗、分级等操作工序，不能全成分地利用建筑垃圾；另外，水泥工业是自然资源和能源的消耗大户，也是多种固体废弃物的消纳大户。为了提高建筑垃圾再生利用效率，水泥混合材是建筑垃圾全成分资源化利用寻求的新途径。本节主要介绍国内建筑垃圾在水泥生产应用中所做的部分研究。

一、建筑垃圾用于水泥生产的可行性

水泥粉磨过程中往往掺入某些非煅烧的材料作为水泥替代材料或添加材料，这些添加材料称为水泥混合材料，它们一般为矿渣或其他工业废料。混合材料的掺入具有降低水泥生产成本，提高经济效益，调节水泥强度，改善水泥的凝结、流变、力学和耐腐蚀等性能的作用，以满足不同的工程建筑质量要求。

水泥活性混合材的本质特征是具有直接或潜在的水化活性，即其组成中含有与水接触或在一定的激发条件下能发生水化反应形成胶凝性水化产物的相应组分，这是寻求和开发水泥混合材的基本出发点。废混凝土中含有部分未水化的水泥熟料颗粒，它们经再次粉磨细化后成为细颗粒，具有一定的水化活性。此外，骨料制备和水泥粉磨过程中的机械力作用导致粉体产生大量的新生表面，提高了SiO_2与水泥熟料间的水化反应活性。因此，废混凝土骨料分离后的硬化水泥浆体作为水泥混合材在理论上是可行的。

二、建筑垃圾作水泥混合材的试验研究

建筑垃圾在水泥生产中的利用，节省了土地资源，降低了能耗，解决了垃圾排放问题，变废为宝，符合国家可持续产业发展政策，利国利民，也为解决水泥生产提供了原料。烟台大学研究了利用不同成分的建筑垃圾作为混合材生产水泥。试验表明，当废砖或废混凝土掺量小于15％时，可生产42.5 R或42.5普通硅酸盐水泥。

（一）原材料与试验方法

1.原材料

建筑垃圾：烟台市某旧建筑物的拆除物，主要是粘有砂浆的废砖块、废混凝土和其他

渣土。

水泥与水泥熟料：烟台东源水泥有限公司生产的42.5R普通硅酸盐水泥。该厂的42.5硅酸盐水泥熟料，经试验球磨机粉磨45 min，细度为0.08 mm方孔筛筛余7.7 %，加入5 %二水石膏后。

石膏：工业用二水石膏，SO_3含量42.3 %。

标准砂：国产ISO水泥胶砂强度检验标准砂。

2.试验方法

试验按照水泥生产的方法进行，将建筑垃圾作为水泥混合材与水泥熟料、二水石膏按照设计的配合比共同粉磨制成水泥，然后测定该水泥的强度及其他性能指标。胶砂强度按《水泥胶砂强度检验方法（ISO法）》（GB/T 17671—2021）进行，水泥细度、凝结时间、安定性等指标分别按相应的国家标准进行检测。

考虑到废砖与废混凝土的性质有所差异，所以试验将两者分开，分别探讨对水泥性能的影响。首先，将废砖与废混凝土分别经颚式破碎机破碎至小于15 mm，然后按配合比在试验室试验球磨机中进行粉磨，细度控制在0.08 mm方孔筛筛余7.8 %左右。

（二）试验结果与分析

当建筑垃圾掺量在10%时，试样强度与42.5R普通硅酸盐水泥强度基本相当，掺量为15 %时，也能够达到42.5普通硅酸盐水泥的强度要求，所以从胶砂强度指标来看，建筑垃圾可以作为水泥混合材。但随着建筑垃圾掺量的增大，试样强度下降较大，特别是抗压强度下降更为明显，这表明在大掺量使用建筑垃圾时，应采取一定的措施，如提高水泥细度、加入激发剂等，否则当掺量为25 %时，只能生产32.5级硅酸盐水泥。

当掺废混凝土的试样各龄期强度普遍高于掺废砖的试样，特别是早期强度差距更明显，当掺量为15 %时，A-2试样仍能达42.5R普通硅酸盐水泥的要求，而B-2试样由于早期轻度==强度较低只能达到42.5普通硅酸盐水泥的要求。原因在于，与废砖相比，废混凝土骨料分离后的物料（细骨料和硬化水泥浆体的混合物）中除SiO_2含量较高外，其他化学组成还具有直接的水硬性，也具有潜在的水硬性。

利用建筑垃圾生产水泥，除胶砂强度满足要求外，还应进行凝结时间、安定性等性能检测，水泥凝结时间随着建筑垃圾掺量的增加而延长，废砖试样凝结时间较废混凝土试样长。各试样的凝结时间、安定性均符合水泥的国家标准要求。

建筑垃圾作为水泥混合材是可行的，其掺量与建筑垃圾粉体的组成、性能及水泥熟料的质量有关，一般情况下，建筑垃圾粉体的产量为10 % ~ 15 %。利用建筑垃圾生产水泥，不改变水泥厂原来的生产工艺，利用废物降低了生产成本，技术上可行，经济上合理，在建设节约型社会、大力发展循环经济的今天有着广阔的应用前景。

三、城市建筑垃圾在水泥生产中的应用

（一）我国城市建筑垃圾的现状及危害

随着我国城镇化、工业化发展速度加快，城市建设从外延式开发、大规模旧城改造到住宅小区规模化建设，从城市安居工程、民生工程到基础设施的大量建设，这些项目的建设无一例外都会产生大量的建筑垃圾。据对砖混结构、全现浇结构和框架结构等建筑施工材料损耗的粗略统计，每万平方米建筑施工过程中仅建筑废渣就会产生500～600 t。按此计算，我国每年施工建设所产生和排出的建筑废渣就达2.5亿吨以上。另外，旧城拆迁、建材业所产生的建筑垃圾数量达数亿吨。截至目前，仅河南省郑州市国有土地上的拆迁面积就达63万平方米，如果加上集体土地上的拆迁面积，每年的拆迁量至少超过百万平方米，由此产生的建筑垃圾至少有百万吨。然而，目前我国处理建筑垃圾基本上仍停留在落后简单的填埋式处理上，由于建筑垃圾的不可降解性，填埋式处理将会给社会带来灾难性的后果。且不说此举耗用大量的可耕地和运输费用，还会给环境造成长远的破坏。面对如此严峻的建筑垃圾成灾的局面，如何处理和利用越来越多的建筑垃圾已成为我国各级政府职能部门亟待解决的问题。

（二）利用城市建筑垃圾生产水泥的工业试验

1.生产工艺

实施水泥厂资源化利用城市建筑垃圾项目是一个系统工程，包括城市建筑垃圾分选、配料前预处理、配料、性能检测四个主要步骤。

（1）城市建筑垃圾分选

①城市建筑垃圾分选的目的。对于转运到水泥厂的城市建筑垃圾，必须进行初步分选。其主要目的：首先对有效资源进行回收利用，对城市建筑垃圾中的金属、玻璃、塑料、木材等成分进行分离，将能够回收利用的资源尽可能得到回收和利用；其次是城市建筑垃圾减量化，经过分选后的剩余部分，总重量已经下降，且化学成分也相对比较稳定，这些都有利于下一步的配料前预处理、储存和输送。

②方法与设备。根据新郑市的具体情况，城市建筑垃圾在从建筑工地转运之前已经进行了比较细致的人工分拣。所以，在进入水泥生产线以前，可以采用人工简单分拣，不需要增添设备即可完成。

（2）配料前预处理

①预处理的目的。水泥厂资源化利用城市建筑垃圾就是水泥厂利用现有的破碎、输送、储存设施将城市建筑垃圾进行预粉碎处理后，替代部分混合材料作为资源得到利用。

分拣后的城市建筑垃圾的剩余部分，有可能大块颗粒较多，或者化学成分均匀性较差，不能直接进入配料工序，必须进行大块破碎，校正化学成分，保证其稳定性。

②方法与设备。利用水泥生产线现有的颚式破碎机、皮带输送机、斗式提升机和原料储存仓即可完成对城市建筑垃圾的粉碎处理和均化，以达到其成分稳定的效果。

（3）配料

①配料目的。用经过分拣和预处理的城市建筑垃圾替代部分混合材料，配制符合要求的水泥。

②方法与设备。利用新郑市某水泥厂水泥生产线现有的库底配料变频调速秤和微机配料装置进行配料，储存和配料设备的精确程度完全能够满足本项目配料的要求。

（4）性能检测

①检测目的。对于掺加城市建筑垃圾的水泥产品按照水泥常规的理化指标要求进行检测，总结各项理化数据的变化规律，确定合适的掺加比例。

②方法与设备。水泥厂具有符合国家标准要求，检测水泥各项理化指标的实验室，完全满足试验检测要求。

2.城市建筑垃圾的组成、性质及利用方式

城市建筑垃圾的化学成分与水泥混合材的化学成分有一定的相似性，同时，建筑垃圾中的石灰石成分、水化硅酸盐水泥成分和废弃黏土砖成分等都具有一定的潜在活性。所以，建筑垃圾中的无机渣经粉磨后作为水泥混合材是可行的。根据新郑市某水泥厂城市建筑垃圾生产水泥试验结果，与未添加城市建筑垃圾的对照组相比，添加10%和20%建筑垃圾减少了相应粉煤灰的用量，各项水泥检验指标与对照都比较接近。结果表明，在掺入20%无机渣作为混合材后，比表面积只要达到350m²/kg以上，所生产的硅酸盐系列水泥，各项理化指标均能达到国家标准。

3.分析与结论

以上试验结果表明，在水泥生产中用城市建筑垃圾等量代替水泥混合材中的粉煤灰后，所生产的水泥凝结时间有所缩短，其他理化指标均没有明显变化，而且所生产的水泥使用性能有所改善。

由于城市建筑垃圾作为水泥生产原料，其资源充足、价格低廉，且在处理使用过程中不需增添任何设备，只需支付少量的运输费用，其成本是粉煤灰的四分之一；况且城市建筑垃圾在拆除和预处理过程中，大部分物理结构已被破坏，所以在作为水泥混合材生产水泥的过程中，其易磨性大大增强，从而会使水泥磨单位台时产量提高10%以上。由此算来，每吨水泥生产成本可降低5~8元，按照新郑市某水泥厂的100万吨年生产能力，每年可以为新郑市消化20万吨以上的城市建筑垃圾，同时可增加数百万元的收入。

第十二章　固体废物处理技术

固体废物通常是指人类在生产和生活中丢弃的固体和泥状物质，包括从废水、废气中分离出来的固体颗粒。固体废物有多种分类方法，可以根据其性质、状态和来源进行分类。例如，按其化学性质，可分为有机废物和无机废物；按其危害状况，可分为有害废物和一般废物。欧美等许多国家按来源，将其分为工业固体废物、矿业固体废物、城市固体废物、农业固体废物和放射性固体废物五类。控制固体废物对环境污染和对人体健康危害的主要途径是实行对固体废物的资源化、无害化和减量化处理。固体废物处理技术涉及固体废物的预处理、物理法、化学法、生物法和最终处理等。

第一节　固体废物的概述

固体废物污染已成为当今世界各国所面临的一个共同的重大环境问题，固体废物特别是有害固体废物，如露天堆放或处置不当，其中的有害成分可通过环境介质——大气、土壤、地表或地下水体等直接或间接传至人体，对人体健康造成潜在的、近期的和长期的极大危害。固体废物种类繁多，性质各异，主要来源于工业生产、日常生活、农业生产等领域。随着我国经济社会的高速发展、城市化进程的加快，以及人民生活水平的不断提高，固体废物的产生量逐年增加，大量固体废物露天堆置或填埋，使其中的有害成分经过风化、雨淋、地表径流的侵蚀很容易渗入土壤，引起土壤污染。土壤是许多真菌、细菌等微生物的聚居场所，在大自然的物质循环中这些微生物担负着碳循环和氮循环的一部分重要任务，固体废物中的有害成分能杀死土壤中的微生物和动物，降低土壤微生物的活性，使土壤丧失腐解能力，从而改变土壤的性质和结构，破坏土壤的生态环境，致使土壤被污染。因此，了解不同类型固体废物的特性及处理、处置过程中对土壤可能造成的污染，掌握其控制对策、措施，将有利于固体废物的处理、处置和资源化循环利用。

一、固体废物的概念与特点

（一）固体废物的概念

固体废物的基本定义：人类在生产、生活活动中，因无用或不需要而排入环境的固态物质。

由人类活动产生，是对固体废物的根本界定。同样的物质，由于来源不同，定义范畴也会不一样。比如原始森林中植物的残枝落叶、动物的排泄废物等均不属于固体废物，而因为人类观赏、生活等需要而种植树木、豢养家畜产生的落叶、排泄物等则属于固体废物的范畴。

无用或不需要，是对物质是否废弃的界定。固体废物的可用性随时间、地点会发生变化，因此固体废物具有鲜明的时间和空间特征。

固态，是对物质状态的界定。从广义上讲，根据物质的形态，废物可以分为固态、液态、气态3种，其中不能排入水体的液态废物和不能排入大气的置于容器中的气态废物，由于多具有较大的危害性，在我国被归入固体废物管理体系。因此，固体废物不只是指固态和半固态物质，还包括部分液态和气态物质。

我国在《中华人民共和国固体废物污染环境防治法》（2020年修订）中规定：固体废物是指在生产、生活和其他活动中产生的丧失原有利用价值或者虽未丧失利用价值但被抛弃或者放弃的固态、半固态和置于容器中的气态的物品、物质，以及法律、行政法规规定纳入固体废物管理的物品、物质。通过法规，细致地对固体废物的来源进行限制，以达到界定管理对象、确定产生者责任的目的。

（二）固体废物的特点

1.来源广、数量多

固体废物来源于人类生产、生活的每一个环节。在当今技术条件下进入经济体系中的物质，仅有10％~15％以建筑物、工厂、装置、器具等形式积累起来，其余都变成了废物，所以物质和能源的消耗量越多，废物产生量就越大。

2.种类繁杂、成分多变

由于固体废物的界定具有很大的主观性及产生源的多途径，因此其种类构成繁杂，有人说："垃圾为人类提供的信息几乎多于其他任何设备。"所以，受来源、季节、生产方式、生活习惯等多种因素的影响，固体废物的成分不仅复杂，而且多变。

3.错位性

固体废物是一种"摆错位置的财富"。例如，冶炼厂生产过程中产生的灰渣，是用来生产砖、矿渣棉和其他建筑砌块的良好材料，对其合理利用不仅能够节省土地资源，更是工业废渣的妥善去处。

4.危害的特殊性与严重性

固体废物污染具有长期性、间接性。固体废物不易流动，难以扩散，挥发性差，因而很难为外界所自净或同化。堆放场中的垃圾一般需要10~30年的时间才可趋于稳定，长期堆积，必然会对周围环境带来持续污染和破坏。另外，固体废物通常很少直接对环境进行污染，大多数情况下是通过物理、化学、生物及其他途径，转化为其他污染形式而对环境进行污染和破坏的。因此，固体废物是各种污染的"源头"。

固体废物污染的严重性。由于固体废物种类繁多，且具有易燃性、易爆性、腐蚀性、有毒性、反应性等特点，在固体废物的收集、运输、处理处置过程中，固体废物的各种污染因子会通过环境介质进入人体，对人体健康带来极大危害。

（三）固体废物所带来的危害

固体废物会导致非常严重的危害，主要有以下几种。第一，会对土壤产生危害。当前我国很多城市虽然设立了专门的垃圾处理场所，然而依旧会对农田等造成危害，如果固体废物当中的有害物质向土壤当中深入，可能会改变土壤的性质和结构，这些性质和结构的改变在短时间内无法看出来，然而在这些土壤当中进行农作物的种植，可能会导致有害物质富集，通过食物链进入人体。第二，会导致水体污染。如果固体废弃物被抛入河流湖泊及海洋中，不单单会对水体造成污染，还有可能改变水生植物的生存环境，打破水中的生态平衡，在排放固体废物的过程中，可能会缩减江河湖泊的面积，使其灌溉能力降低，也会影响航运。再次，会对大气造成一定的污染。一般情况下，固体废物不会产生较大的污染，而通过实践发现，固体废物存在一定的颗粒，在风的条件下，这些颗粒会影响大气环境，当湿度和温度达到一定要求的时候，固体废物会出现氧化分解，释放一些毒气或者具有刺激性的气体，导致空气质量下降，在掩埋固体废物的过程中可能会出现污染周围环境的情况。最后，会对景观产生很大的影响。在对废物进行处理的时候，很多城市不重视处理的效率，导致处理的过程中耗时比较长，且处理得也并不彻底，导致出现了很多处理死角，而这些死角不单单导致环境被污染，也导致人们视觉上的污染，在一定程度上直接破坏了我国的形象。

二、固体废物的来源与分类

固体废物产生于人类的生产和消费活动中，主要来源于工矿业固体废物、农林业固体废物和城市垃圾等。

固体废物的分类方法很多，按组成可分为有机废物和无机废物；按形态可分为固体（块状、粒状、粉状）和泥状（污泥）废物；按来源可分为工业废物、矿业废物、城市垃圾、农业废物和放射性废物；按其危害状况可分为有害废物和一般废物。常见的，人们是按其来源对固体废物进行分类的。

1.工业固体废物

工业固体废物就是从工矿企业生产过程中排放出来的废物，通常又叫废渣。工业废渣主要包括：

（1）冶金废渣。金属冶炼过程中或冶炼后排出的所有残渣废物，如高炉矿渣、钢渣、有色金属渣、粉尘、污泥和废屑等。

（2）采矿废渣。在各种矿石、煤炭的开采过程中产生的矿渣的数量是极其庞大的，包括的范围很广，有矿山的剥离废渣、掘进废石和各种尾矿等。例如，每采1 t原煤要排煤矸石0.2 t左右，若包括掘进矸石，则平均产矸石1t。矿石在精选精矿粉后，剩余的废渣称为尾矿，每选1t精矿粉要产生0.5～1.0 t的尾矿。我国每年排放的煤矸石达1.10×10^9 t，金属尾矿1.00×10^9 t。

（3）燃料废渣。燃料废渣主要是工业锅炉，特别是燃煤的火力发电厂排出大量粉煤灰和煤渣，每1万千瓦时发电机组每年产生的灰渣量为9.00×10^3～1.00×10^4 t。我国每年排放的粉煤灰和煤渣数量达1.15×10^9 t。

（4）化工废渣。化学工业生产中排出的工业废渣主要包括电石渣、碱渣、磷渣、盐泥、铬渣、废催化剂、绝热材料、废塑料和油泥等。这类废渣往往含大量的有毒物质，对环境的危害极大。我国每年排放的化工废渣数量达1.70×10^7 t。

（5）建材工业废渣。建材工业生产中排出的工业废渣有水泥、黏土、玻璃废渣、砂石、陶瓷和纤维废渣等。

在工业固体废物中，还包括机械工业的金属切削物、型砂等；食品工业的肉、骨、水果和蔬菜等废弃物；轻纺工业的布头、纤维和染料；建筑业的建筑废料等。

2.农业固体废物

农作物收割、畜禽养殖和农产品加工过程中要排出大量的废弃物，主要是农作物秸秆和畜禽类粪便等。

3.放射性固体废物

放射性固体废物包括核燃料生产、加工，同位素应用，核电站、核研究机构、医疗单位和放射性废物处理设施产生的废物。例如，污染的废旧设备、仪器、防护用品、废树脂、水处理污泥和蒸发残渣等。

4.城市垃圾

这类固体废物主要是由居民生活及机关团体和其他公共设施（医院、公园、商店及市政部门）产生的固体废物，主要是废纸、厨房垃圾（如煤灰、食物残渣等）、废塑料、废电池、树叶、脏土、碎砖瓦和污水污泥等，这类固体废物与农业环境的关系较为密切。

5.有害固体废物

有害固体废物，国际上称之为危险固体废物。这类废物泛指除放射性废物以外，具有毒性、易燃性、反应性、腐蚀性、爆炸性和传染性，因而可能对人类的生活环境产生危害的废物。基于环境保护的需要，许多国家将这部分废物单独列出加以管理。另外，联合国环境规划署已经将有害废物污染控制问题，列为全球重大的环境问题之一。

6.危险废物

危险废物是指列入国家危险废物名录或者根据国家规定的危险废物鉴别标准和鉴别方法认定的具有危险特性的废物。主要来源于化学工业、炼油工业、金属工业、采矿工业、机械工业、医药行业及日常生活活动过程中，各行业中危险废物的有害特性不尽相同，且成分也很复杂。

三、固体废物对环境的影响

（一）侵占土地

固体废物产生以后，需要占用大量土地进行堆放处理。据估计，堆积 1×10^4t固体废物约占用0.067 hm²的土地，随着城市垃圾、矿业废料、工业废渣等侵占越来越多的土地，会直接影响农业生产、妨碍城市环境卫生，同时固体废物掩埋大量绿色植物，大面积破坏了地球表面的植被。

（二）污染土壤

土壤是大量细菌、真菌等微生物聚居的场所，这些微生物与周围环境组成了一个生物系统，在大自然的物质循环中，细菌和真菌担负着碳循环和氮循环的重要任务。

固体废物露天堆放，会占用大量土地，而且其有毒有害的成分也会渗入土壤之中，特别是有害固体废物，经过风化、雨淋，使土壤酸化、碱化、毒化，破坏土壤中微生物的生存条件，影响土壤生物系统的平衡，降低土壤的腐解能力，进而改变土壤的性质与结构，阻碍植物根系的生长发育，部分有毒有害物质随食物进入食物链，富集到人体内，最终对人体产生伤害。闻名于世的公害事件"痛痛病"就是由于日本神岗矿山排放的废物、废水中含有大量的重金属镉，污染了当地的土壤而产生地。

（三）污染水体

固体废物对水体的污染途径有两两种：①直接把水体作为固体废物的接纳体，将大量固体废物倾倒于河流、湖泊、海洋，从而导致水体的直接污染；②由于固体废物与雨水、地表水接触，废物中的有毒有害物质渗滤出来，使水体受到污染。

（四）污染大气

固体废物在堆存、处理处置过程中会产生有害气体，对大气产生不同程度的污染。如固体废物中的尾矿、粉煤灰、干污泥和垃圾中的尘粒随风进入大气中，直接影响大气能见度和人体健康。废物在焚烧时所产生的粉尘、酸性气体、二噁英等，也直接影响着大气环境的质量。此外，垃圾在腐化过程中，产生大量氨、甲烷和硫化氢等有害气体，浓度过高会形成恶臭，严重污染大气环境。

（五）影响环境卫生

工业废渣、城市垃圾堆放在城市的一些死角，以及随处乱扔的塑料瓶、塑料袋等，严重影响城市容貌和环境卫生，对人的健康构成潜在的威胁。

四、固体废物的管理

根据我国多年来的管理措施，并借鉴国外的经验，笔者认为应从以下两方面来做好我国的固体废物管理工作。

（一）划分有害废物与非有害废物的种类与范围

目前，许多国家都对固体废物实施分类管理，并且都把有害废物作为重点，依据专门制定的法律和标准实施严格管理，通常采用以下两种方法。

1.名录法

"名录法"是根据经验与实验，将有害废物的品名列成一览表，将非有害废物列成排除表，再由国家管理部门以立法形式予以公布。此法使人一目了然，方便使用。我国2021年1月1日修订实施的《国家危险废物名录（2021年版）》中共涉及47类废物，其中包括医药废物、医院临床废物、农药废物、含重金属废物、废酸、废碱和石棉废物等。

2.鉴别法

"鉴别法"是在专门的立法中对有害废物的特性及其鉴别分析方法以"标准"的形式予以规制，依据鉴别分析方法，测定废物的特性，如易燃性、腐蚀性、反应性、放射性、浸出毒性及其他毒性等，进而判断其属于有害废物或非有害废物。目前，我国已制定颁布的《国家危险废物名录（2021年版）》中，包括腐蚀性鉴别、急性毒性的初筛和浸出毒性鉴别三类。凡《国家危险废物名录（2021年版）》中所列废物类别高于鉴别标准的属危险废物，列入国家危险废物管理范围，低于鉴别标准的，不列入国家危险废物管理范围。

（二）完善固体废物法和加大执法力度

《固体废物污染环境防治法》（以下简称《固废法》）于2020年4月29日召开的第十三届全国人民代表大会常务委员会第十七次会议进行了第二次修订，自2020年9月1日起施行，为进一步打好污染防治攻坚战提供更有力的法治保障。近年来，我国持续加强对固体废物污染环境违法犯罪行为的打击力度，不断改善基层环境秩序。

新《固体废物污染环境防治法》是健全最严格最严密生态环境、保护法律制度和强化公共卫生法治保障的重要举措。其对固体废物违法犯罪行为提出了更严格的惩罚措施，完善了工业固体废物、生活垃圾、危险废物、建筑垃圾、农业固体废物等污染环境防治制度，健全了保障机制，严格了法律责任。新《固体废物污染环境防治法》还加大了对固体废物管理不合规的处罚力度，普遍提高了违法行为的处罚金额，最高可罚至500万元，并增加了按日连续处罚、行政拘留、查封扣押等执法措施。

自2018年以来，肇庆从市一级到各县（市、区）密集实施了一系列专项整治行动，对固体废物的产生、贮存、运输、处置情况开展全链条排查整治，重拳打击固废违法犯罪行为。过去两年，我市各地查处了近20宗非法倾倒固体废物的违法犯罪行为，依法处理了一批违法犯罪人员，基层环境秩序得到明显改善。

固体废物处理涉及环境的专业知识，为了提高企业相关知识水平，维护基层环境安全，目前肇庆市建立了危险废物规范化管理第三方监督制度。通过招标，确定由广东省环境科学研究院和肇庆市武大环境技术研究院为第三方单位开展监督工作，两个机构除了到涉废企业开展规范化检查，还会进行培训。

所以，建立固体废物管理法规是固体废物管理的主要方法，这已被世界上许多国家的经验所证实。

五、固体废弃物的综合利用和资源化

冶金、电力、化工、建材和煤炭等工矿行业在国民经济中占重要地位，所产生的固体废物，如冶金渣、粉煤灰、炉渣、化工渣、煤矸石和尾矿粉等，不仅数量大，还具有再利用的良好性能，受到国内外广泛重视。我国由于长期采用粗放型生产方式，单位产品的固体废物产生量较大。因此，固体废物的综合利用和资源化具有重要的现实意义。

将固体废物作为原材料和能源资源加以开发利用是得到迅速发展、最有效的处理和利用固体废物的方法，也可以视作一种最终处置。由于冶炼渣、粉煤灰、炉渣和煤矸石等化学成分及其他技术性质类似于多种天然资源，可在建筑材料、冶金原料、农用和回收能源方面找到广阔的利用途径。

（一）用作建筑材料

工业及民用建筑、道路、桥梁等土木工程每年都会耗用大量沙、石、土和水泥等材料。可用于生产各种建筑材料的固体废物如表12-1所示。

表12-1　可用于生产建筑材料的固体废物

建材品种	主要可利用的固体废物类型
水泥：可用于生产配料、混合材料、外渗剂等	相当于石灰成分的废石、铁或铜的尾矿粉，粉煤灰、锅炉渣、高炉渣、煤矸石、钢渣、铜渣、铅渣、镍渣、赤泥、硫酸渣、铬渣、油母页岩渣、碎砖渣、水泥窑灰、废石膏、电石渣、铁合金渣等
砖瓦：烧制、蒸制或高压蒸制砖瓦	铁和铜的尾矿粉、煤矸石、粉煤灰、锅炉渣、高炉渣、钢渣、铜渣、镍渣、赤泥、硫酸渣、电石渣等；铬渣、油母页岩渣等只能用作烧制砖瓦
砌块、墙砖及混凝土制品	废石膏、锅炉渣、高炉渣、电石渣、废石膏、铁合金水渣等
混凝土骨料：普通混凝土及轻质混凝土骨料	化学成分及体积固定的各种废石、自然或焙烧膨胀的煤矸石、粉煤灰陶粒、高炉重矿渣、膨胀矿渣、膨珠、水渣、铜渣、膨胀镍渣、赤泥陶粒、烧胀页岩、锅炉渣、碎砖、铁合金水渣等
道路材料：用于垫层、路基、结构层、面层	化学成分及体积固定的废石、铁和铜的尾矿粉、自燃后的煤矸石、粉煤灰、锅炉渣、高炉渣，钢、铜、铅、镍、锌渣，赤泥、废石膏、电石渣等
铸石及微晶玻璃	类似玄武岩，辉绿岩的废石、煤矸石、粉煤灰、高炉渣、铜渣、镍渣、铬渣、铁合金渣等
保温材料	高炉渣棉及其制品，高炉水渣、粉煤灰及其微珠等
其他材料	高炉渣可作耐热混凝土骨料、陶瓷及搪瓷原料，粉煤灰作塑料填料，铬渣作玻璃着色剂等

（二）用作冶炼金属的原料

在某些废石、尾矿和废渣中常常含有一定量的有用金属元素或冶炼金属所需的辅助成分，将其作为冶金原料，不仅可解决这些固体废物对环境的危害，还可收到良好的经济效益。可用于冶炼、回收相应金属的固体废物如表12-2所示。

表12-2　可用于冶炼和回收金属的固体废物

冶金和回收金属	固体废物类型
作炼铁原料	废钢铁、钢渣、钢铁尘泥、含铁量高的硫酸渣、铅锌渣、铜镍渣等
作炼铁溶剂	转炉钢渣、平炉和电炉还原渣等
磁选回收铁	煤矸石、粉煤灰、钢铁渣等
回收有色金属	铜、铅、锌、镍渣和粉煤灰等
回收金、锗、银、铟	煤矸石、粉煤灰、铅锌渣等
回收汞	盐泥、含汞废水污泥等

（三）回收能源

从含有可燃质的煤矸石、粉煤灰和炉渣中回收有用的能源，也是处理和利用固体废物的一种方法。煤矸石的热值为800～8000，在粉煤灰和锅炉渣中常含有10%以上的未燃尽炭，可从中直接回收炭或用以和黏土混合烧制的砖瓦，既可节省黏土，又节省能源。某些有机废物可通过一定的配料制取沼气回收能源。

（四）用作农肥、改良土壤

固体废物常含有一定量促进植物生长的肥分和微量元素，并具有改良土壤结构的作用，例如，钢铁渣、粉煤灰和自燃后的煤矸石所含的硅、钙等成分，可增强植物的抗倒伏能力，起到硅钙肥的作用；钢渣中的石灰可对酸性土壤起中和作用，磷起磷肥作用；含有铁、镁、钾、锰、铜等元素和钴、钼等微量元素的废渣，可促进植物苗壮成长；粉煤灰形似土壤，透气性好，它不仅对酸性土壤、黏性土壤和盐碱地有改良作用，还可以提高土壤上层的表面温度，起到保墒、促熟和保肥作用。

六、城市固体废物处理技术及资源化利用途径

（一）固废处理技术的现状

我国对固体废物进行处理方面的技术，依然处于发展阶段，还需要重视一些技术的强化和管理的细节，因为固体废弃物的分类放置没有得到合理的细化，对垃圾的处理和回收产生了较大的影响，固体废弃物处理方面依照物质的性质可以使用预处理、焚烧、堆肥、化学处理等方式，然而在实际操作过程中，人们没有正确地认识生活、生产垃圾，没有有效地进行处理，政府没有投入足够的资金对垃圾处理机制进行强化，导致处理不彻底，很

多无机污染物和有机污染物进行了混合堆肥，没有合理进行燃烧，相关的监督部门没有充分履行自己的义务，导致固体废弃物在处理过程中对空气质量产生影响，也污染了土壤和水质。

（二）固体废物资源化利用的途径

预处理技术主要是指在固体废物进行后期处理之前先进行的技术。预处理技术最重要的一项内容就是分类，主要是对垃圾的成分进行分类。依照特性区分垃圾，分为红、黄、绿三个等级，绿色主要指的是一些可回收物质，而红色主要指的是有毒物质，黄色为不可回收物质。在资源化处理的过程中，垃圾分选是非常重要的，相关人员一定要了解垃圾的属性。与此同时，在预处理的过程中，还需要包含破碎和压实等过程，将垃圾的体积和形态改变，这样方便垃圾进行存储和运输，也为后期的固体废物焚烧、填埋、综合处理打下坚实的基础。其次为堆肥和厌氧发酵技术，垃圾堆肥技术依照生物发酵的方式，可以分为好氧堆肥和厌氧堆肥，依照垃圾的状态可以分为动态堆肥和静态堆肥，较为合理的一种方式是高温动态堆肥，然而在处理过程中可能会消耗大量的资金，堆肥技术是让垃圾减量化、资源化处理的一种重要方式，主要通过微生物对垃圾当中的有机成分进行分解，再降解。堆肥的时候可以调节生物的降解速率，加快生物降解，这需要一定的物质组成，在氧气、细菌、有机物的条件下，进一步分解腐蚀固体废物，所以想让降解率提高，就一定要进一步分析氧气、有机物、细菌的组成配比，合理地加入一定的调节剂，在堆肥的过程中投入其中，让降解的速度加快，也可以疏松堆肥的结构，加快空气流通，让氧气的含量增加，帮助生物进一步进行降解。另外，还有化学法处理技术，对一些有毒物质和不可回收物质，可以利用化学综合处理的方式进行处理，然而这种方式的特点在于资金使用多，而且技术要求高，在环境的保护和治理方面起到了重要的作用，主要包含了化学处理，也就是用于对无机废物进行处理，比如一些乳化油、重金属废液、氰化物等，在处理的过程中还会用到氧化还原等方式。物理处理的方式主要有各种分离或者固化技术，固化工艺主要是在其处理的时候出现残渣，焚烧处理的物质适合用于对一些含重金属废渣、工业石棉、工业粉尘等的物质处理。

在未来发展过程中，一定要让环境保护的技术提高，进一步科学地治理固体废弃物，改变政府统一治理的方式，进一步让环境治理工作市场化，并将一些企业和个体经营户引入其中，通过承包的方式进行处理，政府只需要提供一些优惠资金支持和一些先进技术支持。通过市场化的方式进行处理，能够进一步提高垃圾处理的效率，并且需要呼吁广大群众减少垃圾排放，保护环境，对固体废物资源化利用体系进行完善，进一步整合工业生产结构，加强废物利用，在治理环境的过程中，将固体废弃物的价值充分地发挥出来，对企业的生产成本进行控制，保证企业的可持续发展。

当前，我国越来越重视环境治理和环境保护，并且制定了相应的环境策略，在城市固体废物处理的过程中，一定要通过合理的手段对其进行处理，对环境污染的侵害进行控制，保证我国的可持续化发展。

第二节　固体废物的处理与处置技术

固体废物处理通常是指通过物理、化学、生物和物化方法把固体废物转化为适于运输、贮存、利用或处置的过程，固体废物处理的目标是无害化、减量化和资源化。目前采用的主要方法包括压实、破碎、分选、固化、焚烧和生物处理等。因技术原因或其他原因无法利用或处理的固态废物，是终态固体废物。终态固体废物的处置，是控制固体废物污染的末端环节，是解决固体废弃物的归宿问题。处置的目的和技术要求是使固体废物在环境中最大限度地与生物圈隔离，避免或减少其中的污染组成对环境的污染与危害。终态固体废弃物可分为海洋处置和陆地处置两大类。

一、控制固体废物污染的技术政策

我国固体废物污染控制工作起步较晚，开始于20世纪80年代初期。由于技术力量和经济力量有限，当时还不可能在较大范围内实现"资源化"。因此，有关部门从"着手于眼前，放眼于未来"出发，提出了以"资源化""无害化""减量化"作为控制固体废物污染的技术政策，并确定以后较长一段时间内应以"无害化"为主。

将固体废物中可利用的那部分材料充分回收利用是控制固体废物污染的最佳途径，但需要较大的资金投入，并需有先进的技术作先导。我国固体废物处理利用的发展趋势必然是从"无害化"走向"资源化"，"资源化"是以"无害化"为前提的，"无害化"和"减量化"则应以"资源化"为条件，这是毫无疑问的。

（一）无害化

固体废物"无害化"处理的基本任务是将固体废物通过工程处理，使其不损害人体健康，不污染自然环境（包括原生环境与次生环境）。

目前，废物"无害化"处理工程已经发展成为一门崭新的工程技术。例如，垃圾的焚烧、卫生填埋、堆肥、粪便的厌氧发酵、有害废物的热处理和解毒处理等。其中，"高温快速堆肥处理工艺""高温厌氧发酵处理工艺"在我国都已达到实用程度，"厌氧发酵工艺"用于废物"无害化"处理工程的理论也已经基本成熟，具有我国特点的"粪便高温厌氧发酵处理工艺"，在国际上一直处于领先地位。

（二）减量化

固体废物"减量化"的基本任务是通过适宜的手段减少固体废物的数量和体积。这一任务的实现，需从两个方面着手：一是对固体废物进行处理利用；二是减少固体废物的产生。对固体废物进行处理利用，属于物质生产过程的末端，即通常人们所理解的"废弃物综合利用"，我们称之为"固体废物资源化"。例如，生活垃圾采用焚烧法处理后，体积可减小80 % ~ 90 %，余烬便于运输和处置。固体废物采用压实、破碎等方法处理也可以达到减量、方便运输和处理处置的目的。

（三）资源化

固体废物"资源化"的基本任务是采取工艺措施从固体废物中回收有用的物质和能源，固体废物"资源化"是固体废物的主要归宿。相对于自然资源来说，固体废物属于"二次资源"或"再生资源"范畴，虽然它一般不具有原始使用价值，但是通过回收、加工等途径，可以获得新的使用价值。"资源化"应遵循的原则是："资源化"技术是可行的；"资源化"的经济效益比较好，有较强的生命力；废物应尽可能在排放源就近利用，以节省废物在贮放、运输等过程的投资；"资源化"产品应当符合国家相应产品质量标准，具有一定的竞争力。

二、固体废物的处理技术

固体废物处理和利用的总原则是先考虑减量化、资源化，以减少固体废物的产生量与排出量，后考虑适当处理以加速物质循环。不论前面处理得如何完善，总要残留部分物质，因此最终处置是不可缺少的。

（一）减量化法

据粗略统计，目前我国矿物资源利用率仅为50 % ~ 60 %，能源利用率为30 %，有40 % ~ 50 %没有发挥生产效益而变成废物，既污染环境，又浪费大量宝贵资源，其他行业也是如此。因此，加强技术改造，提高资源的利用效率，减少固体废物的产生大有可为。减量化法一般有以下三种方法。

（1）通过改变产品设计，开发原材料消耗少、包装材料省的新产品，并改革工艺强化管理，减少浪费，以减少产品物质的单位耗量。

（2）提高产品质量，延长产品寿命，尽可能减少产品废弃的概率和更换次数。

（3）开发可多次重复使用的制品，使制成品循环使用以取代只能使用一次的制成品，如包装食品的容器和瓶类。

（二）资源化法

资源化法是通过各种方法从固体废物中回收或制取物质和能源，将废物转化为资源，即转化为同一产业部门或其他产业部门新的生产要素，同时能够保护环境的方法。其具体利用途径有以下几个方面：

1.用作工业原材料

例如，从尾矿和废金属渣中回收金属元素。南京矿务局等单位利用含铝量高、含铁量低的煤矸石制作铝铵钒、三氧化二铝、聚合铝和二氧化硅等产品，从剩余滤液中提取锗、镓、铀、钒和钼等稀有金属。

2.回收能源

我国每年排放的煤矸石中，有 3.00×10^7 t热值在6276kJ/kg以上，可作沸腾炉燃料用于发电，每年可节约大量优质煤。鹤岗、本溪等地还用煤矸石制造煤气、回收能源。此外，还有垃圾填埋、焚烧回收能源及从有机废物分解回收燃料油、煤气及沼气等回收能源的方法。

3.用作土壤改良剂和肥料

实践证明，用粉煤灰改良土壤，对酸性土、黏性土和弱盐碱地都有良好效果，可使粮食增产10 %～30 %，对水果、蔬菜也有增产效果。德国研究了用铜矿渣粉作肥料进行盆栽和大田的铜肥肥效试验，结果表明，凡施用铜矿渣粉的都增产。许多试验和实践表明，硫铁矿渣内含有多种有色金属，可作为综合微量元素肥料，同样具有明显的效果。

4.直接利用

例如，各种包装材料的直接利用。

5.用作建筑材料

利用矿渣、炉渣和粉煤灰等，可制作水泥、砖和保温材料等各种建筑材料，也可作道路和地基的垫层材料。我国传统的墙体材料是黏土砖，每生产 1.00×10^8 块砖，需挖良地6.66 hm²，用煤 1.00×10^4 t，而我国每年的砖产量达数千亿块，这对我国宝贵的耕地是一个不小的威胁，但是各种固体废物大部分可以在建筑材料生产方面找到用途，这对于保护土地资源、改善环境具有重要意义。

（三）处理法

固体废物通过物理、化学、生物化学的方法，使其减容化、无害化、稳定化和安全化，以加速物质在环境中的再循环，减轻或消除环境污染。

1.物理处理

物理处理是通过浓缩或化改变固体废物的结构，使之成为便于运输、贮存、利用或处置的形态。物理处理方法包括压实、破碎、分选、增稠、吸附和萃取等。物理处理往往作为回收固体废物中有用物质的重要手段。

2.化学处理

化学处理是采用化学方法破坏固体废物中的有害成分从而达到无害化，或将其转变成为适于进一步处理、处置的形态。由于化学反应条件复杂，影响因素较多，故化学处理方法通常只用在所含成分单一或所含几种化学成分特性相似的废物处理方面，对于混合废物，化学处理可能达不到预期的效果。化学处理方法包括氧化、还原、中和、化学沉淀和化学溶出等。有些有害固体废物，经过化学处理还可能产生富含毒性成分的残渣，因此须对残渣进行解毒处理或安全处置。

3.生物处理

生物处理是利用微生物分解固体废物中可降解的有机物，从而达到无害化和综合利用。固体废物经过生物处理，在容积、形态、组成等方面，均发生重大变化，因而便于运输、贮存、利用和处置。生物处理方法包括好氧处理、厌氧处理、兼性厌氧处理。与化学处理方法相比，生物处理在经济上一般比较便宜，应用也相当普遍，但处理所需时间较长，处理效率有时不够稳定。

（1）堆肥化。

堆肥化是依靠自然界广泛分布的细菌、放线菌和真菌等微生物，人为地促进可生物降解的有机物向稳定的腐殖质生物转化的过程。堆肥化的产物称作堆肥，是一种具有改良土壤结构，增大土壤溶水性、减少无机氮流失、促进难溶磷转化为易溶磷、增加土壤缓冲能力，提高化学肥料的肥效等多种功效的廉价、优质土壤改良肥料。根据堆肥化过程中微生物对氧的需求关系可分为厌氧（气）堆肥与好氧（气）堆肥。其中，好氧堆肥因具有堆肥温度高、基质分解比较彻底、堆制周期短、异味小等优点而被广泛采用。按照堆肥方法的不同，好氧堆肥又可分为露天堆肥和快速堆肥两种方式。现代化堆肥生产通常由前处理、主发酵（一次发酵）、后发酵（二次发酵）、后处理、贮藏五个工序组成。其中，主发酵是整个生产过程的关键，应控制好通风、温度、水分、碳氮比、碳磷比及pH等发酵条件。

（2）沼气化。

沼气化亦称厌氧发酵，是固体废物中的碳水化合物、蛋白质和脂肪等有机物在人为控制的温度、湿度、酸碱度的厌氧环境中经多种微生物的作用生成可燃气体的过程。该技术在城市下水污泥、农业固体废物和粪便处理中得到广泛应用。它不仅对固体废物起到稳定无害的作用，更重要的是可以生产便于贮存和有效利用的能源。

据估计，我国农村每年产农作物秸秆 5 亿吨，若用其中的一半制取沼气，每年可生产沼气 $5.00 \times 10 \sim 6.00 \times 10^{10}\ m^3$，除满足农民生活用燃料之外，还可余 $6.00 \times 10 \sim 1.00 \times 10^{10}\ m^3$。由此可见，沼气化技术是控制污染、改变农村能源结构的一条重要途径。

（3）废纤维素糖化技术。

废纤维素糖化技术是利用酶水解技术使之转化成单体葡萄糖，然后可通过化学反应转化为化工原料或通过生化反应转化为单细胞蛋白或微生物蛋白。天然纤维素酶的水解顺序如图12-1所示。

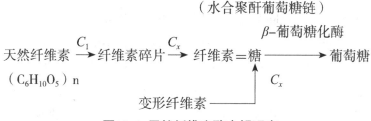

图12-1　天然纤维素酶水解顺序

结晶度高的天然纤维素在纤维素酶C_1的作用下分解成纤维素碎片（降低聚合度），经纤维素酶C_x的进一步作用而分解成聚合度小的低糖类，最后靠β-葡萄糖化酶作用分解为葡萄糖。

据估算，世界上纤维素年净产量约 $1.00 \times 10^{11}\ t$，废纤维素资源化是一项十分重要的世界课题。日本、美国已成功地开发了废纤维糖化工艺流程，目前在技术上可行，经济效果还需论证。因此，开发成本低的处理方法，寻找更好的酶种，提高酶的单位生物分解能力，改善发酵工艺等问题有待进一步探索。

（4）废纤维素饲料化。

废纤维素饲料化技术不需要糖化工序，而是将废纤维经微生物作用，直接生产单细胞蛋白或微生物蛋白。目前，废纤维素饲料化生产单细胞蛋白质在技术上是可行的，但在经济上要具有竞争性，仍是有待解决的课题。

（5）细菌浸出。

化能自养菌将亚铁氧化为高铁、将硫及还原性硫化物氧化为硫酸从而取得能源，从空气中摄取二氧化碳、氧、水及其他微量元素（如氮、磷等）合成细胞质。这类细菌可生长在简单的无机培养基中，并能耐受较高金属离子和氢离子浓度。利用化能自养菌这种独特的生理特性，从矿物料中将某些金属溶解出来，然后从浸出液中提取金属的过程，通称为细菌浸出。该法主要用于处理铜的硫化物和一般氧化物为主的铜矿和铀矿废石，回收铜和铀，对锰、砷、镍、锌、钼及若干种稀有元素的回收也有应用前景。目前，细菌浸出在国内外得到大规模工业应用。

4.热处理

热处理是通过高温破坏和改变固体废物组成和结构,同时达到减容、无害化或综合利用的目的。热处理方法包括焚化、热解、湿式氧化、焙烧、烧结等。

(1)焚烧处理。

焚烧处理即在高温(800~1000 ℃)条件下,通过燃烧,使固体废物中的可燃成分转化成惰性残渣,同时回收热能的处理方式。这对处于能源危机的世界来说无疑有重要作用,也是近年来这项技术在发达国家得以广泛应用的原因。通过燃烧,可使固体废物进一步减容,城市垃圾经燃烧后可使体积减少80 %~90 %,重量降低75 %~80 %,同时可以较彻底地消灭各种病原体,消除腐化源。相比之下,燃烧处理焚烧占地小;焚烧对垃圾处理彻底,残渣二次污染危险较小;焚烧操作是全天候的,不受天气影响;焚烧可选择在接近垃圾源的地方,节约运输费用;焚烧的适用面广,除城市垃圾以外的许多城市废物也可以采用焚烧方法进行净化。但是,燃烧处理也有明显缺陷。首先,仍然存在二次污染,燃烧仍然要排出灰渣、废气,特别是近年来出现的二噁英,其毒性比氰化物大1000倍;其次,是单位投资和处理运转成本较高;最后,就是对废物有一定要求,即要求其热值至少大于4000 kJ/kg。对经济不发达的国家来说,城市垃圾几乎都达不到此要求,故很难普遍推广使用。

燃烧一般要经历脱水、脱气、起燃、燃烧和熄灭等过程。控制此过程的因素主要有三个,即时间、温度和燃料与空气混合的湍流混合程度(习惯称三T)。一般认为,燃烧时间与固体废物粒度的平方近似成正比,粒度越细,其与空气的接触面积越大,燃烧进行就越快,废物停留时间就越短。另外,燃烧中氧气浓度越高,燃烧速度和质量就越高,因此必须使燃料中有足够的空气流动,燃料与空气的湍流混合度越高,对燃烧的进行就越有利。

一般来讲,燃烧的工艺包括固体废物的贮存、预处理、进料系统、燃烧室、废气排放与污染控制、排渣、监控测试和能源回收等系统。

(2)热解。

热解是将有机物在无氧或缺氧条件下高温(500~1000 ℃)加热,使之分解为气、液、固三类产物。气态的有氢、甲烷、碳氢化合物和一氧化碳等可燃气体;液态的有含甲醇、丙酮、醋酸、乙醛等成分的燃料油;固态的主要为固体碳。该法的主要优点是能够将废物中的有机物转化为便于贮存和运输的有用燃料,而且尾气排放量和残渣量较少,是一种低污染的处理与资源化技术。

(3)湿式氧化。湿式氧化法又称湿式燃烧法。它是指有机物料在有水介质存在的条件下,加以适当的温度和压力进行的快速氧化的过程。有机物料应为流动状态,可以用泵加入湿式氧化系统。由于有机物的氧化过程是放热过程,所以反应一旦开始,就会在有机物氧化放出的热量作用下自动进行，而不需要投加辅助燃料。排放的尾气中主要含有二氧化碳、氮、过剩的氧气和其他气体，液体中包括残留的金属盐类和未完全反应的有机物。有机物的氧化程度取决于反应温度、压力和废物在反应器内的停留时间。增加温度和压力可以加快反应速度，提高COD的转化率，但温度最高不能超过水的临界温度。

5.微波处理

最新研究结果表明，微波技术在放射性废物处理、土壤去污、工业原油和污泥等的处理方面可以成功地应用。目前虽然只是处于实验室的研究阶段，但有关专家指出，微波技术在以后肯定能发挥其在废物处理方面应有的潜力。

三、固体废物处置的方法

固体废物处置是指最终处置或安全处置，是固体废物污染控制的末端环节，是解决固体废物的归宿问题。固体废物处置方法包括海洋处置和陆地处置两大类。

（一）海洋处置

海洋处置主要分为海洋倾倒与远洋焚烧两种方法。近年来，随着人们对保护环境生态重要性认识的加深和总体环境意识的提高，海洋处置已受到越来越多的限制。

（二）陆地处置

陆地处置包括土地耕作、工程库或贮留池贮存、土地填埋及深井灌注几种，其中土地填埋法是一种最常用的方法。

1.农用

农用是利用表层土壤的离子交换、吸附、微生物降解，以及渗滤水浸出、降解产物的挥发等综合作用机制处置固体废物的一种方法。该技术具有工艺简单、费用适宜、设备易于维护、对环境影响很小、能够改善土壤结构、增长肥效等优点，主要用于处置含盐量低、不含毒物、可生物降解的固体废物。例如，污泥和粉煤灰施用于农田作为一种处理方法已引起人们的重视。生产实践和科学研究工作表明，施污泥、粉煤灰于农田可以肥田，起到改土和增产的作用。

2.土地填埋处置

土地填埋处置是从传统的堆放和填地处置发展起来的一项最终处置技术。因其工艺简单、成本较低，适于处置多种类型的废物，目前已成为一种处置固体废物的主要方法。

土地填埋处置种类很多，采用的名称也不尽相同。按填埋场的地形特征可分为山间填埋、平地填埋、废矿坑填埋；按填埋场的状态可分为厌氧填埋、好氧填埋、准好氧填埋；按法律可分为卫生填埋和安全填埋等。随填埋种类的不同，其填埋场的构造和性能也有所不同。一般来说，填埋场主要包括废弃物坝、雨水集排水系统（含浸出液体集排水系统和浸出液处理系统）、释放气处理系统、入场管理设施、入场道路、环境监测系统、飞散防止设施、防灾设施、管理办公设施、隔离设施等。

土地卫生填埋适于处置一般固体废物。用卫生填埋来处置城市垃圾，不仅操作简单，施工方便，费用低廉，还可同时回收甲烷气体，目前在国内外被广泛采用。在进行卫生填埋场地选择、设计、建造、操作和封场过程中，应着重考虑防止浸出液的渗漏、降解气体的释出控制、臭味和病原菌的消除、场地的开发利用等主要问题。

（1）场地选择。

场地选择一般要考虑容量、地形、土壤、水文、气候、交通、距离与风向、土地征用和废物开发利用等诸多问题。一般来讲，填埋场容量应满足5~20a的使用期。填埋地形要便于施工，避开洼地，地面泄水能力要强，要容易取得覆盖土壤，土壤要易压实，防渗能力强；地下水位应尽量低，距最下层填埋物至少1.5m；避开高寒区，蒸发大于降水的区域最好；交通要方便，具有能在各种气候下运输的全天候公路，运输距离要适宜，运输及操作设备噪声要不影响附近居民的工作和休息；填埋场地应位于城市下风向，避免气味、灰尘飘飞对城市居民造成影响，最好选在荒芜的廉价地区。

（2）填埋方法的选择。

常用的填埋方法有沟槽法、地面法、斜坡法和谷地法等。土地填埋法的操作灵活性较大，具体采用何种方法，可根据垃圾数量及场地的自然条件确定。

（3）填埋场气体的控制。

当固体废物（垃圾）进入填埋场后，由于微生物的生化降解作用会产生好氧与厌氧分解。填埋初期，由于废物中空气较多，垃圾中有机物开始进行好氧分解，产生二氧化碳、水、氨，这一阶段可持续数天；当填埋区的氧被耗尽时，垃圾中有机物开始转入厌氧分解，产生甲烷、二氧化碳、氨、水和硫化氢等。因此，应对这些废气进行控制或收集利用，以避免二次污染。

（4）浸出液的控制。

填埋场浸出液一般源于降雨、地表径流、地下水涌出和废物本身的水分。渗出液成分较复杂，其COD高达40000~50000 mg/L，氨氮达700~800 mg/L。浸出液属高浓度有机废水，若不加以控制必然对环境造成严重危害。常用的措施是设置防渗衬里，即在底部和侧面设置渗透系数小的黏土或沥青、橡胶、塑料隔层，并设置收集系统，由泵把浸出液抽到处理系统进行集中处理。此外，还应采用控制雨水、地表水流入的措施，减小浸出液的量。

3.深井灌注处置

深井灌注处置系指把液状废物注入地下与饮用水和矿脉层隔开的可渗性岩层内。一般废物和有害废物都可采用深井灌注方法处置，但主要还是用来处置那些实践证明难以破坏、转化，不能采用其他方法处理或者能采用其他方法但处理成本高昂的废物。深井灌注处置前，需使废物液化，形成真溶液或乳浊液。深井灌注处置系统的规划、设计、建造与操作主要分为废物的预处理、场地的选择、井的钻探与施工，以及环境监测等几个阶段。

参考文献

[1]刘俊岩, 应惠清, 刘燕.土木工程施工[M].北京: 机械工业出版社, 2022.

[2]胡利超, 高涌涛.土木工程施工[M].成都: 西南交通大学出版社, 2021.

[3]刘将.土木工程施工[M].西安: 西安交通大学出版社, 2020.

[4]罗筠, 王松.基础工程施工[M].重庆: 重庆大学出版社, 2019.

[5]朱艳丽, 苏强.基础工程施工[M].3版.北京: 北京理工大学出版社, 2021.

[6]刘晓丽, 齐亚丽.建设工程监理概论[M].3版.北京: 北京理工大学出版社, 2020.

[7]邓铁军, 罗敏.土木工程建设监理[M].5版.武汉: 武汉理工大学出版社, 2023.

[8]中国建设监理协会.建设工程监理案例分析: 土木建筑工程[M].北京: 中国建筑工业出版社, 2021.

[9]梁栋, 谢平, 周汉国.土木工程建设项目施工监理实务及作业手册[M].成都: 西南交通大学出版社, 2022.

[10]黄丽芬, 余明贵, 赖华山.土木工程施工技术[M].武汉: 武汉理工大学出版社有限责任公司, 2022.

[11]陶杰, 彭浩明, 高新.土木工程施工技术[M].北京: 北京理工大学出版社, 2020.

[12]张伟.建筑垃圾资源化利用关键技术[M].北京: 中国建筑工业出版社, 2020.

[13]齐广华, 鲁官友, 张凯峰.渣土类建筑垃圾资源化利用关键技术与应用[M].北京: 中国建材工业出版社, 2021.

[14]荣玥芳, 周文娟, 李文龙, 等.中国城市建设技术文库 建筑垃圾资源化专项规划研究[M].武汉: 华中科技大学出版社, 2022.

[15]杜晓蒙, 李蕾蕾.建筑垃圾及工业固废再生砂浆[M].北京: 中国建材工业出版社, 2022.

[16]上海市建筑建材业市场管理总站.建筑垃圾再生集料无机混合料应用技术标准.[M].上海: 同济大学出版社, 2020.

[17]高育欣, 杨文, 王晓波.建筑固废资源综合利用关键技术[M].北京: 中国建材工业出版社, 2021.